国家科学技术学术著作出版基金资助出版

饮用水嗅味问题
来源与控制

杨 敏 于建伟 等 著

科学出版社
北京

内 容 简 介

饮用水嗅味每一个人都能直接感受到，是供水管理中最受关注的一项指标。然而，饮用水中嗅味物质的含量通常在纳克/升的水平，从成百上千的共存物中识别出关键致嗅物质并选择性地予以去除存在极大的挑战。本书重点展示著者团队长期以来在饮用水嗅味识别表征、嗅味来源、产嗅藻及其环境行为、嗅味控制等方面的研究成果，是对国内外相关研究进展的一次系统总结。本书不仅涉及饮用水嗅味的基础理论，也总结了近年来国内外发生的一些典型嗅味事件及工程案例，具有较高的实用价值。

本书可作为环境工程、市政工程和环境科学等专业的研究生教材，也可作为供水行业的研究、工程技术及管理人员等的专业参考用书。

图书在版编目（CIP）数据

饮用水嗅味问题：来源与控制／杨敏等著 . —北京：科学出版社，2021.1
ISBN 978-7-03-067711-2

Ⅰ . ①饮⋯　Ⅱ . ①杨⋯　Ⅲ . ①饮用水–气味–水质控制–研究　Ⅳ . ①X52

中国版本图书馆 CIP 数据核字（2020）第 262388 号

责任编辑：林　剑　周　杰／责任校对：樊雅琼
责任印制：吴兆东／封面设计：无极书装

科 学 出 版 社 出版
北京东黄城根北街 16 号
邮政编码：100717
http://www.sciencep.com
北京虎彩文化传播有限公司 印刷
科学出版社发行　各地新华书店经销
*
2021 年 1 月第 一 版　开本：787×1092　1/16
2023 年 2 月第三次印刷　印张：15 1/2
字数：370 000
定价：188.00 元
（如有印装质量问题，我社负责调换）

序

人的嗅觉非常灵敏，可以感知水中纳克/升水平的致嗅物质，远远超出了一般分析仪器的检测灵敏度。饮用水嗅味经常是只闻其味不见其形，同时也是广大消费者最为关注的饮用水感官质量，是供水行业在水质管理中最受关注的一项指标。此外，嗅味不仅影响饮用水的可接受性，有些致嗅物质如 1,4-二氧六环、双（2-氯-1-甲基乙基）醚等还存在健康危害。

国际上 20 世纪 80 年代开始关注嗅味问题，尤其是藻源嗅味，而我国在饮用水嗅味方面的研究起步相对较晚。2003 年，一向水质优良的密云水库水源也出现了嗅味问题，当时由于条件限制无法对嗅味原因物质进行检测，也缺乏应对策略。针对中国饮用水质量保障的现实和长期需求，中国科学院生态环境研究中心开始关注嗅味导致的水质问题，并与北京市自来水公司合作成功进行了嗅味应对，逐渐揭示了嗅味产生的原因和机理，提出了比较系统的嗅味应对措施。作为国内最早从事饮用水嗅味研究的团队，该书作者及其同事围绕嗅味表征方法、产生机制、去除技术以及水源产嗅藻原位调控等开展了系统研究，构建了以嗅觉层次分析法、感官闻测与全二维气相色谱-高分辨质谱分析同步的嗅味物质识别技术、嗅味物质质谱数据库为主的嗅味表征方法，针对重点流域和重点城市二百多个水厂饮用水及水源嗅味进行调查，发现我国 80% 以上的地表水源中存在一定程度的嗅味问题，主要是由丝状蓝藻产生的土霉味（2-甲基异莰醇）和以硫醚类物质为代表的腥臭味两大嗅味类型；针对藻源嗅味物质 2-甲基异莰醇，系统研究了产 2-甲基异莰醇的丝状蓝藻的生态位特征，提出了基于水下光照强度调节的产嗅藻原位控制技术；针对典型致嗅物质开展了可处理性研究，提出对腥臭味物质以氧化为主、对土霉味物质以活性炭吸附为主的嗅味去除技术策略。

研究成果在国家和地方饮用水标准的嗅味指标制修订中得到采纳，并应用于多项饮用水嗅味控制工程和水源地运行管理优化，提升了供水行业的嗅味应对能力，并在无锡、秦皇岛等地的一系列饮用水嗅味事件应对中发挥了重要作用。

　　该书系统总结了著者及其团队在饮用水嗅味方面的研究成果，既涉及饮用水嗅味研究的基础工作进展，也有针对国内外一些典型嗅味事件及工程案例的剖析。该书的出版将为我国供水行业的嗅味控制与管理提供有价值的指导和借鉴。

中国工程院院士

2020 年 10 月于北京

前　言

饮用水的感官品质尤其是嗅味是消费者判断其质量和安全性的主要依据。因此，嗅味是关系到饮用水可接受性的一项关键指标，各国的饮用水水质标准都规定饮用水必须无异臭、异味。早在上海读书时，我就关注到了饮用水的嗅味问题。当时上海主要使用黄浦江水源，饮用水中有一股说不清道不明的嗅味，即使是散装的可乐和啤酒也逃脱不了那种让人刻骨铭心的味道。那时我就在想，这水中的嗅味物质到底是什么呢？

尽管人们对饮用水的嗅味很敏感，而且很早就有关于饮用水嗅味的报道，但很长的一段时间内，人们都不知道饮用水的那些嗅味是什么物质引起的，更不知道其来源。直到 20 世纪 60 年代，两种最广泛存在的土霉味物质——土臭素（geosmin，又土臭味素）和 2-甲基异莰醇（MIB）的化学结构才被鉴定出来。但是，人类对这两种物质能够感知的浓度（嗅阈值浓度）不到 10ng/L，这对于当时的分析水平来说是一个巨大的挑战，更何况水中还有大量浓度高出几个数量级的其他物质共存。因此，美国、日本、欧洲等发达国家对饮用水嗅味的研究主要集中在 20 世纪 70~90 年代。在这段时间里，以气相色谱/质谱为核心的分析仪器性能突飞猛进，为嗅味物质的分析提供了重要的条件保障。

由于饮用水嗅味研究对分析仪器的要求很高，我国在这方面起步相对较晚。2003 年，一向以水质良好著称的北京饮用水水源地密云水库发生嗅味问题，在实验室同事王东升研究员的鼓励下，我开始关注饮用水嗅味问题，安排进入课题组的博士生于建伟着手建立分析方法。幸运的是，我们遇到了两位饮用水嗅味研究领域的顶级专家，中国台湾成功大学的林财富教授和当时在澳大利亚水质中心（AWQC）工作的 Mike Burch 教授。于建伟在林教授实验室得到了系统的嗅味评价方法培训，并学习了感官气相色谱（sensory GC）的识别方法。AWQC 在产嗅藻分离培养及野外现场调查等方面积累了丰富的经验，李宗来、苏命两名博士生先后去 AWQC 接受了系统的训练。在两位专家的鼎力支持下，课题组迅速建立起嗅味研究的实验室及野外研究条件，并在 2005 年秋季发生的密云水库嗅味事件以及 2007 年夏季发生的太湖及洋河水库嗅味事件的原因解析及应对中发挥了重要的作用。

随着研究的深入，我们感觉到了越来越多的挑战。饮用水嗅味研究既需要精密的分析仪器，还必须具备藻类生态学、湖库水文过程及水厂处理工艺的研究条件。幸运的是，我们遇到了中国环境研究的黄金时机：既有最大的科技需求，也有越来越丰富的科研资源。在嗅味研究中，不仅获得了国家自然科学基金重点项目及多个面上项目的支持，还从"十一五"以来相继获得国家水体污染控制与治理科技重大专项多个课题的支持。尤其需要指出的是，饮用水嗅味研究，离不开水库、水厂等现场。北京市水务局、北京市自来水集团有限责任公司、北京市密云水库管理处、上海城投原水有限公司、上海城市水资源开发利用国家工程中心有限公司、珠海水务环境控股集团有限公司等单位，不仅为我们提供了难得的现场，还为我们提供了部分经费、条件及数据的支持。

"十五"以来，课题组围绕饮用水嗅味表征方法、产嗅藻的识别与生态位特征、湖库型水源地产嗅藻控制策略以及水厂嗅味去除技术等开展了系统研究，除了研究论文和专利以外，研究成果还被国家和地方饮用水标准采纳，并为水厂处理工艺优化及水库运行优化提供了科学依据。同时，感到欣慰的是，我们终于确定了导致黄浦江水源产生异味的主要物质。为了帮助企业提升嗅味管理能力，我们还开展了大量的嗅味表征方法培训。

在针对全国重点城市与流域水源的调查中发现，我国80%以上的地表水源中存在一定程度的嗅味问题。可见饮用水嗅味问题的解决是一项任重而道远的工作。因此，出版一本系统总结国内外饮用水嗅味研究与实践成果的专著，对提升供水行业在饮用水嗅味管理与控制方面的能力具有非常重要的意义。本书从饮用水嗅味类型与来源、嗅味表征方法、典型产嗅藻的环境行为与产嗅特征、湖库型水源地产嗅藻的发生与控制以及水厂嗅味去除技术等五个方面，系统总结国内外饮用水嗅味研究的进展，书中的主要案例主要来自著者团队近年来的研究和实践成果。

本书出版过程中，于建伟博士全程和我一起进行了书稿的整体策划和内容确定，并负责了全书的统稿，同时作为作为主要执笔人完成了第1章概述、第2章饮用水的主要嗅味类型与来源和第6章嗅味去除技术以及第4章中鱼腥味部分内容的撰写。另外，苏命和郭庆园博士等参与了相关章节的撰写，其中第3章中有关产嗅藻分析方法部分，第4章典型产嗅藻的环境行为与产嗅特征以及第5章湖库型水源地产嗅藻控制策略由苏命负责，郭庆园主要负责了第2章中部分嗅味案例以及第3章嗅味表征方法的撰写。另外，王春苗和王齐也参与了相关章节中部分内容的撰写以及全书的校稿。在本书的构思及写作过程中，林财富教授给了很多启发和有益的建议，并提供了部分研究成果和研究生论文作为参考，同时本书的写作还得到清华大学王占生教授的鼓励和鞭策。此外，书稿的部分内容来自李宗来、孙道林、刘婷婷、贾泽宇、王春苗、赵云云、李霞和魏魏等课题组毕业生的毕业论文，在此对他们为本书做出的贡献表示感谢。同时，也对为饮用水嗅味研究提供各方面支持和帮助的专家、领导和单位表示衷心的感谢。

本书如果能为供水行业的嗅味控制与管理提供一点帮助我将感到非常荣幸。同时，也希望本书能为从事相关研究的专家和研究生提供借鉴。限于能力和水平，本书一定还有很多疏漏之处，请读者包涵并给予指正，我们将在今后的再版中予以修正。

2020 年 7 月于北京

目　　录

|第1章| 概　　述

消费者主要根据饮用水的感官品质（色、嗅和味等）来判断其质量和安全性。无色、无嗅和无味是各国对饮用水水质的最基本要求，其中嗅味是表征饮用水可接受性的关键水质指标之一（WHO，2017）。对于出现异常嗅味的饮用水，消费者往往会本能地拒绝饮用（McGuire，1995；Dietrich，2006）。近年来饮用水嗅味事件在我国频繁发生，已成为饮用水投诉中的一项主要问题。但我国在饮用水嗅味方面的研究起步较晚，基础薄弱，行业整体上应对嗅味问题的能力不足。因此，编著一本系统总结嗅味类型、嗅味表征与分析、嗅味来源与产生机制以及嗅味控制等方面研究进展的专业书籍，对于提升我国供水行业饮用水嗅味应对能力具有重要意义。

本章主要是总结国内外在饮用水嗅味研究方面的进展，并对本书各章涉及的内容进行概括性介绍。

1.1　饮用水嗅味

嗅味，通常包括味道和气味（taste & odor），是指人的感觉器官（鼻、口和舌）所感知的异常或令人反感的气味。味道和气味是影响人类行为的重要感觉信号。如图1-1所示，嗅觉是由发散于空气中的物质分子作用于鼻腔上的感受细胞而引起的。气味分子通过鼻腔吸入或者在咀嚼或吞咽时将空气推向鼻腔后部，通过喉咙进入鼻腔后与受体细胞结合，并激活下游信号通路嗅感觉神经元，神经冲动以电信号形式传递给嗅球的嗅小球神经元，并通过嗅球上的僧帽细胞再传递给大脑皮层嗅觉中枢，进而被人感知到（Carannante and Marasco，2018）。人对嗅味的感知甚至比多数分析仪器更为灵敏，一些嗅味物质在纳克每升甚至皮克每升水平就能感觉出来。

饮用水出现异常的嗅味往往是水源遭受污染的表现。因此，水中出现嗅味会影响公众对饮用水安全的信心，导致消费者本能地拒绝饮用。饮用水嗅味已经成为世界各国消费者判断饮用水质量的一项关键指标。尽管如此，水源水以及饮用水中的嗅味问题仍然是世界各国供水行业所面临的主要挑战之一，同时也对水产养殖、食品和旅游等相关行业产生重要影响（Tucker，2000；Dodds et al.，2009；Dunlap et al.，2015）。

从水质管理方面来说，导致异味问题的化合物众多，嗅味是最难量化的一个水质指标。世界卫生组织以及欧盟、澳大利亚等均采用"无异常""用户可以接受""无异味"等方式来表达对嗅味指标的要求，仅有少数几个国家或地区对嗅味指标进行了量化规定，如美国、日本和中国台湾地区作为非强制性指标，要求饮用水嗅阈值（TON）不超过3，同时日本还将两种藻源嗅味物质2-甲基异莰醇和土臭素列入。我国《生活饮用水卫生标

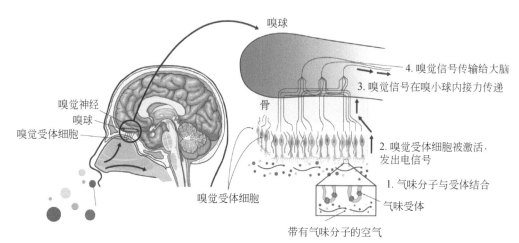

图 1-1　嗅觉信号传递示意图（Neuro Nanos，2017）

准》（GB 5749—2006）对于嗅味的规定为"无异臭异味"，看似很严格，但在实际的水质管理中很难得到切实的执行。近年来我国对饮用水嗅味问题越来越重视，新修订的《生活饮用水卫生标准》（GB 5749—2006）以及部分城市的水质标准，如上海市《生活饮用水水质标准》（DB31/T 1091—2018）和深圳市《生活饮用水水质标准》（DB4403/T 60—2020），已将 2-甲基异莰醇和土臭素两种典型嗅味物质列入强制性指标。水厂常规工艺中的混凝、沉淀、过滤等主要水处理过程对于嗅味物质去除基本上没有效果，加上嗅味发生时致嗅物质往往无法鉴定，导致多数供水企业遇到嗅味问题时只能被动、盲目地进行应对。

总体来说，饮用水嗅味对于消费者来说是一项非常敏感的指标，而对于供水企业来说也是一个最有挑战性的水质问题，不断提升和改善饮用水嗅味等感官指标的可接受性始终是供水行业的重要关注点之一。

1.2　国际上饮用水嗅味研究的发展

有关饮用水嗅味问题的报道最早出现于 19 世纪。Persson（1995）在对水环境异味研究的综述中，提到饮用水中异味问题的第一次报道为 1855 年，1854 年美国波士顿的 Cochituate 水厂饮用水中出现了一种特殊的黄瓜味。随后美国及欧洲各国有关饮用水嗅味的报道不断增多，如 1913 年英国伦敦汉普斯特德（Hampstead）水厂的饮用水中出现了令人不快的气味，报告中尽管没有提供数据，但推测是由一类无致病性的微生物引起的嗅味（Annotations，1913）；1925 年英国供水协会（British Waterworks Association）的年会中以"饮用水嗅味影响因素"为主题，重点讨论了饮用水中常出现的"氯味"和"碘仿味"问题；同期加拿大和美国的报告中对微生物和无机物（硫、氯和铁）引起的嗅味问题及其处理策略的关注也逐渐增多（Howard，1922）。1905 年版的美国水质标准方法（Standard Methods of Water Analysis）（APHA，1905）中，强调了由化学物质和微生物引起的嗅味，尤其是藻类所引起的嗅味，并指出了嗅味分析对于饮用水水质的重要性："对地表水进行冷热样品的嗅味闻测非常重要，因为这些嗅味通常与一些有机物或污水的污染有关。地下水的嗅味通常由含水层的泥土组分所引起，出现异味是水井受到污染的直接证据。"

　　然而，直到 20 世纪中期，饮用水嗅味研究才真正得到关注，并取得快速进展（Lin et al.，2019）。1947 年有人采用活性炭去除嗅味化合物（Sigworth，1947），直到目前活性炭仍是饮用水中嗅味去除的最有效手段。虽然人们很早就认为水中嗅味与微生物有关，但直到 20 世纪 60 年代，相关化学物质才被鉴定出来。Gerber 和 Medsker 等最早鉴定出两种最常见的嗅味物质——土臭素和 2-甲基异莰醇的化学结构（Gerber and Lechevalier，1965；Gerber，1969；Medsker et al.，1969），这是一次里程碑式的发现，为饮用水嗅味研究奠定了重要的科学基础。自此以后，来源于生物以及非生物的大量嗅味物质不断被鉴定出来。1987 年，美国 Mallevialle 和 Suffet 教授（1987）总结提出了饮用水嗅味轮图，第一次将嗅味类别与相关嗅味物质对应起来，为供水行业嗅味评价、人员培训以及可能原因判别提供了一个有效的参考工具，这是饮用水嗅味研究史上的又一次里程碑式的工作。三十多年来该轮图不断得到更新，目前已发展到 2016 年的版本，具体将在第 2 章中进行介绍。

　　一般来说，饮用水嗅味物质的嗅阈值浓度（即人能感觉出嗅味的物质最低浓度）非常低，通常在纳克每升的水平，这比饮用水中存在的消毒副产物等其他污染物质低 2 ~ 3 个数量级。因此，对饮用水中与成百上千污染物共存的嗅味物质进行鉴定和分析一直是一个较大的挑战。20 世纪 70 ~ 90 年代是美国、日本、欧洲等发达国家对饮用水嗅味研究的黄金时代（Medsker et al.，1969；Jüttner，1995；Persson，1995；Watson，2010）。一方面是由于这些国家在经济上处于高速发展阶段，环境污染比较严重，饮用水嗅味问题也相对比较突出；另一方面，这段时间里，以气相色谱/质谱为核心的分析仪器的性能也突飞猛进，为嗅味物质的检测提供了重要的条件保障。由于嗅味物质含量极低，嗅味物质的分析离不开高效富集浓缩方法的开发。闭环吹脱分析（closed-loop stripping analysis，CLSA）、树脂吸附（resin adsorption，RA）、液液萃取（liquid-liquid extraction，LLE）、液液微萃取（liquid-liquid microextraction，LLME）、固相萃取（solid phase extraction，SPE）、吹扫捕集（purge and trap，P&T）、静态顶空（static headspace，SH）和动态顶空（dynamic headspace，DH）以及固相微萃取（solid-phase microextraction，SPME）和搅拌棒吸附提取（stir-bar sorptive extraction，SBSE）等针对嗅味物质的高效富集方法也得到了不断的发展（周雪等，2012；范苓等，2013；Chen et al.，2013；Wu and Duirk，2013；Zhang H X et al.，2018；Bristow et al.，2019；Wang et al.，2019）。尤其是固相微萃取技术的出现大幅提升嗅味物质富集的效率，得到了广泛的应用。

　　尽管饮用水嗅味原因复杂，来源广泛，但国际上最为关注的仍是由 2-甲基异莰醇和土臭素等引起的土霉味问题。多种原核微生物和真核微生物均可产生这类物质，但从饮用水的角度来看，蓝藻是产生 2-甲基异莰醇和土臭素的主要来源，主要产嗅藻包括属于假鱼腥藻、浮丝藻、席藻等藻属的四十多个种（Watson et al.，2016）。关于产嗅藻的研究，主要集中在产嗅原因分析、产嗅藻分离及其生理生化特性和产嗅潜力的评估等方面（Lin et al.，2019）。随着分子生物学的发展，人们开发出对产嗅基因进行定量的定量聚合酶链式反应（PCR）方法，用于快速评估藻的产嗅潜力。除了土霉味以外，一些由真核藻产生的鱼腥味也受到一定程度的关注，早期在美国、加拿大等国均有报道（Persson，1995；Watson，2010）。这类嗅味问题主要发生在冬季低温期、甚至是冰封期，一些烯醛类物质被认为是主要致嗅物质。

与湖库水源相比，河流等开放性水源通常表现出复合型嗅味特征，往往是多种污染物共同作用的结果。对于这类水源，嗅味物质的鉴定极为重要。只有将主要致嗅物质识别出来，才有可能制订出有效的嗅味控制措施。另外，饮用水中微量污染物质成百上千，仅仅依靠仪器分析很难鉴定出嗅味物质，需要感官评价与高分辨仪器分析的有机结合。将仪器分析（GC/MS）与人对气味或味道的感知相结合的感官气相色谱（sensory GC），最早用于食品及香精香料行业中风味物质的鉴定。Khiari 等（1992，1997）最早开始将其用于饮用水中低浓度嗅味物质的鉴定。

在嗅味控制技术方面，除了活性炭吸附技术以外，人们也研究了氯、高锰酸钾、臭氧以及生物降解等方法对嗅味的去除效果（Rinivasan et al.，2011）。然而，从实际应用层面上来说，仍然缺乏针对不同嗅味物质选择有效控制技术的指引。另外，也有一些从源头采取措施进行控藻的研究，包括利用硫酸铜等进行化学杀藻、利用扬水曝气进行物理控藻、利用食藻鱼进行生物操纵等（丛海兵等，2006；Prepas et al.，1988；Xie et al.，2001；Barrington et al.，2008；Newcombe et al.，2010），但这些方法通常只能在极为有限的局部产生一定的抑藻效果，不确定性大，而且化学方法还存在生态风险问题。

1.3　我国饮用水嗅味相关研究

我国在饮用水嗅味方面的研究起步较晚。虽然早期也有一些有关水体或饮用水嗅味问题的报道，但限于条件，直到 2000 年后，我国才有了针对饮用水嗅味的系统研究。这一方面是由于水库水源的广泛使用，饮用水嗅味问题变得越来越普遍；另一方面，随着经济的快速发展，我国水质检测能力也有了快速提升。2006 年新的《生活饮用水卫生标准》（GB 5749—2006）颁布时，土臭素和 2-甲基异莰醇两种嗅味物质第一次被列入标准的附录中。但真正引起全行业对饮用水嗅味的关注，还是 2007 年无锡发生的太湖水源饮用水嗅味事件（于建伟等，2007；Yang et al.，2008）。

2003 年，北京主要饮用水水源地密云水库出现嗅味问题，著者团队与供水企业合作着手开展饮用水嗅味研究，建立了嗅味物质分析方法，确认出主要致嗅物质为 2-甲基异莰醇。从 2005 年开始，著者团队引入嗅觉层次分析法（flavour profile analysis，FPA）用于饮用水嗅味的评价，通过开展持续的培训，为国内供水行业培养了大量嗅味闻测的技术人员。同时，结合感官气相色谱技术，建立了水中嗅味物质的识别方法，并成功鉴定出 2007 年无锡嗅味事件及秦皇岛嗅味事件的关键致嗅物质（于建伟等，2007；Yang et al.，2008；Li et al.，2010）。然而研究中也发现，此种方法对于嗅味物质含量非常高、嗅味类型比较单一的嗅味问题比较有效，对于一些复合型嗅味的物质识别却无能为力。基于感官气相色谱的方法尽管得到一系列的嗅味峰，但多数嗅味物质并不能得到确定。主要是因为常态下嗅味物质浓度较低，且感官气相色谱采用的是一维色谱，分离能力和灵敏度有限。为此，着眼于全二维气相色谱的高分离特性，进一步开发出全二维气相色谱–高分辨质谱与感官气相色谱耦合的嗅味物质鉴定新方法，成功鉴定出淮河、黄浦江等水质较为复杂水源中的微量致嗅物质（于建伟，2007；孙道林，2012；郭庆园，2016；王春苗，2020）。研究发现，黄浦江水源嗅味构成极为复杂，至少有18种物质可能对嗅味有贡献。因此，又建立了对95种特征嗅味物质进行同时定量分析的高通量GC-MS/MS分析方法，并利用该方法对全国主要流域饮用水嗅味物质进行了调查，相关结果将在后续章节中详细介绍。

著者团队从密云水库的嗅味问题开始，以一些代表性水库水源为对象，围绕产嗅藻的识别、生态位特征及控制策略开展了长期的研究（李宗来，2009；苏命，2013，2015；贾泽宇，2019），发现产2-甲基异莰醇的丝状蓝藻基本上都是一些底栖、深水或亚表层生长类型的丝状蓝藻，相对表层浮游藻来说，这些藻的优势是更容易从水体底部获取营养盐，适宜在较低营养盐条件下生存，但其生长所在的水层光照条件容易受到限制。根据该发现提出了在水库中进行产嗅藻原位控制的嗅味控制策略（Su et al.，2014，2015，2019），为产嗅藻的源头控制提供了一种新的思路，具体结果将在第5章中详细阐述。此外，近年来我国呼和浩特、济南、银川、郑州等多个地区的引黄水库也有低温期鱼腥味问题的记录，但原因不明。著者团队针对此类在低温条件下生长并产生鱼腥味的真核藻，围绕其来源和关键嗅味物质开展了较为系统的研究（赵云云，2013；魏魏，2014；李霞，2015；刘婷婷，2019），后续章节中将进行系统介绍。

除2-甲基异莰醇和土臭素外，近年来国内一些团队针对饮用水中的一些其他嗅味物质调查及其转化过程开展的研究相对较多，如氯苯甲醚、β-环柠檬醛、β-紫罗兰酮、硫醚等（郭庆园，2016；王春苗，2020；Zhang et al.，2013，2016a；Zhang Y C et al.，2016）。浙江大学张可佳等对氯苯甲醚在配水系统中的转化过程进行了系统研究，采用高通量技术对生物膜进行测序，发现一些细菌和真菌等均能产生氯苯甲醚，苯酚邻甲基转移酶（CPOMTs）可将2,4,6-三氯苯酚（2,4,6-TCP）催化生成2,4,6-三氯苯甲醚（2,4,6-TCA），在此过程中，依赖性活性腺苷甲硫氨酸（SAM）和非依赖性SAM的CPOMTs均起到重要作用，胞外CPOMTs也参与了2,4,6-TCA的生物合成。上述发现阐明了此类物质在管网中的生成机制（Zhang et al.，2016b，2018）。

对于嗅味物质的去除近年来受到较多的关注。有人探索了多种技术用于嗅味物质处理的可行性，包括UV及基于UV的高级氧化技术、粉末活性炭与膜的联用、臭氧及相关氧化技术、过硫酸盐氧化技术以及生物处理技术等（Cook et al.，2001；Ham et al.，2012；Antonopoulou et al.，2014；Xie et al.，2015）。虽然不同技术均能不同程度去除一些嗅味物质，但是不同的嗅味物质适用的去除技术不同。一些还原性较强的物质如硫醚类，多种氧化剂均有去除效果，关键是要剂量合适。例如，使用高锰酸钾药剂，剂量不足解决不了嗅味问题，剂量过量则会导致饮用水出现红色。而像2-甲基异莰醇这样的藻类代谢产物单纯用臭氧氧化技术有时效果也不理想，只有氧化能力更强的羟基自由基才能高效破坏其分子结构。活性炭是一种针对各类嗅味物质具有广泛去除效果的吸附剂。但是，活性炭在去除不同嗅味物质的效果上差别非常之大，同时不同制备工艺制备出来的活性炭对同一种嗅味物质的吸附能力也可能相差数倍（于建伟，2007；Huang et al.，2019）。而一些技术，如生物处理法等虽有应用前景，但技术不成熟，降解机制不明确，仍需深入研究。总体来看，如何针对水中嗅味物质复杂多变的特点，确定适用的嗅味控制技术及其应用条件，仍是今后研究和应用的主要关注点之一。

1.4 本书主要内容

在过去的三个五年计划中（"十一五"至"十三五"），著者团队在国家水体污染控制与治理科技重大专项、国家自然科学基金重点与面上项目、中国科学院国际合作项目等项目支持下，通过与澳大利亚水务中心、中国台湾成功大学以及上海、北京、珠海、首创等水务部门/企业的长期合作，围绕饮用水嗅味识别表征方法、产嗅藻的识别方法与生态位特征、湖库型水源地产嗅藻控制策略以及水厂嗅味去除技术等开展了系统研究，取得了一系列研究成果。除了研究论文以外，研究成果还为相关标准的制定以及工程的实施提供了科学支撑。同时，有关嗅味表征方法的成果还通过技术培训等方式在供水行业进行了推广。本书从饮用水嗅味类型与来源、嗅味表征方法、典型产嗅藻的环境行为与产嗅特征、湖库型水源地产嗅藻的发生与控制以及水厂嗅味去除等五个方面系统总结了国内外饮用水嗅味研究的进展，书中的主要案例主要来自著者团队近年来的研究成果和实践。主要内容概述如下：

（1）第 2 章内容为饮用水的主要嗅味类型与来源。在介绍水中主要嗅味类别的基础上，系统阐述饮用水中嗅味问题的来源及成因，并概略性地总结国内外发生的各种饮用水嗅味问题，结合案例进行针对性的介绍。

（2）第 3 章内容为饮用水嗅味表征方法。重点介绍饮用水嗅味的感官评价、典型嗅味物质的化学定量分析以及水中未知嗅味物质的识别鉴定等各种嗅味表征方法；同时，针对藻类鉴定与计数方法以及产嗅藻的分子生物学方法进行总结。

（3）第 4 章内容为典型产嗅藻的环境行为与产嗅特征。重点针对蓝藻门中典型产 2-甲基异莰醇和土臭素的丝状藻以及产鱼腥味的主要真核藻，介绍产嗅藻的环境行为与产嗅特征。

（4）第 5 章内容为湖库型水源地产嗅藻控制策略。以密云水库等典型水库为例，阐述典型丝状产嗅藻的生态位特征，以及基于水下光照调节的产嗅藻原位控制策略；同时，对主要的物理/化学控藻技术的研究和工程应用情况进行概略性介绍。

（5）第 6 章内容为嗅味去除技术。阐述典型嗅味物质的吸附和氧化可处理性；结合工程案例，提出技术选择与工艺优化的原则。

参 考 文 献

丛海兵，黄廷林，赵建伟，等 . 2006. 扬水曝气技术在水源水质改善中的应用 . 环境污染与防治，3：215-218.

范苓，张晓赟，秦宏兵，等 . 2013. 搅拌棒萃取-热脱附/气质联用法测定水中 2-MIB 和土臭素 . 环境监测管理与技术，25（6）：24-27.

郭庆园 . 2016. 南方某河流型水源腥臭味物质识别与控制研究 . 北京：中国科学院研究生院博士学位

论文．

贾泽宇．2019．水库型水源地产嗅藻生长驱动因子解析与调控研究．北京：中国科学院大学博士学位论文．

李霞．2015．低温期黄河流域水源水中异嗅味物质识别及产生原因分析．北京：中国科学院大学硕士学位论文．

李宗来．2009．北方典型水库水源藻类种群动态和有害代谢物产生规律．北京：中国科学院研究生院博士学位论文．

刘婷婷．2019．低温产嗅藻生长特征及嗅味物质产生规律研究．北京：中国科学院大学博士学位论文．

苏命．2013．水源型水库中藻类种群动态变化规律及驱动机制．北京：中国科学院大学博士学位论文．

苏命．2015．密云水库产嗅浮颤藻生态位解析及调控策略研究．北京：中国科学院生态环境研究中心博士后出站报告．

孙道林．2012．饮用水嗅味评价与致嗅物质识别研究．北京：中国科学院大学博士学位论文．

王春苗．2020．我国重点流域饮用水中嗅味的发生、来源及风险分析．北京：中国科学院大学博士学位论文．

魏巍．2014．饮用水中鱼腥味物质的检测方法建立及活性炭吸附研究．北京：中国科学院大学硕士学位论文．

于建伟．2007．饮用水中嗅味物质的识别和活性炭吸附研究．北京：中国科学院研究生院博士学位论文．

于建伟，李宗来，曹楠，等．2007．无锡市饮用水嗅味突发事件致嗅原因及潜在问题分析．环境科学学报，27（11）：1771-1777．

赵云云．2013．藻源腥味物质的识别及产生规律研究．北京：中国科学院大学硕士学位论文．

周雪，黄勇，李学艳，等．2012. HS-SPME-GC/MS 法测定地表水中典型嗅味物质．中国给水排水，28（20）：146-148．

American Public Health Association（APHA）．1905. Standard Methods of Water Analysis. Washington，DC：American Public Health Association.

Annotations. 1913. Unpleasant odour and taste in drinking water. The Lancet，181（4674）：912.

Antonopoulou M，Evgenidou E，Lambropoulou D，et al. 2014. A review on advanced oxidation processes for the removal of taste and odor compounds from aqueous media. Water Research，53：215-234.

Barrington D J，Ghadouani A. 2008. Application of hydrogen peroxide for the removal of toxic cyanobacteria and other phytoplankton from wastewater. Environmental Science & Technology，42（23）：8916-8921.

Bristow R L，Young I S，Pemberton A，et al. 2019. An extensive review of the extraction techniques and detection methods for the taste and odour compound geosmin（trans-1,10-dimethyl-trans-9-decalol）in water. Trends in Analytical Chemistry，110：233-248.

Carannante I，Marasco A. 2018. Olfactory Sensory Neurons to Odor Stimuli：Mathematical Modeling of the Response. New York：Springer New York.

Chen X C，Luo Q，Yuan S G，et al. 2013. Simultaneous determination of ten taste and odor compounds in drinking water by solid-phase microextraction combined with gas chromatography-mass spectrometry. Journal of Environmental Sciences，25（11）：2313-2323.

Cook D，Newcombe G，Sztajnbok P. 2001. The application of powdered activated carbon for MIB and geosmin removal：Predicting PAC doses in four raw waters. Water Research，35（5）：1325.

Dietrich A M. 2006. Aesthetic issues for drinking water. Journal of Water and Health，4（Supplement 1）：11-16.

Dodds W K，Bouska W W，Eitzmann J L，et al. 2009. Eutrophication of U.S. freshwaters：Analysis of potential economic damages. Environmental Science & Technology, 43 (1): 12-19.

Dunlap C R, Sklenar K S, Blake L J. 2015. A costly endeavor: Addressing algae problems in a water supply. Journal of the American Waterworks Association, 107 (5): 255-262.

Gerber N N. 1969. A volatile metabolite of actinomycetes, 2-methylisoborneol. Journal of Antibiotics, 22 (10): 508-509.

Gerber N N, Lechevalier H A. 1965. Geosmin, an earthy smelling substance isolated from actinomycetes. Applied Microbiology, 13 (6): 935-938.

Ham Y W, Ju Y G, Oh H K, et al. 2012. Evaluation of removal characteristics of taste and odor causing compounds and organic matters using ozone/granular activated carbon (O$_3$/GAC) process. Journal of Korean Society of Water and Wastewater, 26 (2): 237-247.

Howard J N. 1922. Modern practice in the removal of taste and odor. Journal of the American Water Works Association, 9 (5): 766-782.

Huang X, Lu Q, Hao H T, et al. 2019. Evaluation of the treatability of various odor compounds by powdered activated carbon. Water Research, 156: 414-424.

Jüttner F. 1995. Physiology and biochemistry of odorous compounds from freshwater cyanobacteria and algae. Water Science and Technology, 31 (11): 69-78.

Khiari D, Brenner L, Burlingame G A, et al. 1992. Sensory gas chromatography for evaluation of taste and odour events in drinking water. Water Science and Technology, 25 (2): 97-104.

Khiari D, Barrett S E, Suffet I H. 1997. Determination of organic compounds causing decaying vegetation and septic odours in drinking water by sensory GC. Journal American Water Works Association, 89 (4): 150-161.

Li Z L, Yu J W, Yang M, et al. 2010. Cyanobacterial population and harmful metabolites dynamics during a bloom in Yanghe Reservoir, North China. Harmful Algae, 9 (5): 481-488.

Lin T F, Watson S, Suffet I M. 2019. Taste and Odour in Source and Drinking Water: Causes, Controls, and Consequences. London, UK: IWA Publishing.

Mallevialle J, Suffet I H. 1987. Identification and Treatment of Tastes and Odors in Drinking Water. Denver, CO., USA: American Water Works Association.

McGuire M. 1995. Off-flavor as the consumer's measure of drinking water safety. Water Science and Technology, 31 (11): 1-8.

Medsker L L, Jenkins D, Thomas J F. 1969. Odorous compounds in natural waters. 2-exo-hydroxy-2-methylbornate, the major odorous compound produced by actinomycetes. Environmental Science and Technology, 3 (5): 476-477.

NeuroNanos. 2017. Olfacoception- a brief overview. http://www.neuronanos.com/2017/02/olfacoception-brief-overview-or-how.html [2020-07-01].

Newcombe G, House J, Ho L, et al. 2010. Management Strategies for Cyanobacteria (blue-green Algae): A Guide for Water Utilities. Adelaide SA: Water Quality Research Australia.

Persson P. 1995. 19th Century and early 20th century studies on aquatic off-flavours- a historical review. Water Science and Technology, 31 (11): 9-13.

Prepas E E, Murphy T P. 1988. Sediment-water interactions in farm dugouts previously treated with copper sulfate. Lake and Reservoir Management, Taylor & Francis, 4 (1): 161-168.

Rinivasan R, Sorial G A. 2011. Treatment of taste and odor causing compounds 2-methyl isoborneol and geosmin in drinking water: A critical review. Journal of Environmental Sciences, 23 (1): 1-13.

Sigworth E A. 1947. Taste and odor control with activated carbon. Water & Sewage Works，94（7）：135.

Su M，An W，Yu J，et al. 2014. Importance of underwater light field in selecting phytoplankton morphology in A eutrophic reservoir. Hydrobiologia，Springer Netherlands，724（1）：203-216.

Su M，Yu J，Zhang J，et al. 2015. MIB- producing cyanobacteria（*Planktothrix* sp.）in a drinking water reservoir：Distribution and odor producing potential. Water Research，68：444-453.

Su M，Andersen T，Burch M，et al. 2019. Succession and interaction of surface and subsurface cyanobacterial blooms in oligotrophic/mesotrophic reservoirs：A case study in Miyun Reservoir. Science of the Total Environment，649：1553-1562.

Tucker C S. 2000. Off-flavor problems in aquaculture. Reviews in Fisheries Science，8（1）：45-88.

Wang C M，Yu J W，Guo Q Y，et al. 2019. Simultaneous quantification of fifty- one odor- causing compounds in drinking water using gas chromatography- triple quadrupole tandem mass spectrometry. Journal of Environmental Sciences，79：100-110.

Watson S B. 2010. Algae：source to treatment. Algal taste and odor. The United States of America：American Water Works Association.

Watson S，Monis P，Baker P，et al. 2016. Biochemistry and genetics of taste- and odor- producing cyanobacteria. Harmful Algae，54：112-127.

World Health Organization（WHO）. 2017. Guidelines for Drinking Water Quality：acceptability aspects：taste，odour and app. Geneva，Switzerland：WHO，219-230.

Wu D Y，Duirk S E. 2013. Quantitative analysis of earthy and musty odors in drinking water sources impacted by wastewater and algal derived contaminants. Chemosphere，91（11）：1495-1501.

Xie P，Liu J. 2001. Practical success of biomanipulation using filter-feeding fish to control cyanobacteria blooms：A synthesis of decades of research and application in a subtropical hypereutrophic lake. The Scientific World Journal，1（1）：337-356.

Xie P，Ma J，Liu W，et al. 2015. Removal of 2-MIB and geosmin using UV/persulfate：Contributions of hydroxyl and sulfate radicals. Water Research，69：223-233.

Yang M，Yu J，Li Z，et al. 2008. Taihu Lake not to blame for Wuxi's woes. Science，319（5860）：158.

Zhang H X，Ma P K，Shu J N，et al. 2018. Rapid detection of taste and odor compounds in water using the newly invented chemi- ionization technique coupled with time- of- flight mass spectrometry. Analytica Chimica Acta，1035：119-128.

Zhang K J，Lin T F，Zhang T Q，et al. 2013. Characterization of typical taste and odor compounds formed by *Microcystis aeruginosa*. Journal of Environmental Sciences，25（8）：1539-1548.

Zhang K J，Zhou X Y，Zhang T Q，et al. 2016a. Kinetics and mechanisms of formation of earthy and musty odor compounds：Chloroanisoles during water chlorination. Chemosphere，163：366-372.

Zhang K J，Luo Z，Zhang T Q，et al. 2016b. Study on formation of 2,4,6- trichloroanisole by microbial O- methylation of 2,4,6- trichlorophenol in lake water. Environmental Pollution，219：228-234.

Zhang K J，Cao C，Zhou X Y，et al. 2018. Pilot investigation on formation of 2,4,6-trichloroanisole via microbial O- methylation of 2,4,6-trichlorophenol in drinking water distribution system：An insight into microbial mechanism. Water Research，131：11-21.

Zhang Y C，Zhang N，Xu B B，et al. 2016. Occurrence of earthy- musty taste and odors in the Taihu Lake，China：Spatial and seasonal patterns. RSC Advances，6（83）：79723-79733.

第 2 章 饮用水的主要嗅味类型与来源

本章主要在介绍水中主要嗅味类别的基础上，系统阐述饮用水中嗅味问题的来源及成因，并总结国内外发生的各种饮用水嗅味问题。

2.1 水中嗅味的类型

饮用水中嗅味通常采用嗅味轮图予以表示，最早由美国 Mallevialle 和 Suffet 教授于 1987 年提出，其后不断更新，目前使用的嗅味轮图是 2016 年更新的版本（图 2-1）（Lin

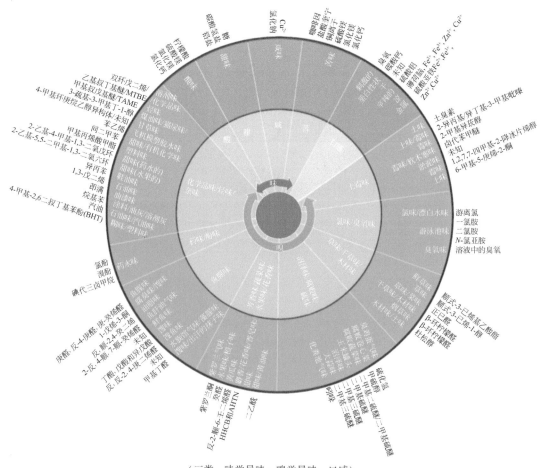

（三类：味觉异味；嗅觉异味；口感）

图 2-1 饮用水中的嗅味分类轮图（Lin et al., 2019）

et al.，2019）。该方法根据人的感官（口/鼻）感受，将饮用水中的嗅味分成三大类：味觉异味（4 种）、嗅觉异味（8 种）以及口/鼻异感（1 种），共 13 种嗅味类型（轮图内圈）。其中，味觉异味指由舌头上的味蕾所感知到的味道，分为酸、甜、苦、咸四种；嗅觉异味为由鼻子闻到的异味，可分为土霉味、氯味/臭氧味、草味/干草味/木材味、沼泽味/腐败味/硫味、芳香味/蔬菜味/水果味/花香味、鱼腥味、药味/酚味及化学品味、烃味/杂味等共八类（Suffet et al.，1999；Lin et al.，2019）；口/鼻异感，为由嘴和鼻子所共同感觉到的味道，如干性、油性等。每一嗅味类别下，可进一步给出细分化的具体嗅味种类，这需要由经过培训的感官评判专业人员闻测给出。轮图的最外圈则列出了对应的一些具体嗅味物质，主要包括一些已确认能产生相应异味的物质，这部分可根据研究的进展进行补充。嗅觉异味在饮用水中最为常见，是本书关注的主要内容。

  日本《上水试验方法》（2011）中也列出了有关嗅味种类的描述，共列出 7 类 32 种嗅味类型，见表 2-1。该方法与嗅味轮图基本类似，只是将化学品味、氯味/臭氧味也归到药味类型，并单列出金属味。

表 2-1 日本《上水试验方法》中有关水中嗅味的分类

编号	分类	嗅味类型
1	芳香性臭味	芳香臭/药味臭/瓜臭/堇花臭/蒜臭/黄瓜臭
2	植物性臭味	藻味/青草臭/木材臭/海藻臭
3	土臭味及霉臭味	土臭/沼泽臭/霉臭
4	鱼腥臭味	鱼臭/肝油臭/蛤蜊臭
5	药品臭味	酚臭/焦油臭/石油臭/油脂臭/石蜡臭/硫化氢臭/氯臭/氯酚臭/药房臭/其他药品臭味
6	金属臭味	铁臭/金属臭味
7	腐败臭味	厨余臭/下水臭/猪舍臭/腐败臭

  一般来说，人对味觉的敏感程度远不及嗅觉，例如酒精的味阈值为 14%，而嗅阈值为 0.44%（Matia，1995），且水中影响味觉的污染物主要为溶解性无机固体，有机物的含量通常远低于味阈值，因此造成味觉好坏与否的化合物多为无机盐类。对酸甜苦咸四种基本味道而言，酸味的发生一部分与 pH 有关、一部分与化学物质有关，通常舌头味蕾对非钠盐及酸味比较敏感，如硫酸镁与氯化钙。甜味通常与糖类以及含有活性羟基官能团的有机物有关。通常自来水中最明显的味道是咸味，主要由氯化钠造成，镁、钾、钙等的盐类则较弱。另一种常出现在自来水中的味道是苦味，有机物及无机物均可能造成，如氯化镁、氯化钙、铁与锰等。表 2-2 列出了不同国家或组织对与味觉相关的离子的感官标准（aesthetic standards）参考值，可以看出造成味觉不佳的矿物质浓度多在毫克每升水平，相较于有机物造成嗅味的浓度（常在纳克每升水平），要高出几个数量级，且基于感官特征的标准往往是非强制的标准。美国加利福尼亚州对矿物质口感的研究表明，水中总溶解固体（total dissolved solids，TDS）浓度在 450mg/L 以下，水质口感则较佳（good），在

80mg/L 以下则属优良（excellent），1020mg/L 以上则口感无法接受（Bruvold and Daniels，1990）。但通常来说，TDS 的高低并非影响饮用水口感的主因，嗅味才是人们对自来水进行直接评判的参考。

表 2-2　不同国家或组织对与味觉相关的离子的标准参考值

水质参数	全球/国家/地区标准/（mg/L）						
	WHO[a]	EU[b]	澳大利亚[c]	加拿大[d]	中国[e]	中国台湾[f]	美国[g]
总溶解固体	1000	≤1600	600	≤500	1000	500	500
铜	2.0（健康限值）	2.0	1	≤1.0	1.0	1.0	1.0（1.3 健康限值）
铁	0.3	0.2	0.3	≤0.3	0.3	0.3	0.3
锰	0.1（0.4 健康限值）	0.05	0.1	≤0.05	0.1	0.05	0.05
钠	200	200	180	≤200	—	—	—
硫酸盐	250	250	250	≤500	250	250	250
锌	4.0	—	3.0	≤5.0	1.0	5.0	3.0

资料来源：基于感官特征的标准（aesthetic standards）。a. World Health Organization，2011；b. European Union，1998，2015；1998 年 11 月 3 日理事会指令第 98/83/EC 号决议；2015 年 10 月 6 日欧盟委员会指令 2015/1787，修订理事会指令 98/83/EC 的附件 Ⅱ 和 Ⅲ；TDS 基于电导率计算；c. Natural Resource Management Ministerial Council Commonwealth of Australia，2011；d. Health Canada，2012；e. 我国《生活饮用水卫生标准》（GB 5749—2006）；f. Taiwan Government，2009；g. USEPA，1979。

2.2　水源水中常见嗅味及相关致嗅物质

饮用水的嗅味多数情况下来自水源，其中有些嗅味是由藻类等生物代谢产物所致，有些嗅味则与水源污染有关。

2.2.1　藻类与放线菌代谢产物致嗅

藻类代谢物造成的嗅味分布最为广泛，国内外相关研究也比较多。早在 1962 年，Plamer（1962）在对美国水源藻类的调查中已关注到与嗅味相关的藻类，发现星杆藻和青草味有关，黄群藻和苹果味有关等；1989 年美国供水协会（AWWA）对 388 个水厂的调查结果表明，40% 以上的水厂发生过持续一周以上的嗅味问题，其中 47% 的嗅味问题与藻类有关（Suffet et al.，1996）。依据国内外文献中的报道，表 2-3 中总结了藻类生长代谢相关的主要嗅味物质及其对应的嗅味类型。

表 2-3 藻类代谢产生的主要嗅味物质及对应的嗅味类型

编号	类别	嗅味物质 中文名称	嗅味物质 英文名称	分子式	嗅味特征 嗅味类型	嗅味特征 嗅阈值浓度/(μg/L)
1	萜类化合物	2-甲基异莰醇	2-methylisoborneol		土味/霉味	0.015
2		土臭素	geosmin		霉味/土味	0.004
3		α-紫罗兰酮	α-ionone		花香味	0.007
4		β-紫罗兰酮	β-ionone		花香味	0.007
5		3-甲基-2-丁烯醛	3-methylbut-2-enal		腐臭味/腐烂味	0.15
6		异戊醛	3-methylbutanal		腐臭味/腐烂味	0.15
7		柠檬烯	limonene		柑橘味	4

续表

编号	类别	嗅味物质			嗅味特征	
		中文名称	英文名称	分子式	嗅味类型	嗅阈值浓度（μg/L）
8	萜类化合物	芳樟醇	linalool		草味	6
9		1,8-桉叶素	1,8-cineole		樟脑味/香味	12
10		5-甲基-5-庚烯酮	5-methyl-5-hepten-one		水果味/酯味	—
11		β-环柠檬醛	β-cyclocitral		烟草味/木头味/霉味	19.3
12	吡嗪	2,6-二甲基吡嗪	2,6-dimethyl pyrazine		咖啡味/可乐味	6
13		2-异丙基-3-甲氧基吡嗪	2-isopropyl-3-methoxy pyrazine		土味	0.0002
14		2-异丁基-3-甲氧基吡嗪	2-isobutyl-3-methoxy pyrazine		土味	0.001

续表

编号	嗅味物质				嗅味特征	
	类别	中文名称	英文名称	分子式	嗅味类型	嗅阈值浓度/(μg/L)
15		正庚醛	*n*-heptanal		鱼腥味、油脂味、青草味	3
16		正己醛	*n*-hexanal		青草味	4.5
17		丁酸甲酯	3-methylbutyrate		腐烂味	20
18		正戊醛	*n*-pentanal		鱼腥味、油脂味、草味	60
19		反式-2-壬烯醛	*trans*-2-nonenal		黄瓜味	0.8
20	多元不饱和脂肪酸（PUFA）衍生物	1-戊烯-3-酮	1-penten-3-one		刺激性、鱼腥味	1.25
21		反式-2-己烯醛	*trans*-2-hexenal		鱼腥味、油脂味、草味	17
22		顺式-3-己烯-1-醇	*cis*-3-hexen-1-ol		青草味	70
23		2-甲基-2-戊烯醛	2-methylpent-2-enal		果仁味	290
24		反,顺-2,6-壬二烯醛	*trans*,*cis*-2,6-nonadienal		青草味、黄瓜味	0.08

续表

编号	类别	嗅味物质		分子式	嗅味特征	
		中文名称	英文名称		嗅味类型	嗅阈值浓度（μg/L）
25		1,3-辛二烯	1,3-octadiene		土味，磨菇味	5600
26		反,顺-2,4-庚二烯醛	trans,cis-2,4-heptadienal		鱼腥味，油味	2.5
27		反,顺,顺-2,4,7-癸三烯醛	trans,cis,cis-2,4,7-decatrienal		鱼腥味，油味	1.5
28	多元不饱和脂肪酸（PUFA）衍生物	甲基庚烯酮	6-methylhept-5-en-2-one		芳香味	50
29		3-辛醇	3-octanol		磨菇味，油脂味	110
30		环己烯	cyclohex-1-ene		刺激性气味	—
31		环己酮	cyclohexanone		薄荷味，苦味	—
32		辛烯	octene		汽油味	—
33		戊酸甲酯	methyl n-valerate		水果味	1.5~5

续表

编号	类别	嗅味物质			嗅味特征	
		中文名称	英文名称	分子式	嗅味类型	嗅阈值浓度/(μg/L)
34		1,5-二烯-3-辛醇	octa-1,5-dien-3-ol		土味,香草味	—
35		三甲基-1-环己烯	trimethyl cyclohex-1-ene		草味,刺激性气味	—
36		反,反-2,4-庚二烯醛	trans,trans-2,4-heptadienal		青草味	1.8
37		反,顺-2,4-辛二烯醛	trans,cis-2,4-octadienal		油脂味,鱼腥味	—
38	多元不饱和脂肪酸 (PUFA) 衍生物	反,反-2,4-壬二烯醛	trans,trans-2,4-nonadienal		黄瓜味	0.09
39		2,4,7-辛三烯	2,4,7-octatriene		鱼腥味,花香味	—
40		正庚醇	n-heptanol		草味	3
41		1-辛烯-3-酮	1-octen-3-one		蘑菇味,土味	—
42		反,顺-2,4-癸二烯醛	trans,cis-2,4-decadienal		鱼肝油味	0.03
43		丙烯醛	propenal		刺激性气味,焦甜味	—

资料来源：Leffingwell et al.,1985；BeWiDoBV,1992；NIH,2004；Watson,2010；Acree et al.,2020；TGSC Information System,2020。

不同藻类产生的嗅味种类不同，但总体上与藻类相关的嗅味可归纳为四类（Lin，1977）。

（1）芳香味：类似于天竺葵、紫罗兰等散发出的气味，一些硅藻、鞭毛藻可在较低藻细胞浓度下产生该类嗅味。

（2）鱼腥味：或描述为蛤类、鱼肝油、海藻或苔藓等气味，一些硅藻、隐藻以及金藻等可在低温期产生该类嗅味。

（3）青草味：多数由绿藻所产生，但少部分的硅藻及蓝藻也能产生。

（4）土霉味：是最受关注的一类藻源嗅味，通常描述为土味、霉味、腐烂马铃薯味等，主要嗅味物质为 MIB（2-methylisobornel，2-甲基异莰醇）和 geosmin（土臭素），主要由蓝藻产生。

除了藻类，一些放线菌（Actinomycetes）也能产生致嗅的代谢物。放线菌是一种过渡性单细胞腐生菌种，和细菌一样同属原核生物，但有菌丝体（mycetales），大小为 0.5～1.0μm，较真菌小而比细菌大，可以利用菌丝产生分生孢子（conidia）进行无性生殖，主要分布在土壤中以及湖泊、水库和河流等的边缘地带。常见的放线菌包括链霉菌属（*Streptomyces*）、小单孢菌属（*Micromonospora*）和诺卡氏菌属（*Nocardia*）三种。放线菌的代谢产物包括烷烃、烯烃、醇类、酯类、酮类、芳香族化合物、含硫化合物、萜类化合物（terpenoid）以及一些酸等。表 2-4 为水生态系统中发现的部分致嗅放线菌，与一些蓝藻一样，很多放线菌能产生 MIB 和 geosmin 等土霉味物质，这也是土壤嗅味的主要来源。目前已至少鉴定出几十种可产生 geosmin 和 MIB 的放线菌，其中链霉菌属多产生 MIB，而生成geosmin 的以链霉菌属和诺卡氏菌属为主（Zierler et al.，2004；Zaitlin et al.，2006）。有报道指出径流期内当沉积物或河岸线明显扰动，或水产养殖区的出水流入水源时，放线菌会对水源嗅味产生一定贡献（Zaitlin et al.，2006）。但是，从饮用水嗅味的角度，放线菌不是主要问题。

表 2-4　致嗅放线菌与嗅味物质

菌株名称	基因登录号	嗅味物质
Streptomyces griseus	ND	geosmin 和 MIB
Streptomyces lasaliensis	ND	MIB
Micromonospora olivasterospora	ND	MIB
Streptomyces ambofaciens	ND	MIB
Streptomyces coelicolor	ND	geosmin 和 MIB
Streptomyces peucetius	ND	geosmin
Streptomyces sampsonii	NR 116508. 1	geosmin
Streptomycescoelicolor	NR 116633. 1	geosmin
Streptomyces zaomyceticus	NR 44144. 1	geosmin 和 MIB
Streptomyces hirsutus	NR 43819. 1	geosmin 和 MIB
Streptomyces anulatus	JN652249	geosmin 和 MIB

续表

菌株名称	基因登录号	嗅味物质
Streptomyces flavogriseus	JN652250	geosmin
Streptomyces champavatii	JN652251	geosmin
Streptomyces griseorubens	JN652253	geosmin
Streptomyces lividans	JN652254	geosmin
Streptomyces tricolor	JN652256	geosmin
Streptomyces pseudogriseolus	X80827	geosmin
Streptomyces lanatus	AB184845	geosmin
Streptomyces lavendulae	D85114	MIB
Streptomyces fimbriatus	FJ883744	geosmin
Streptomyces mirabilis	EF371431	geosmin
Streptomyces massasporeus	AB184152	geosmin
Streptomyces albogriseolus	AJ494865	geosmin
Streptomyces sp.	AB246922	geosmin 和 MIB
Streptomyces rubrogriseus	AF503501	geosmin 和 MIB
Rothia-like sp.	AJ131121	geosmin 和 MIB
Streptomyces intermedius	Z76686	geosmin 和 MIB
Streptomyces halstedii	AB184142	MIB
Streptomyces wedmorensis	AB184572	MIB
Streptomyces cirratus	AY999794	MIB
Streptomyces melanogenes	AB184222	geosmin
Pseudonocardia alni	Y08535	MIB
Streptomyces rochei	AB184237	geosmin 和 MIB
Streptomyces galbus	X79852	geosmin
Streptomyces omiyaensis	AB184411	MIB

注：ND 表示文献中未标明。

资料来源：周萍等，2013；陈娇等，2014；张海涵等，2020；Scholler et al.，2002；Klausen et al.，2005；Komatsu et al.，2008；Zuo et al.，2010；Wang et al.，2011。

1. 萜类化合物

萜类化合物是指分子式为异戊二烯单位倍数的烃类及其含氧衍生物，包括醇、醛、酮、羧酸和酯类等。萜类化合物广泛存在于植物中，植物的香精、树脂、色素等的主要成分多是单萜或者倍半萜，如玫瑰油、桉叶油、松脂等都含有多种萜类化合物；某些动物的激素、维生素等也属于萜类化合物（Breitmaier，2006）。藻类也能产生各种萜类代谢物，MIB 和 geosmin 是两种典型的土霉味类物质，也是国际上最受关注的两种嗅味物质，其中 MIB 为霉味，geosmin 为泥、土味（Suffet et al.，1999）。从产生来源来看，两者均可由放线菌和部分蓝藻产生，但在饮用水中主要来源是蓝藻。产 MIB 的藻类主要为丝状蓝藻，包括颤藻目和聚球藻目等，geosmin 主要由蓝藻门中念珠藻目和颤藻目等产生，其中颤藻目的部分藻种可同时产 MIB 和 geosmin（Lin et al.，2019）。相关内容将在第 4 章中进一步进行详述。

除直接引起饮用水异味问题外，水体中的 MIB 和 geosmin 能在水生生物体内富集，因而也是鱼类等水产品关注的一项重要指标。MIB 和 geosmin 对海胆发育时形成受精膜的半抑制浓度分别为 68.77mg/L 和 16.67mg/L；对海胆细胞分裂的半抑制浓度分别为 66.86mg/L 和 16.58mg/L（Nakajima et al.，1996）。Gagné 等（1999）15℃ 条件下将虹鳟鱼的肝细胞暴露在 MIB 和 geosmin 中 48h，发现当 MIB 和 geosmin 浓度分别为 10mg/L 和 0.45mg/L 时，能引发鱼肝细胞 DNA 链的断裂。Dionigi 等（1993）用两株沙门氏 Salmonella 菌（typhimurium）（TA98 和 TA100 测试菌株）做了这两种物质的 umu 试验，发现当 MIB 和 geosmin 的浓度分别达到 45.2mg/L 和 18.1mg/L 时，对测试菌株的生长有抑制作用，但即使在浓度超过嗅阈值浓度的 6 个数量级时仍然没有检测到这两种物质的致突变活性。Nakajima 开展的 Ames 试验结果表明，这两种物质对测试菌株也没有致突变性，但是对测试菌的生物活性有抑制作用。可见在远高于环境浓度的水平上时，这两种物质对生物有一定的急性毒性，但没有发现致突变活性（Nakajima et al.，1996）。

β-环柠檬醛（β-cyclocitral）产生草味/木头味，其嗅阈值浓度为 0.5~19.3μg/L，通常会伴随微囊藻（*Microcystis sp.*）水华而产生，当微囊藻细胞破裂时会大量释放出来。许多湖库型水源中均有 β-环柠檬醛检出的报道（Jüttner，1976；Suffet et al.，1999；Young et al.，1999）。不同浓度范围内，β-环柠檬醛会表现出不同的嗅味特征。Young 等（1999）配制不同浓度（0.5~80μg/L）的 β-环柠檬醛溶液进行嗅味浓度–强度测试，结果发现在不同的浓度下 β-环柠檬醛具有不同的嗅味描述，由低浓度至高浓度分别为青草味、干草/木头味及烟草味（图 2-2）。

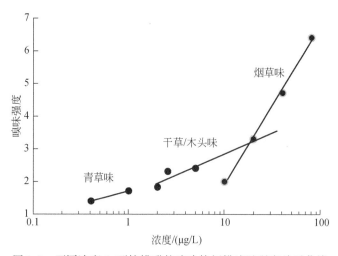

图 2-2　不同浓度 β-环柠檬醛的嗅味特征描述及强度关系曲线

微囊藻是产生 β-环柠檬醛的主要来源之一（Jüttner，1976）。Rashash 等（1996）在实验室内培养微囊藻，发现 β-环柠檬醛的产率为 10.5fg/cell。Jones 和 Korth（1995）在针对澳大利亚 Carcoar Dam 的现场调查中，发现铜绿微囊藻具有类似的 β-环柠檬醛产率（10fg/cell）。中国台湾王奕轩通过实验室培养微囊藻、小球藻（*Chlorella* sp.）、颤藻（*Oscillatoria* sp.）、舟形藻（*Narvicula* sp.），分析藻培养液中 β-环柠檬醛的含量，发现微囊藻能产生大量的 β-环柠檬醛，平均产率为 16fg/cell，而其他藻类无法产生 β-环柠檬醛。进一步针对金门太湖取水口的多次采样发现，在春天水温较高时（20~25℃），表层 β-环柠檬醛浓度最高达 1500μg/L，且其含量与水中的微囊藻数量具有正相关性。Jüttner（1976）提出了 β-环柠檬醛的生成路径（图 2-3），认为 β-环柠檬醛主要是通过 β-胡萝卜素（β-carotene）的断键反应生成，当 β-胡萝卜素在胡萝卜素加氧酶催化下与氧（O_2）反应后，发生断键而生成两个 β-环柠檬醛分子以及一个藏红花酸二醛（crocetindial）。

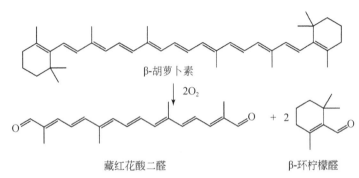

图 2-3　胡萝卜素氧化生成环柠檬醛示意图（Jüttner，1976）

2. 氧化脂类和多元不饱和脂肪酸的衍生物

氧化脂类（oxylipins）和多元不饱和脂肪酸（PUFA）衍生物是导致地表水（以及食物）产生腥味问题的重要原因，通常包括一些含 6~10 个碳的醛酮类化合物，如正己醛（*n*-hexanal）、正庚醛（*n*-heptanal）、反,反-2,4-庚二烯醛（*trans*，*trans*-2,4-heptadienal）、反,顺,顺-2,4,7-癸三烯醛（*trans*，*cis*，*cis*-2,4,7-decatrienal）、1-戊烯-3-酮（1-penten-3-one）以及一些脂肪酸化合物（Rashash et al.，1995；Suffet et al.，1995；Suffet et al.，1999）。Watson 和 Satchwill（2003）对包括鱼鳞藻属、锥囊藻属和辐尾藻属在内的三种产腥味金藻的产嗅特征进行了研究，发现这些藻主要产生一些具有较重的鱼腥味或腐臭味的多元不饱和烯醛（顺,顺-2,4-庚二烯醛、2,4-癸二烯醛及 2,4,7-癸三烯醛等）。这些化合物嗅味特征往往与其结构有关，如反,顺-2,4-癸二烯醛主要是腐臭味和鱼腥味，而反,反-2,4-癸二烯醛则只产生比较淡的黄瓜味和花香味。在日本的 Nunobiki 水库中检测到藻类代谢物顺，顺-2,4-庚二烯醛，也有研究报道在水草腐烂过程中的腥味与反,反-2,4-庚二烯醛的产生有关（Yano et al.，1988）。其他一些与嗅味关联的氧化脂类化合物也有报道，如 4-庚烯醛（4-heptenal）、戊醛（pentanal）和庚醛（heptanal）产生鱼腥味，反式-2-壬烯醛（*trans*-2-nonenal）和反,顺-2,6-壬二烯醛（*trans*，*cis*-2,6-nonadienal）产生黄瓜味，顺式-3-

己烯醛（cis-3-hexenal）和 3-己烯醇（3-hexenol）产生青草味等（Jüttner et al., 1986; Cotsaris et al., 1995; Khiari et al., 1995）。文献中有关此类物质产嗅味的描述多样，如鱼腥味（fishy）、鲜鱼味（fresh fish）、腐烂鱼味（rotten fish）、鱼肝油味（cod-liver oil）、氧化油味（oxidized oil）、草/藻腥味（seawead）、酸臭味（rancid）等（Khiari et al., 1995）。

表 2-5 列出与腥味相关的主要氧化脂类和 PUFA 衍生化合物及相关藻类。这类物质主要是藻体内不饱和脂肪酸，如金藻细胞中的二十碳五烯酸（eicosapentaenoic acid，EPA）、亚麻酸（Linolenicacid，LA）等在酶作用下的衍生物（D'Ippolito et al., 2003）。不饱和脂肪酸一般不会直接产生异味，但由于其不稳定，不论在胞内还是胞外条件下，都能够通过光解作用、化学作用以及生物作用被快速氧化生成相应的衍生物，从而产生异味（Watson, 2010）。常见的产生 PUFA 衍生化合物的藻包括金藻中的锥囊藻属（Dinobryon）、黄群藻属（Synura）、辐尾藻属（Uroglena）和拟辐尾藻属（Uroglenopsis），硅藻中的星杆藻属（Asterionella）、小环藻属（Cyclotella）、针杆藻属（Synedra）、直链藻属（Melosira）与平板藻属（Tabellaria）等（Cotsaris et al., 1995; Rashash et al., 1995; Li et al., 2016）。虽然在藻类生长过程中这类化合物会有一定的释放，但更多是在藻类生长的末期、细胞破裂后大量产生（Pohnert, 2002; Vidoudez et al., 2011）。这类藻均为真核藻类，其中一些多具鞭毛，对水温有较强的适应性，即使在较低温度、光照和营养盐条件下也有暴发的可能，在冬春季节产生较重的异味（Watson et al., 2001）。总体来说，国内外在这方面的研究还不够充分，产生鱼腥味的藻类和物质及其产嗅条件等还有待进一步确认。

3. 吡嗪类化合物

吡嗪及其烷基和甲氧基衍生物，如 2-异丁基-3-甲氧基吡嗪（2-isobutyl-3-methoxy pyrazine，IBMP）和 2-异丙基-3-甲氧基吡嗪（2-isopropyl-3-methoxy pyrazine，IPMP）等也产生土霉味，具有较低的嗅阈值浓度。吡嗪类物质可普遍存在于自然、动物、微生物、食品和饮料、香水、药品和化学品中（Frank et al., 2004; Muller and Rapper, 2010），其主要物理化学性质列于表 2-6 中。吡嗪的甲氧基衍生物的嗅阈值浓度远低于烷基衍生物的嗅阈值浓度，例如 IBMP 和 IPMP 嗅阈值浓度为 2～16ng/L，而 2,3,5-三甲基吡嗪（2,3,5-trimethylpyrazine，TrMP）的嗅阈值浓度为 236～385ng/L，一些烷基吡嗪的嗅阈值浓度在 μg/L 水平（Salemi et al., 2006; Wang et al., 2020）。Khiari 等发现水草以及藻类等在厌氧条件下可被微生物降解生成 IBMP，而 IPMP 是放线菌代谢产生的一个典型产物，在一些食品以及天然水体中均有检出（Emde et al., 1992a; Khiari et al., 1997）。有人从我国太湖等水源中检测到 0.03～6.8ng/L 的 IPMP 和 n.d.～2.4ng/L（n.d. 指未检出）的 IBMP（Chen et al., 2010），而一些烷基吡嗪如甲基吡嗪、三甲基吡嗪及四甲基吡嗪等，其检出浓度一般低于其嗅阈值浓度。有报道指出 2-甲氧基-3,5-二甲基吡嗪（2-methoxy-3,5-dimethyl-pyrazine）是导致西班牙加利西亚河水土霉味问题的主要致嗅物质（Ventura et al., 2010），此物质的嗅阈值浓度最低达到 0.043ng/L（Wang et al., 2020）。但总体上，这类物质导致的饮用水嗅味问题目前不是很多。

表 2-5 潜在致腥味的氧化脂类和 PUFA 衍生化合物及其藻类来源

主要物质			主要产嗅藻类		嗅阈值浓度 /(μg/L)	参考文献
英文名称	中文名称	化学式	英文名称	中文名称		
hexanal	己醛	$C_6H_{12}O$	flagellated algae	鞭毛藻类	4.5	(Collins et al., 1965)
heptanal	庚醛	$C_7H_{14}O$	Synura petersenii, Synedra rumpens Kütz.	彼得黄群藻、针杆藻	3.0	(Collins et al.,1965; Kikuchi et al., 1972)
nonanal	壬醛	$C_8H_{17}CHO$	flagellated algae	鞭毛藻类	1.0	(Mallevialle et al.,1993)
trans,cis-2,4-decadienal	反,顺-2,4-癸二烯醛	$C_{10}H_{16}O$	flagellated algae, Dinobryon divergens	鞭毛藻类、分歧锥囊藻	2.5	(Jüttner,1981;1983;Watson et al., 2001)
trans,cis,cis-2,4,7-decatrienal	反,顺,顺-2,4,7-癸三烯醛	$C_{10}H_{14}O$	Synura petersenii, Dinobryon cylindricum	彼得黄群藻、圆筒锥囊藻	1.5	(Rashash et al.,1993)
trans,trans-2,4-heptadienal	反,反-2,4-庚二烯醛	$C_7H_{10}O$	Uroglena americana, Dinobryon,Synura	美国尾孢藻、锥囊藻、黄群藻	2.5	(Jüttner, 1981; Jüttner et al., 1986; Yano et al., 1988; Watson et al., 2001)
trans-4-heptenal	反-4-庚烯醛	$C_7H_{12}O$	flagellated algae	鞭毛藻类	17	(Khiari et al., 1995)
1-penten-3-one	1-戊烯-3-酮	C_5H_8O	Scenedesmus subspicatus,Asterionella formosa	四尾栅藻、美丽星杆藻	1.25	(Cotsaris et al., 1995)

表 2-6 典型吡嗪类物质的主要物理化学性质

物质		CAS	亨利系数	lg K_{ow}	沸点/℃	嗅味类型	嗅阈值浓度/(ng/L)	潜在来源
英文名称	中文名称							
2,3,5-trimethylpyrazine	2,3,5-三甲基吡嗪	14667-55-1	12.5	1.58	189	土霉味/甜味	236~385	食品,污水处理厂等
2-methoxy-3,5-dimethyl-pyrazine	2-甲氧基-3,5-二甲基吡嗪	92508-08-2	6.1	2.01	210	土霉味/甜味	0.043~0.218	工业污染,污水处理厂等
2-isobutyl-3-methoxy pyrazine	2-异丁基-3-甲氧基吡嗪	24683-00-9	173	2.86	236	土霉味/蔬菜味	2~16	水草及藻的微生物降解
2-isopropyl-3-methoxy pyrazine	2-异丙基-3-甲氧基吡嗪	25773-40-4	9.8	2.37	218	土霉味/蔬菜味/腐败味	2~16	放线菌,食品等
2,6-dimethylpyrazine	2,6-二甲基吡嗪	108-50-9	11.3	1.03	169	土霉味/甜味	2540	食品,污水处理厂等
2-ethyl-5(6)-methylpyrazine	2-乙基-5(6)-甲基吡嗪	36731-41-6	15	1.53	189	烤土豆/土霉味	100 000	食品,污水处理厂等
2,3,5,6-tetramethylpyrazine	2,3,5,6-四甲基吡嗪	1124-11-4	13.8	2.13	209	土霉味/甜味/刺激性气味	5000 000	食品,污水处理厂等

资料来源：Salemi et al.,2006；Wang et al.,2020。

2.2.2 生物转化产生的嗅味物质

藻类、水草等生物质在水体中死亡后很快就会发生腐败，导致水体局部产生厌氧条件。在厌氧/缺氧条件下，这些生物质中的氨基酸和蛋白质转化为醇类、脂类、胺类、有机硫化物（如硫醚类物质）等一些小分子有机物，这些硫醚类或胺类小分子有机物具有腥臭味或鱼腥味。近年来饮用水、尤其一些富营养化水体中，硫醚类物质导致的嗅味问题报道逐渐增多（Yang et al.，2008；Watson and Jüttner，2016），前期开展的全国性水质调查发现，硫醚类物质在我国的地表水体中分布比较广泛，是一类重要的嗅味物质（Wang et al.，2019）。

1. 含硫化合物

含硫化合物是一类典型的腐败恶臭类物质，包括无机硫化物（硫化氢等）、硫醇（甲硫醇、异丙基硫醇等）、硫醚（甲硫醚、二甲基二硫醚、二甲基三硫醚及其他多硫化合物等）等有机硫化物；按化合物中硫原子的数目，可分为单硫化合物（二甲基硫醚、二异丙基硫醚、异丙基甲基硫醚等）和多硫化合物（二甲基二硫醚、二甲基三硫醚、二异丙基二硫醚、异丙基甲基二硫醚等）。硫化氢是环境中存在的主要无机硫化物，呈现典型的臭鸡蛋气味，有可能在地下水（特别是温泉水）中存在。在厌氧条件下，硫酸盐被硫酸盐还原菌还原生成硫化氢，除了地下水，在成层分布的湖泊和水库的深层缺氧水中也有可能释放硫化氢。但总体上，除了一些特殊的情况，由硫化氢直接导致的饮用水嗅味问题不是很多见。

相对来说，有机硫化物导致的饮用水嗅味问题比较多。常见的有机硫化物如表 2-7 所示，导致饮用水产生嗅味的物质主要为硫醚（如二甲基硫醚、二甲基二硫醚、二甲基三硫醚等）及硫醇（如甲硫醇等）类物质。二甲基硫醚呈现甜玉米、腐烂蔬菜味；二甲基二硫醚和二甲基三硫醚均呈现蒜味、沼泽味（Burlingame et al.，2004）。硫醚类化合物通常具有较低的嗅阈值浓度，低浓度下会产生比较强烈的异味，其中二甲基三硫醚和二甲基二硫醚的嗅阈值浓度分别为10ng/L 和30ng/L（Guo et al.，2015），环境中引起的嗅味事件引起人们的广泛关注，如二甲基硫醚和其他甲基硫化物是城市污水嗅味的主要成分，尤其高浓度的挥发性硫醚化合物可对人体的神经末梢造成损害，导致呼吸障碍和共济失调，严重情况下能麻痹呼吸神经中枢而引起死亡。中国《恶臭污染物排放标准》（GB 14554—1993）中共规定了 8 种重点监测恶臭物质，其中就包括二甲基硫醚和二甲基二硫醚两种硫醚类化合物。

表 2-7　主要含硫化合物的嗅味特征及阈值

编号	含硫化合物	结构式	嗅味类型	嗅阈值浓度/（μg/L）	参考文献
1	二甲基硫醚	S	腐烂蔬菜味	1.0	（Watson，2004）

续表

编号	含硫化合物	结构式	嗅味类型	嗅阈值浓度/(μg/L)	参考文献
2	二甲基二硫醚		腐臭味	0.03	（Guo et al.，2015）
3	二丙基硫醚		腐臭味	—	（Guo et al.，2015）
4	二甲基三硫醚		沼泽味	0.01	（Guo et al.，2015）
5	二丁基硫醚		腐臭味		（Acree et al.，2020）
6	正庚硫醇		腐臭味	—	（Acree et al.，2020）
7	正辛硫醇		腐臭味	—	（Acree et al.，2020）
8	烯丙基硫醇		蒜味	0.05	［Odorous Substances（Osmogenes）and odor thresholds，2020］
9	苯甲基硫醇		令人不愉快的气味	0.19	（Ruth，1986）
10	乙烷基硫醇		腐烂蔬菜味	0.19	（Watson，2004）
11	甲基硫醇	CH_3—SH	腐臭味	1.1	（Watson，2004）
12	乙烷基硫化物		令人恶心的气味	0.25	（Ruth，1986）
13	甲苯硫酚		腐臭味	0.1	（Watson，2004）
14	苯硫酚		腐烂味	0.062	（Watson，2004）

　　有关硫醚类物质导致地表水及饮用水嗅味问题的报道比较多。加拿大 Galilee 湖发生多甲藻藻华，出现高浓度的二甲基硫醚、二甲基二硫醚和二甲基三硫醚（Ginzburg et al.，1998）。当水体受到较重的工业污染，或当水源（湖泊、水库等）发生底泥上翻时，往往会出现此类物质导致的嗅味问题（Gostelow et al.，2001）。Watson（2003）对加拿大的 Onrario 湖调查中发现了大量甲基、异丙基硫化物的存在，推测其主要来源于藻华或有机物的腐败。Kraser 等（1989）对南加州地区存在腐败味/沼泽味的自来水进行分析，发现了含硫化合物的存在，推测可能是水库水源的底部出现了厌氧区域，导致有机质还原为含硫化合物。此外，2007 年夏季无锡太湖水源发生的严重嗅味事件中，二甲基三硫醚的浓度高达 1 万 ng/L 以上（Yang et al.，2008）。清华大学在东江水源中检出了 1-丙烯基-1-硫醇为主的多种硫醇类化合物，推测主要是由于雨季运河水排洪对水源的污染所致，但并没有对

其定量测定（李勇等，2008）。对于此类物质的来源，主要包括天然水体中的藻类、生活污水及工业废水中含硫的氨基酸、表面活性剂及其他含硫化合物等（Findlay，2016；Watson and Jüttner，2016；Huang et al.，2018）。藻细胞死亡破裂后其所含的含硫氨基酸进入水体，通过微生物作用转化为一系列有机、无机硫化物。范成新等对太湖黑水团的研究指出，水华蓝藻的生物物质组成以蛋白质（40%）为主，含硫氨基酸含量 1% 左右，是藻源性湖泛暴发过程中主要的硫来源（卢信等，2012），而蛋氨酸是潜在的含硫有机物前驱体（Lu et al.，2013）。另外，生物工业、发酵工业（如酿酒、发酵食品制造等）等生产以及生活废水也是水体硫化物的一个重要来源（Arfi et al.，2002）。表面活性剂排入河流中会形成覆盖水面的有机膜，形成有利于挥发性有机硫化物产生的厌氧环境，有报道指出排入河流的生活污水中的表面活性剂也是甲硫醚等硫醚类物质产生的原因之一（刘洋等，2013）。

管网水中偶尔也会发生此类嗅味问题。当配水管网中存在滞流或死水区，而且无残留消毒剂时，由于厌氧微生物的活动有可能会导致类似于腐烂蔬菜味/沼泽味或腥臭味问题的产生。Wajon 等（1988）曾在管网饮用水中检出高达 250ng/L 的二甲基三硫醚，远超过其嗅阈值浓度。澳大利亚珀斯市的一些区域曾连续发生沼泽味/腐败味的问题，不同采样点中均有一些含硫化合物的检出，如硫化氢、甲硫醇、二甲基硫化物等，经调查发现是因为管网中存在厌氧和低余氯剂量的区域，导致相应含硫化合物的产生（Wajon et al.，1985a，1985b）。另外，热水器（尤其是热水长时间不用或调温器设置太低的时候）以及缺乏维护的终端装置，也是容易形成厌氧条件的区域。

目前有关水源水中硫醚类物质的生成机制研究还不是很充分，但一般认为可能存在以下的主要生成途径：①藻类的生长代谢；②细菌对藻源、生活污水及工业废水中含硫有机物的分解作用；③硫醇类物质的空气或生物氧化作用。此外，个别情况下还存在 2-酮基-4-甲硫丁酸（2-keto-4-methiobutyrate）的甲基化，二甲基亚砜（DMSO）的还原等生成途径（Franzmann et al.，2001；Watson and Jüttner，2016）。其中，含硫氨基酸的转化是水中此类物质生成的主要途径之一（图 2-4）。水中的含硫氨基酸包括蛋氨酸、半胱氨酸和胱氨酸，其中半胱氨酸及胱氨酸的代谢产物主要是 H_2S，其在缺氧环境下，可以通过生物甲基化作用产生甲硫醇（Kiene et al.，1990）；蛋氨酸分解的直接产物是甲硫醇，甲硫醇进一步通过生物甲基化及氧化作用等可转化成硫醚类物质（Stets et al.，2004）。甲硫醇在水中不稳定，极容易被氧化为二甲基二硫醚、二甲基三硫醚等多硫化物，加之强挥发性，因此一般在水中含量较低。但甲硫醇在厌氧沉积物中的甲基化也是自然水体中有机硫化物形成的一个重要机理。自然条件大量存在的甲基供体有 L-蛋氨酸及木质素中的甲氧基芳族化合物等（Watson and Jüttner，2016）。含硫化合物也可以通过生物同源化过程形成无机多硫化物（S_n^{2-}），并通过生物甲基化等作用转化成硫醚。总体来看，关于硫醚类物质的产生机制、不同水源中的主要前体物、水质条件的影响等仍有待于进一步的研究。

2. 含氮化合物

某些含氮化合物也会造成饮用水产生沼泽味、鱼腥味等异味，部分化合物的嗅味特征见表 2-8。水体中的含氮化合物一般来源于水生生物的腐败或者含氮工业废水的排放。当

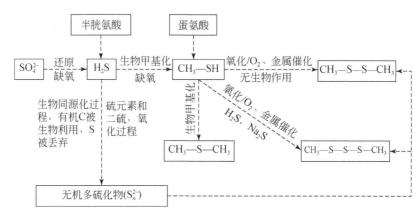

图 2-4　文献报道可能的含硫有机物产生途径

水体中发生鱼类等大量死亡时，沉积于底泥中的死亡生物体在厌氧条件下会分解生成具有较强鱼腥味的三甲基胺（Seibel and Walsh，2002）。另外，一些由蛋白质或含氮的细胞组分在分解代谢的过程中产生的胺类化合物也具有鱼腥味、刺激性气味或氨水味，尤其碱性条件下胺类会产生很强的鱼腥味或腐臭味（周益奇等，2006）。藻类生长过程中也会产生胺和其他含氮化合物，有报道在蓝藻和绿藻等的培养中检出了 50~300μg/L 的胺类，如二乙胺、三甲胺、1-氨基丙烷、2-氨基丙烷和乙醇胺等（Herrmann and Jüttner，1977；Pohnert and Elert，2000）；有报道从衣藻水华（德国鲁尔河）及其分离培养过程中检出了胺类化合物（Herrmann and Jüttner，1977）。但这些含氮有机物通常难于分析，而且能够在环境中快速挥发或通过光化学和生物作用所分解，因此总体上关注得不是很多。

表 2-8　几种含氮化合物的嗅味特征及阈值

编号	化合物名称	嗅味特征	嗅阈值浓度/(μg/L)	参考文献
1	正丙胺	腥味	0.061	（Herrmann and Jüttner，1977）
2	异丙胺	氨水味	0.025	（Herrmann and Jüttner，1977）
3	丁醇胺	腥味	—	（Herrmann and Jüttner，1977）
4	乙醇胺	轻微氨味	—	（Herrmann and Jüttner，1977）
5	甲胺	腥味/氨水味（低/高浓度）	0.035	（Herrmann and Jüttner，1977）
6	乙胺	腥味/氨水味（低/高浓度）	0.27	（Herrmann and Jüttner，1977）
7	三甲胺	鱼腥味	0.00003	（Herrmann and Jüttner，1977）
8	吲哚	花香味/粪臭味（低/高浓度）	0.02	（Tsuchiya et al.，1979）
9	3-甲基吲哚（粪臭素）	花香味/粪臭味（低/高浓度）	0.0008	（Tsuchiya et al.，1979）

吲哚也是一种比较典型的致嗅物质，在高浓度条件下呈现明显的粪便臭味，在低浓度条件下具有花香味。甲基吲哚则是具有明显的粪臭味，其在受粪便污染的水源中多有检出，在堆肥场、猪舍等都经常出现这类臭味（Mackie et al.，1998；Kim et al.，2016）。粪

便中的色氨酸经由微生物一系列的代谢作用产生吲哚和 3-甲基吲哚，丙酸杆菌（*Propionibacterium*）、埃希氏菌（*Escherichia*）、真细菌（*Eubacteria*）及梭状芽孢杆菌（*Clostriadia*）等均具有代谢色氨酸产生吲哚的能力（Mackie，1994；Zhu and Jacobson，1999）。

2.2.3　工业来源

对于河流等一些开放性水体而言，水体污染导致的嗅味问题也比较多见。2000 年 7 月发生于台湾旗山溪的水污染事件中，100 多吨有机废溶剂（主要含二甲苯、二氯联苯等芳香族化合物）被偷排进入河川，水中产生明显的类似松香油的异味，导致沿岸多个水厂不得不停止取水（维基百科，2020）。除了事故性排放以外，工业废水中存在的一些致嗅物也会导致饮用水产生嗅味（Suffet et al.，1995）。而且工业污染导致的嗅味问题不仅仅是个感官问题，这些致嗅物本身也可能是一些对人体有害的化合物，尤其值得关注。

1. 酚类化合物

酚具有恶臭，Young 等（1996）报道苯酚的嗅阈值浓度为 31μg/L，且含苯酚的饮用水加氯消毒时，往往能形成臭味更强烈的氯酚，引起用户的反感。苯酚等各种酚类化合物是重要的化工原料，在化学合成中大量使用。因此，水源容易受到酚类的污染。我国《生活饮用水卫生标准》（GB 5749—2006）规定，挥发酚的限值为 0.002mg/L（以苯酚计）。

许多国家发生过由于此类物质所导致的嗅味问题。加拿大艾伯塔省会埃德蒙顿市的水厂曾遇到原水异味问题，水质分析检测到苯酚、甲酚和氨基酚等酚类化合物（Suffet et al.，1999）。上海某水厂 2008 年 10 月被居民投诉水中出现严重嗅味问题，后经分析发现原水中酚含量达到 0.037mg/L，高于其嗅阈值浓度。2013 年杭州市自来水出现严重的塑料味问题，确认由邻叔丁基苯酚等酚类物质的污染引起（孙燕和肖菁，2014）。另外，输配水系统中的微生物会使氯酚类化合物甲基化生成氯苯甲醚，其嗅阈值浓度要低得多。如 1982 年 9 月巴黎自来水中的霉味问题，主要就是由于水中的 2,3,6-三氯苯甲醚所导致的，其阈值浓度仅为 1pg/L 左右，推测其是微生物甲基化 2,3,6-三氯苯酚的产物（Montiel，1991；Montiel et al.，1999）。

2. 甲基叔丁基醚

甲基叔丁基醚（MTBE）为一种易燃液体，因其具有显著提高汽油的辛烷值并能改善抗爆性能等优点，是全球应用最广泛的汽油添加剂之一。然而 MTBE 对饮用水的感官影响很大，有特殊的难闻气味，嗅味描述为煤油味和烃味，其嗅阈值浓度为 15μg/L（Stocking et al.，2001）。据调查，汽油中 MTBE 有 3%~10% 最终迁移到地下环境中。随着使用量的增加，MTBE 对地表水、地下水、土壤等产生了日益严重的污染，水中 MTBE 的来源主要为工业储罐、管线及加油站地下储油罐等的泄漏，由于 MTBE 具有较低的生物可降解性，在环境中可以持久存在，MTBE 嗅味污染也逐渐成为水厂面临的新问题（Suffet，2007）。据美国地质调查局调查的结果，近年来 MTBE 已经成为城市地下水中第二种常被检出的污染物质。1996 年加利福尼亚州圣塔莫尼卡市的自来水水源中发现高浓度的 MTBE，造成自来水厂的关闭，后经调查发现是由于储油槽泄漏污染地下水所致，当时测得的 MTBE 浓度高达 $600\mu g/L$，远远高于其嗅阈值浓度（Cooney，1997）。加利福尼亚州自 2002 年停止将 MTBE 作为汽油添加剂使用。在丹麦、德国、荷兰等一些欧洲国家的地下水和地表水中也检出过 MTBE。Annemarie 对荷兰全境内的饮用水原水中 MTBE 的含量进行了调查，并对 MTBE 的嗅阈值浓度进行了系统评价，结果发现 MTBE 的嗅阈值浓度为 $7\sim16\mu g/L$，大多数地下水水源的 MTBE 浓度低于 $0.1\mu g/L$，通常砂土地质的地下潜水层中 MTBE 含量要远高于含有保护性黏土层的地下水。河岸和沙丘过滤对地表水中 MTBE 的去除效果不大，荷兰给出的修复 MTBE 污染水体的建议控制目标值为 $15\mu g/L$（van Wezel et al.，2009），与目前文献普遍报道的 MTBE 嗅阈值浓度是一致的。Stocking 等（2001）曾专门针对五十多名饮用水消费者进行了 MTBE 的嗅阈值浓度评价测试，发现 95% 置信区间嗅阈值浓度为 $9.0\sim23\mu g/L$，平均值为 $15\mu g/L$。Suffet 等发现 MTBE 的嗅味识别浓度要比嗅阈值浓度高 $3\sim4$ 倍，饮用水中的余氯会增加 MTBE 检测和识别的难度。例如，$0.3mg/L$ 余氯会掩蔽原水中 MTBE，以含氯水为基质测试的 MTBE 嗅阈值浓度和嗅味识别浓度要比无嗅水中的测试值高很多（Suffet et al.，2013）。美国环境保护局已全面禁止 MTBE 的使用，并将其纳入优先控制污染物质清单（Baus et al.，2005；Kalweit et al.，2019）。

3. 其他化学品

1）环状缩醛类物质（cyclic acetal）

2-乙基-5,5-二甲基-1,3-二氧六环（2-ethyl-5,5-dimethyl-1,3-dioxane，2-EDD）、2-乙基-4-甲基-1,3-二氧戊环（2-ethyl-4-methyl-1,3-dioxolane，2-EMD）和 2,5,5-三甲基-1,3-二氧六环（2,5,5-trimethyl-1,3-dioxane，TMD）等环状缩醛类物质可产生甜果味、油漆味、橄榄油味、溶剂味等异味，文献报道的嗅阈值浓度分别为 $0.63\sim10ng/L$、$5\sim884ng/L$ 及 $10ng/L$（Schweitzer et al.，1999a，1999b；Carrera et al.，2019）。这类物质通常来源于树脂生产过程中产生的副产物，美国、英国、西班牙等多国都发生过因 2-EDD 和 2-EMD 污染导致的饮用水嗅味事件（表 2-9）。"十二五"期间对全国重点流域饮用水源的调查发现，2-EMD 的检出率为 12%，主要在太湖（$9\pm18ng/L$）及珠江（$7\pm10ng/L$）水系检出，而 2-EDD 鲜有检出（2.2%）。著者对黄浦江水系为期一年的监测（2018～2019 年）发现，2-EMD（n.d.～167ng/L，85.0%）及 TMD（n.d.～133ng/L，56.7%）的检出浓度及检出率显著高于其他水系，潜在嗅味问题更为突出。值得注意的是，水中环状缩醛类物质通常是一系列不同结构的该类物质同时发生，因此不仅会产生嗅味，一些小分子的环状缩醛也存在一定的健康风险。

表 2-9 环状缩醛引起的饮用水嗅味发生案例总结

致嗅物质及来源	事件描述	地点	参考文献
2-EMD，树脂生产	甜味/橄榄油味，1989 年 8 月出现，在排污口下游 137 英里仍然有味道	美国俄国俄河	（Noblet et al.，1999）

致嗅物质及来源	事件描述	地点	参考文献
树脂涂层生产废水	1992 年	美国宾夕法尼亚州	(Preti et al., 1993)
2-EDD、2-EMD，聚酯树脂生产	甜味/橄榄油味，1993 年 10 月，1995 年 2 月	西班牙巴塞罗那 48 个水厂地下水	(Ventura et al., 1997)
2-EDD、TMD 等	令人作呕的橄榄油气味，2013 ~ 2014 年	西班牙巴塞罗那	(Quintana et al., 2015)
2-EDD 和 2-EMD，树脂制造的溶剂泄漏	异味，1994 年 4 月	英国伍斯特/韦姆	(Quintana et al., 2015)
2-EDD、2-EMD，树脂生产厂	异味	英国伦敦东北部	(DWI, 2010)
聚酯树脂工厂的废水污染	橄榄油的味道，2003 年 9 月	南美某饮用水厂	(Crump et al., 2014)

2) 双 (2-氯-1-甲基乙基) 醚 [bis (2-chloro-1-methylethyl) ether]

著者团队测定的嗅阈值浓度为 0.197μg/L，具有特殊的甜味、有机溶剂气味及农药味。该物质为氯醇法生产环氧丙烷和环氧氯丙烷过程的副产物，含量占有机副产物的 5% ~ 20%，也可作为溶剂使用 (Horn et al., 2003；Iordache et al., 2009；Botalova et al., 2011)。该物质作为嗅味物质在国外报道得不多，但根据著者"十二五"对全国重点流域水源的调查，我国水源水中双 (2-氯-1-甲基乙基) 醚的检出浓度为 n. d. ~1280ng/L，平均检出浓度为 35.8ng/L，检出率为 42.1%，主要分布在我国的东部地区，在太湖、海河、长江、黄河等水系均有检出；出水中检出浓度为 n. d. ~ 1191ng/L，平均检出浓度为 33.3ng/L，检出率为 36.1%。郭庆园 (2016) 调查发现双 (2-氯-1-甲基乙基) 醚对黄浦江河流水源的腥臭味问题具有一定的贡献，水源水中检出浓度为 32 ~ 52ng/L (Guo et al., 2016)。此外，双 (2-氯-1-甲基乙基) 醚具有肝脏和肾脏毒性，被美国国家环境保护局列为优先污染物。因此，其健康风险也值得关注。

3) 双环戊二烯 (dicyclopentadiene，DCPD)

DCPD 是一种透明/白色结晶固体，室温下具有不愉快樟脑样气味，嗅阈值浓度为 0.01 ~ 0.25μg/L。DCPD 是一种高反应活性的中间体，极易与其他单体发生反应，在树脂、醇酸树脂、丙烯酸酯、胶乳和其他特种中间体生产中具有广泛的应用。DCPD 水中溶解性较低，不易生物降解。20 世纪 90 年代中期，西班牙巴塞罗那 Lobregat 地下水发生由双环戊二烯及其衍生物泄漏产生的异味问题，推断与该地区早年的汽油泄漏有关 (Boleda et al., 2007)。

2.3 水处理及管网输配过程中产生的嗅味物质

饮用水嗅味主要来源于水源，但也存在水处理与输配过程中产生或加剧嗅味问题的情况。混凝—沉淀—过滤—消毒是常用的饮用水处理工艺，近年来为了应对水源水质的恶化，各种预氧化技术在水厂应用越来越普遍，同时，在一些水源水质较差的地方，臭氧-生物活性炭深度处理工艺也在逐步普及。然而，当采用预氯化应对季节性藻类问题时，应用不当会因藻细胞破裂释放出胞内的嗅味物质，从而加剧嗅味问题（Lalezary et al., 1986; Dietrich et al., 1995）。消毒过程中产生的一些消毒副产物本身也是致嗅物质，如当水中含有酚类等有机物时，加氯后会产生强烈的氯酚臭（Acero et al., 2005）。此外，臭氧氧化过程中会生成含不同碳数的醛类物质，这些物质往往具有芳香味、水果味、塑料味及鱼腥味等异味；而蓄水池、慢滤以及活性炭吸附单元也可能由于微生物的作用而产生异味（Mallevialle and Suffet, 1987）。

饮用水进入配水管网后，仍需经过数小时乃至更长的时间到达用户末端，水中的余氯以及其他水质指标实际上仍处于一种变化的状态，仍会发生相应的物理、化学和生物反应。由于输配过程很难进行水质的改善和调节，维持配水管网中的水质是供水公司面临的最复杂问题之一。美国AWWA曾对全美水厂的嗅味问题进行调查，其中配水管网中的嗅味问题统计见图2-5（Suffet et al., 1995），约49%的供水公司认为管网中嗅味问题主要来自余氯，其次是家用配水或水处理设施，然后是管道腐蚀产生的副产物。

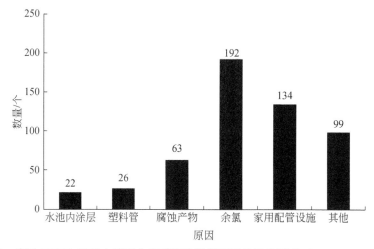

图 2-5 美国 AWWA 对配水管网中出现嗅味问题原因的问卷调查（Suffet et al., 1995）

导致配水管网中产生嗅味问题的原因主要包括：①微生物的活动（如二次生长、厌氧状态）；②消毒剂的残留及副产物的生成；③配水材料中有机物或矿物质的溶出；④外部污染物的进入，主要是污染物通过扩散作用穿过管材间接进入或直接通过管道交叉接口渗入。相关总结见表2-10。

表 2-10 已知导致管网饮用水嗅味问题的原因

嗅味产生因素	嗅味问题描述及原因
生物因素	管网末端的死水区或缺少循环的储水设施，导致沼泽味、腥臭味、烂菜味等； 氯与酚反应后形成氯酚，进一步通过生物甲基化作用形成三氯苯甲醚，导致土霉味、药味等

续表

嗅味产生因素	嗅味问题描述及原因
化学因素	水中的一些前驱物与消毒剂反应生成相应的嗅味物质； 消毒过程中产生溴代或碘代三卤甲烷，具有强烈的药味； 过高加氯引起的氯味； 二氧化氯与新垫层产生的挥发性有机物反应，导致类似于煤油或猫尿的味道
物理因素及管材材料	新干管往往具有湿纸味或泥灰味，或安装过程中所用润滑剂产生的石灰味； 塑料管释放出的酚类化合物； 材料溶出的金属味道； 采用聚合物的管材，一些烃类化合物渗入（如石油等）； 管道接口处污染物的渗入； 水温升高增强异味

其中管网中微生物的二次生长往往是导致配水管网饮用水产生嗅味问题的重要原因。有关配水管网中微生物二次生长的研究较多，总体来看导致微生物出现二次生长的条件包括：①具有较高的可生物降解溶解性有机碳（BDOC）；②水温较高（一般在 15℃ 以上）；③管网水流速度缓慢地点；④管网水力停留时间过长（超过 24h）以及消毒剂余量不足等（van der Kooij et al.，1982；Lechevallier et al.，1987；Mallevialle and Suffet，1987；Donlan and Pipes，1988；Emde et al.，1992b；Hallam et al.，2001）。

总体来看，饮用水处理及输配过程中产生的嗅味物质主要包括消毒剂、有机氮和醛类、酚和氯代酚、三卤甲烷。

2.3.1　消毒剂

自来水有关嗅味问题的投诉有时与氯胺和氯消毒有关，主要是一种类似于游泳池的味道。使用液氯或次氯酸钠消毒时，水中氯主要以次氯酸（HClO）和次氯酸根离子（ClO⁻）的形态存在，次氯酸电离平衡常数 pK_a 为 7.6，其中 pH<6.0 条件下的存在形式以次氯酸为主，pH>9.0 时存在形式以次氯酸根为主，二者均会产生氯味（漂白粉味），前者嗅阈值浓度为 0.28mg/L，味阈值浓度为 0.24mg/L，后者嗅阈值浓度为 0.36mg/L，味阈值浓度为 0.30mg/L（Krasner et al.，1984）。

当水中有氨时会生成氯胺化合物，HClO 与氨产生如下反应生成一氯胺、二氯胺及三氯胺，进一步反应就会出现断点反应，产生氮气。

$$HClO+NH_3 \longrightarrow NH_2Cl+H_2O$$

$$HClO+NH_2Cl \longrightarrow NHCl_2+H_2O$$

$$HClO+NHCl_2 \longrightarrow NHCl_3+H_2O$$

表 2-11 给出了氯及氯胺的相关嗅味特征。

表 2-11　氯及氯胺的嗅味特征

化合物	描述	嗅阈值浓度/（mg/L）	味阈值浓度/（mg/L）
次氯酸	氯味	0.28	0.24
次氯酸根	氯味	0.36	0.30
一氯胺	游泳池味道	0.65	0.48
二氯胺	游泳池味道	0.15	0.48
三氯胺	天竺葵味道	0.02	

注：mg/L 是指以 Cl_2 计，嗅阈值浓度对应嗅觉，味阈值浓度对应味觉。
资料来源：Krasner et al.，1984。

一氯胺：一氯胺的嗅阈值浓度和味阈值浓度分别为 0.65mg/L 和 0.48mg/L。通常当一氯胺浓度为 0.5～1.5mg/L（以氯计）时，仅有较微弱的嗅味，按照嗅觉层次分析（FPA）标准化的 7 级嗅味强度划分，嗅味等级为 2。有关一氯胺的嗅味特征并不一致，实际上饮用水中一氯胺浓度低于 5.0mg/L 条件下很少出现嗅味问题。

二氯胺：二氯胺的嗅阈值浓度比一氯胺要低，当二氯胺含量较高时，则呈现游泳池味和漂白粉味。当浓度为 0.1～0.5mg/L 时，其 FPA 嗅味强度为 4～8 级；浓度为 0.9～1.3mg/L 时，嗅味表现为中等至特别强烈，这时的饮用水往往让人难以接受，对多数人来说，二氯胺浓度超过 0.5mg/L 时，即表现出非常不舒服的氯味。

三氯胺：三氯胺的味道一般描述为氯味或芳香味，嗅阈值浓度为 0.02mg/L（以 Cl_2 计），比其他氯胺化合物要低得多（表 2-11）。然而三氯胺的生成比例与 pH、氯氨比有关，一般在 pH<4 条件下三氯胺才会有较高浓度的生成，因而实际水处理过程中不会有太多三氯胺的存在。但是，折点氨氮反应如果加氯量控制不当，有可能会产生较多的三氯胺。

2.3.2　有机氮和醛类物质

氨基酸是水中天然有机物的重要组成部分，在消毒过程中会与氯发生反应生成氯胺和醛类物质，导致嗅味的发生。据调查，水厂中氨基酸的浓度为 2～400μg/L，河水中氨基酸的总量达到 50～1000μg/L，而富营养化水库水中的含量可高达 300～6000μg/L（Suffet et al.，1995）。图 2-6 给出了三种氨基酸的需氯量及反应过程比较，其中酪氨酸可与氯反应生成较高浓度的二氯胺，是一种潜在的致嗅化合物。氨基酸与氯的反应速率同时受 pH 和温度的影响。

另外，氨基酸可以与氯或氯胺反应生成醛类化合物（Hrudey et al.，1988），如苯丙氨酸和次氯酸钠可以生成苯乙醛，甘氨酸和次氯酸钠反应可以生成甲醛，而腈通常是氨基酸氯化反应的最终产物，其反应可以用如下方程式表示：

$$CH_3CHO+NH_2Cl \longrightarrow CH_3CN+HCl+H_2O$$

当 HClO 和氨基酸过量时生成腈，反应过程如图 2-7 所示。

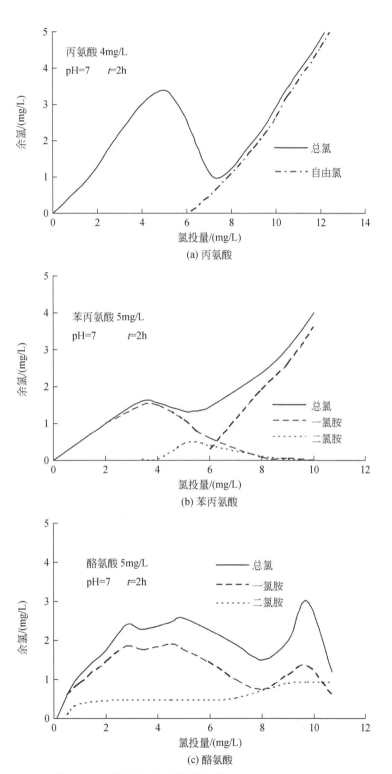

图 2-6　三种氨基酸的需氯量比较（Suffet et al., 1995）

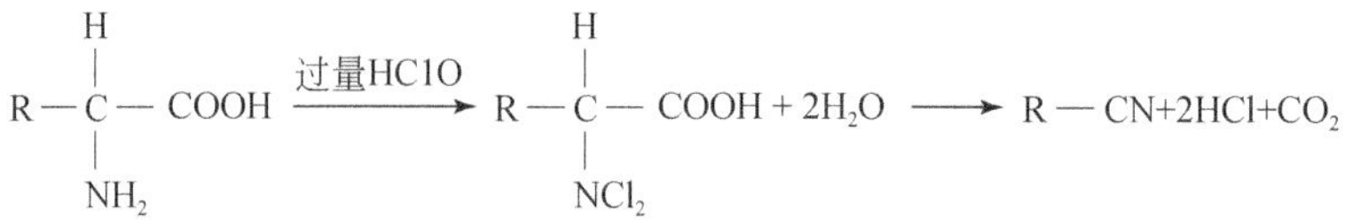

图 2-7　氨基酸与过量氯的反应方程式

从味道上来说醛类较为复杂，一种醛类有时能表现出多种味觉特征。低分子量芳香醛类的味道特征包括氯味、土味、臭味、消毒剂味、苦味、氨味、有机物味、泥味、腐臭味、漂白粉味等（Hrudey et al.，1988）；氨基酸多是低分子量芳香醛类和丙烯腈的前驱物，如苯丙氨酸、甘氨酸可与次氯酸反应分别生成苯乙醛和甲醛。与臭氧和二氧化氯相比，水中的缬氨酸、白氨酸、异亮氨酸、苯丙氨酸等氯化过程中更容易形成低分子量的醛类物质（Hrudey et al.，1988；Froese et al.，1999）。

2.3.3　卤代酚

卤代酚（氯代、溴代、碘代）产生药味。苯酚多来源于原水中的工业污染，但一些管材也有苯酚溶出的情况。苯酚与氯反应后可生成相应的氯代酚，其中 2-氯酚、2,4-二氯酚和 2,6-二氯酚具有较低的嗅阈值浓度，Young 等（1996）对多种氯代酚类化合物的嗅阈值浓度进行了测定（表 2-12）。氯化反应生成的三氯酚会进一步通过真菌的生物甲基化作用形成氯代苯甲醚，具有较重的土霉味（Montiel et al.，1999）。一般来说，水中的苯酚达到 0.1mg/L 时，即有可能产生土霉味问题（Montiel，1991；Montiel et al.，1999）。

表 2-12　水中卤代酚类化合物的嗅阈值浓度

编号	酚类化合物名称	嗅阈值浓度（40℃）/（μg/L）	嗅味特征
1	4-氯-2-甲基苯酚	200	化学品味，药味
2	4-氯-3-甲基苯酚	5.0	霉味，尿味，湿纸味，木头味，潮湿味
3	2-氯-4-甲基苯酚	0.30	防腐剂味，石灰味
4	2-氯酚	0.36	霉味，芳香味，花香味，化学品味
5	4-氯酚	20	
6	2,4-二氯酚	29	霉味，防腐剂味，药味
7	2,6-二氯酚	22	霉味，防腐剂味，药味，金属味
8	五氯酚	23	药味，化学品味
9	2,4,5-三氯酚	350	药味，化学品味
10	2,4,6-三氯酚	350	药味，化学品味

资料来源：Young et al.，1996。

水处理过程中酚的氯化反应过程受多种因素的影响，主要影响因子包括氯酚比、氯浓度、温度、氨浓度等。其中，氯酚比影响较大，如表 2-13 所示，当氯酚比为 2∶1 时，反应的主要副产物为 2,6-二氯酚，具有较重的嗅味；氯酚比为 4∶1 时，通常没有相应氯酚类嗅味物质的生成（Montiel et al.，1999）。另外，pH 也有较大的影响。pH<7 条件下，通常不会有氯酚嗅味的产生；8<pH<9 时，往往具有最大的嗅味强度。水中的氨可以消耗部分自由余氯，降低余氯浓度，进而降低氯酚导致的嗅味，因而采用氯胺代替氯进行消毒，可降低氯酚的生成率，是控制此类嗅味问题的简便方法。

表 2-13　苯酚氯化反应生成的产物

氯酚比（质量比）	检出物质
0.5∶1	酚；2-氯酚
1∶1	酚；2-氯酚；2,6-二氯酚
2∶1	酚；2-氯酚；2,6-二氯酚
4∶1	无

资料来源：Montiel et al.，1999。

　　溴酚的嗅味特征和氯酚相似，2-溴酚和 2,6-二溴酚的嗅阈值浓度分别为 30ng/L 和 0.5ng/L。溴酚的形成机制与氯酚相似，对存在溴离子和苯酚的水进行氯消毒就有可能生成溴酚，配水管网中也有溴酚导致嗅味问题的报道（Whitfield et al.，1988；Khiari et al.，1999）。

2.3.4　消毒副产物

　　饮用水氯化消毒过程中会形成一系列的卤代副产物。国内外对消毒副产物的控制标准多基于健康考虑。然而一些消毒副产物也能导致嗅味的产生，如氯仿、溴仿及碘仿的嗅阈值浓度分别为 100μg/L、5μg/L 和 0.02～0.032μg/L（Bruchet et al.，1989；Khiari et al.，2002）。Khiari 等（2002）对醇类、醛类、腈类、氯代酮类、卤乙腈类、卤碘甲烷、三卤甲烷及硝基甲烷化合物等多种消毒及氧化副产物的嗅阈值浓度及嗅味特征（45℃）进行了系统评价，表 2-14 给出了详细的评价结果。

表 2-14　不同消毒及氧化副产物的感官特征

物质类别	化合物名称	嗅阈值 浓度/（μg/L）	嗅味描述
醇类	正丁醇		干酪（羊乳），腐烂味，甜味
醛类	丙醛	12	<200μg/L：柠檬味，柑橘味，酸味，牛奶味 >200μg/L：溶剂味，橡胶味，油漆味，胶水味，水果味
	丁醛	2	甜味，溶剂味，水果味，奶粉味
	戊醛	5	<32μg/L：甜味，草地味 >32μg/L：水果味，酸味，腐臭味，甜味

物质类别	化合物名称	嗅阈值浓度/（μg/L）	嗅味描述
醛类	己醛	0.32	<80μg/L：草地味，草味，土味 >80μg/L：苹果味，水果味
	庚醛	0.25	腐油味，鱼腥味，水果味/柑橘味
	辛醛	0.32	腐臭味，水果味，柑橘味，腐油味，甜味
	壬醛	0.32	腐臭味，水果味
	癸醛	0.08	柑橘味（柠檬味），腐臭味
醛类	十一醛	0.03	杀虫剂味，柑橘味（柠檬味），刺激性气味
	十二醛	0.13	柠檬香片味，杀虫剂味
	苯甲醛	46.6	甜杏仁味，腐臭味，草莓糖味
	3-甲基丙醛	0.32	烂菜味，沼泽味，水果味
	2-甲基丁醛	0.8	草味，苦味，甜味，甜杏仁味，腐臭味
	苯乙醛	0.3	<29.6μg/L：蜂蜜味，甜味，花粉味 >29.6μg/L：花香味，蜂蜜味，草地味，甜味
氯代酮类	1,1-二氯丙酮	80	<500μg/L：木头味，草料味，煮过的蔬菜味 >500μg/L：洗涤剂味，消毒剂味
	1,1,1-三氯丙酮	500	<3200μg/L：甜味，柑橘味，鲜味 >3200μg/L：溶剂味，杀虫剂味，腐臭味，腐烂臭味
	1,1,3-三氯丙酮	240	柠檬味，橘子味，苹果味，肥皂味
腈	丙腈	12	烂菜味，涂料稀释剂味（>3200μg/L）
	丁腈	32	<1200μg/L：水果味，甜味，柑橘味 >1200μg/L：甜味，有机溶剂味
	异丁腈	64	柑橘味，甜味；>1000μg/L：橡胶味，油漆味，松节油味，丙酮味
	己腈	32	天竺葵味，塑胶味，苦味
	辛腈	0.13	天竺葵味，塑胶味，刺激性气味，腐臭味，甜味 >30μg/L：天竺葵味，塑胶味，椰子味，土味
	十二腈（月桂腈）	0.32	天竺葵，柑橘味，甜味
	戊腈	13	低浓度：腐败味，烂菜味 高浓度：甜味，水果味 >1500μg/L：甜杏仁味，草地味，甜味
	异戊腈	3.2	洋葱味，溶剂味 >200μg/L：溶剂味，橡胶味，油漆味，胶水味，水果味

物质类别	化合物名称	嗅阈值浓度/(μg/L)	嗅味描述
卤代腈	氯乙腈	350	水果味
	二氯乙腈	50	树脂味，松木味，香水味
	三氯乙腈	300	松油味，水果味
	溴氯乙腈	150	水果味
	二溴乙腈	250	水果味，甜味
卤碘甲烷	二氯碘甲烷	5.76	<790μg/L：甜味，糖浆味 >790μg/L：溶剂味，胶水味，油漆味
	二溴碘甲烷	2.9	沥青味，溶剂味，甜味，水果味，腐臭味
	一溴一氯碘甲烷	5.12	<220μg/L：鲜草味，甜味，酒精味 >220μg/L：溶剂味，丙酮味，酒精味
	氯碘甲烷	13	溶剂味，草味，酒精味
	一氯二碘甲烷	9.42	甜味，腐臭味，药味，溶剂味
	一溴二碘甲烷	0.13	甜味，药味，溶剂味
	二碘甲烷	30	酒精味，溶剂味，橡胶味
	碘仿	0.032	药味，口香糖味，甜味
三卤甲烷	二溴一氯甲烷	50	药味，溶剂味，酒精味
	一溴二氯甲烷	40	化学品味，药味，花香味
硝基甲烷	三氯硝基甲烷	100	水果味，樟脑味，草味

碘仿和溴仿嗅阈值浓度较低。在较低浓度（μg/L）条件下即可导致较强的药味。供水系统中溴化物和碘化物浓度达到 0.1mg/L 时，在氯的作用下即可与天然水中的腐殖质发生反应生成溴仿和碘仿。当碘仿浓度为 1~10μg/L、溴仿浓度超过 5μg/L 以上时，饮用水中即呈现明显的药味或化学品味（Bruchet et al., 1989）。巴黎西郊区的饮用水中曾出现过此类物质导致的药味问题，检测发现饮用水中存在许多溴代和碘代化合物，其中包括一碘二氯甲烷、碘氯溴代甲烷、二溴一碘甲烷、二碘一氯甲烷、二碘一溴甲烷和碘仿，尤其是碘仿的浓度为 2~3μg/L，明显高于其嗅阈值浓度（Bruchet et al., 1989）。通常来说，若水中含有前驱物质（如酮），碘（浓度至少 50~100μg/L）或溴（浓度至少为 400μg/L）离子等的条件下，所有消毒剂（氯、二氧化氯、氯胺、臭氧）的使用都有可能导致碘仿或溴仿的生成，从而引起嗅味问题。

2.3.5 苯甲醚

水体中的 2,4,6-三氯苯甲醚具有极低的阈值浓度（30pg/L），通常由氯化副产物（三氯酚）的生物甲基化作用而产生（Karlsson et al., 1995；Montiel et al., 1999）。但最新研究表明湖泊水中的藻类（蓝藻和绿藻）、细菌和真菌也具有生成 2,4,6- 三氯苯甲醚的能力，且 2,4,6- 三氯酚的转化率会受到甲基供体种类、前体物初始浓度、温度、pH 和二价金属离子（如 Mg^{2+}、Mn^{2+}）等因素的影响（Zhang et al.，2016）。在给水管网中，研究表明管网水中含有 $0.1\mu g/L$ 的苯酚浓度时，就可以转化生成三氯苯甲醚而导致明显的霉味问题（Montiel，1991；Nyström et al.，1992），并且会被管材、流速、余氯浓度等因素影响（Zhang et al.，2018）。例如，球墨铸铁管和不锈钢管中生成的 2,4,6- 三氯苯甲醚浓度要远大于在 PE 管中生成的浓度（Zhang et al.，2018）。管网系统中对氯酚具有生物甲基化作用的微生物多为真菌，往往需要高于 $2mg/L$ 的余氯浓度才能将其灭活（Nagy and Olson，1982），而管网中要保持如此高的余氯浓度是不可能的。

除三氯苯甲醚外，其他的一些氯苯甲醚也会产生类似土霉味或橡胶味的味道。这一类物质通常发生在配水管网中，加氯消毒过程中苯酚转化成氯酚，氯酚在生物甲基化的作用下形成阈值浓度很低的氯苯甲醚，而且嗅味强度往往会随着饮用水滞留时间的延长而增加（Nyström et al.，1992；Karlsson et al.，1995；Bruchet，1999；Montiel et al.，1999）。2- 氯酚、2,4- 二氯酚和 2,3,6- 三氯酚在模拟配水管网中能被微生物转化为相应的氯代苯甲醚，其中 2,4,6- 三氯酚的转化率最高（Zhou et al.，2019）。当水中含溴或碘离子时，生成的溴酚或碘酚也会进一步转化成相应的溴代苯甲醚或碘代苯甲醚（Nyström et al.，1992），如 2,4,6- 三溴苯甲醚，其阈值浓度低至 $0.03\sim50ng/L$，文献中已有导致相应嗅味问题的报道（Bruchet，2002；Benanou et al.，2003；Chatonnet et al.，2004）。另外，氯溴苯甲醚往往也是含溴饮用水中产生嗅味问题的重要物质（Diaz et al.，2005），但目前研究相对较少。表 2-15 对可形成的相关氯苯甲醚的嗅味特征进行了总结。

表 2-15　不同氯苯甲醚化合物的嗅阈值浓度及嗅味描述

编号	苯甲醚化合物中文名称	苯甲醚化合物英文名称	嗅阈值浓度/（ng/L）	嗅味描述	参考文献
1	4-氯苯甲醚	4-chloroanisole	20 000	霉味，药味，湿纸味	（Young et al.，1996）
2	2,3,4,6-四氯苯甲醚	2,3,4,6-tetrachloroanisole	4	—	（Curtis et al.，1972；Malleret et al.，2001）
3	2,4,6-三氯苯甲醚	2,4,6-trichloroanisole	0.03～50	水果味，霉味，土味	（Curtis et al.，1972；Brownlee et al.，1993；Malleret et al.，2001；Diaz et al.，2005）
4	2,4,6-三溴苯甲醚	2,4,6-tribromoanisole	0.03～12	橡胶味，土味	（Malleret et al.，2001；Diaz et al.，2005）
5	2,3,6-三氯苯甲醚	2,3,6-trichloroanisole	0.0003～7	土味，甜味	（Curtis et al.，1972；Guadagni and Buttery，1978；Malleret et al.，2001；Diaz et al.，2005）
6	2,3,6-三溴苯甲醚	2,3,6-tribromoanisole	11	橡胶味，甜味	（Diaz et al.，2005）

续表

编号	苯甲醚化合物 中文名称	苯甲醚化合物 英文名称	嗅阈值 浓度/(ng/L)	嗅味描述	参考文献
7	2,4-二氯苯甲醚	2,4-dichloroanisole	50	霉味，尿味，化学品味	(Young et al., 1996)
8	2,4-二氯-6-溴苯甲醚	2,4-dichloro-6-bromo-anisole	n. d.	—	(Diaz et al., 2005)
9	2,6-二氯-4-溴苯甲醚	2,6-dichloro-4-bromo-anisole	4	皮革味，橡胶味	(Diaz et al., 2005)
10	2,6-二溴-4-氯苯甲醚	2,6-dibromo-4-chloro-anisole	2	橡胶味，塑胶味	(Diaz et al., 2005)
11	2,3-二溴-6-氯苯甲醚	2,3-dibromo-6-chloro-anisole	14	橡胶味，水果味	(Diaz et al., 2005)
12	2,3-二氯-6-溴苯甲醚	2,3-dichloro-6-bromo-anisole	5	橡胶味，水果味	(Diaz et al., 2005)
13	2,5-二溴-6-氯苯甲醚	2,5-dibromo-6-chloro-anisole	6	橡胶味，霉味	(Diaz et al., 2005)
14	2,5-二氯-6-溴苯甲醚	2,5-dichloro-6-bromo-anisole	2	橡胶味，塑胶味	(Diaz et al., 2005)
15	2,6-二氯-3-溴苯甲醚	2,6-dichloro-3-bromo-anisole	3	橡胶味，纸板味	(Diaz et al., 2005)
16	2,6-二溴-3-氯苯甲醚	2,6-dibromo-3-chloro-anisole	2	橡胶味，霉味	(Diaz et al., 2005)
17	五氯苯甲醚	pentachloroanisole	240~400	橡胶味，土味	(Curtis et al., 1972; Diaz et al., 2005)
18	五溴苯甲醚	pentabromoanisole	43	橡胶味，土味	(Diaz et al., 2005)

注：n. d. 指未检出。

2.3.6　供水输配材料导致的嗅味问题

输配水管材料往往也是配水系统中嗅味问题的来源之一，较常见的问题包括以下几方面（Suffet et al., 1995）。

（1）输配管材（如 PVC 等）中污染物质的释出。由于管道与自来水长时间接触，如果管材选择不当会间接导致管道中的杂质渗出后污染水质，如管材中的高分子材料及相关添加剂，包括苯乙烯、丙酮以及甲基异丁基丙酮等可能会缓慢渗出（Rigal and Danjou, 1999），导致水中产生蜡味或塑胶味的味道（Anselme, 1985; Anselme et al., 1985）。其他报道的相关渗出的挥发性有机物（VOCs）包括抗氧化剂相关的组分 [2,6-二叔丁基苯醌（2,6-DTBQ）、2,4-二叔丁基苯酚（2,4-DTBP）和 2-甲基-2,6-二叔丁基苯酚（BHT）]、醛类化合物、酮类化合物、芳烃和萜类化合物等（Suffet et al., 1995）。另外，氯可能会与

PVC 管中渗出的化合物进一步反应产生相应的异味物质，如与磷酸三苯酯添加剂反应生成氯酚，导致水中产生较强的药味（Rigal and Danjou，1999）。但总体来说，由于管材溶出导致的嗅味问题目前来看不是很多。

（2）管线及二次供水设施采用的接头黏合剂与润滑剂等物质的释出，以及铁管腐蚀所造成的味道等。例如，法国在配水主干管更新时，经常接到水中有油漆味的投诉，检测结果显示因沥青内衬释出二甲苯与萘，造成持续十天以上的嗅味问题，即使对管线冲洗后强烈异味仍会存在一段时间（Khiari et al.，1999）。美国费城 1987 年曾发生过由于使用沥青内衬涂层铸铁管导致的嗅味问题（Suffet et al.，1995）。费城供水部门对某区域内安装的球墨铸铁管进行了预涂丁基橡胶及 PE 材料包裹的防腐处理后，很快周边居民即开始投诉水中有异味。取样发现水中存在橡胶味、苯乙烯味以及塑料味等，明显检出包括萘等多环芳烃以及甲苯、二甲苯和三甲苯等物质，浸泡实验发现甲苯数天内增加到 100ng/L，数周后可增至 5 ~ 55mg/L（Suffet et al.，1995）。清水池及蓄水塔涂料的更新也同样会造成嗅味问题，例如 1994 年法国东部一个水厂就因为粉刷清水池，涂料酚与苯乙烯释出，造成药水味（Khiari et al.，1999）；法国 Britanny 市也发生因蓄水塔重新整修，造成树脂涂料释出苯乙烯，收到大量水中有化学品味的投诉（Rigal et al.，1999）。

（3）外部污染物扩散进入管道造成异味问题。环境中污染物的渗透往往取决于所用的管材性质以及周边污染物的情况，从渗透性上来说，PVC 管材要远低于 PE 管，但是如果外界污染物与管材发生反应，PVC 管比 PE 管更易发生渗透。文献中有关污染物通过渗透塑料管而引起水质污染的事件多有报道（Holsen et al.，1991），像地下储油罐泄露后导致配水管浸泡于漏油中，最终使得汽油等污染物扩散进入自来水中（Burlingame and Anselme，1995）。

2.4　饮用水中嗅味问题发生情况

2.4.1　概述

饮用水嗅味是个世界性的问题。早在十九世纪中叶，美国就有关于水体异味的报道，主要来源于水源水的有机污染（Middleton et al.，1956）。1989 年，美国 AWWA 在全国范围内对饮用水嗅味问题进行了一次问卷调查，涉及 388 个不同规模的饮用水厂（Suffet et al.，1996），表明有 43% 的水厂经历了一星期以上的嗅味问题，其中氯味和土霉味具有较高的发生率（图 2-8）。日本 1993 年的统计结果表明，有接近 2500 万人抱怨饮用水中存在着异味（Rosen et al.，1963），尤其是琵琶湖地区，从 1969 年开始嗅味问题就经常性发生，对当地的供水产生了严重的影响（Yagi et al.，1983）。法国苏伊士环境公司下属国际水质研究中心（CIRSEE）调查结果表明，1994 ~ 1997 年，该公司管理下的水厂共发生了 140 起嗅味事件（Bruchet et al.，1998）。挪威的 Misosa 湖 20 世纪 70 年代暴发了颤藻水华，导致饮用水发生土霉味（Holtan，1979）。

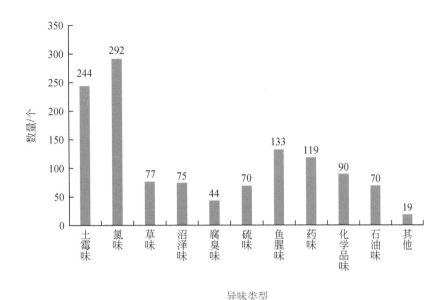

图 2-8 美国饮用水中嗅味问题调查结果（Suffet et al., 1996）

表 2-16 列出了美国、法国及中国开展的一些嗅味调查结果。可以看出，土霉味在世界各地发生比较普遍，此外还有一定比例的鱼腥味、腥臭味和药水味。氯味问题可能与各地饮用水消费习惯有关，美国人喝生水比较多，可能对龙头水的氯味比较敏感，而且可能余氯含量也比较高。一般水中余氯超过 0.15mg/L 以上时，即可闻测到明显的氯味（Bruchet et al., 1998）。不过，需要指出的是，在生态环境研究中心的调查中，没有做氯味闻测。

表 2-16 世界各地报道的自来水嗅味调查结果

调查单位	样本数	嗅味发生比例/%					参考文献
		氯味/臭氧味	土霉味	鱼腥味	腥臭味	药水味	
美国 AWWA	388 个水厂[a]	75	63	25	—	25	（Suffet et al., 1996）
CIRSEE	72 起嗅味事件[b]	10	29	—	—	32	（Bruchet, 1999）
中国台湾高雄医学院	501 个消费者[c]	78.8	13	4	—	—	（洪玉珠, 1998）
中国台湾成功大学	台湾西部及金门[d]	—	33	21	—	—	（洪旭文等, 2001）
中国科学院生态环境研究中心	111 个水厂的出厂水[e]	—	27	—	22[f]	4	

资料来源：a. 水厂报告统计结果；b. 1994～1997 年间主要发生于法国的嗅味事件统计结果；c. 消费者试饮高雄自来水问卷调查结果；d. 走访调查自来水公司西部区处及北水处检验室主任或操作课长结果；e. 对实际出厂水的水质评价结果（2009～2010）；f. 包括腥臭、鱼腥、藻腥和沼泽味等类似气味。

2.4.2 国内外饮用水嗅味发生情况及典型案例

1. 饮用水嗅味发生情况

从所发生的嗅味问题来看，有些是季节性的，主要与藻类代谢物有关；有些是常年性的，与水源水污染有关；而有些是事故性的，一些特定的化学物质等的泄漏导致水源发生突发性污染。表2-17 对国内外饮用水嗅味问题的发生案例按藻类代谢产物导致的嗅味、水源污染导致的复杂嗅味以及突发性污染事件导致的嗅味三种类型进行了总结。我国近年来频繁发生的饮用水嗅味问题引起了社会的广泛关注，嗅味已经成为影响供水水质的主要问题之一（雷晓铃，1998；徐盈等，1999；杨明金等，2002；殷守仁和徐立善，2002）。

湖泊以及水库水源容易遭受到藻类暴发引起的嗅味问题。如表2-16 所示，美国388个水厂的调查结果显示有63%水厂发生过土霉味问题（Suffet et al.，1995），法国的72 起嗅味事件分类发现土霉味占29%（Bruchet，1999）。我国35%的河流型水源及50%的湖库型水源存在不同程度的土霉味问题（Wang et al.，2019），太湖、巢湖、滇池、密云水库、洋河水库、于桥水库、青草沙水库等均发生过 MIB 或 geosmin 等引起的土霉味问题。如密云水库尽管一直维持了良好的水源水质，总氮浓度为1mg/L 左右，总磷浓度为10μg/L左右，但1999 年开始，该水库水位一直呈下降趋势，2003 年秋季开始发生由浮丝藻（*Planktothrix*）生长导致的 MIB 问题，水厂不得不紧急在取水口增设了粉末活性炭投加装置，此后至2015 年期间几乎每年秋季出现由于 MIB 导致的嗅味问题。著者团队在密云水库经过多年长期调查，发现该水库北部浅水区是 MIB 的主要产生区域，丝状蓝藻浮丝藻是 MIB 的主要产嗅藻。在夏季，微囊藻在水体表层富集生长限制了水下光照强度，同时也逐渐消耗了水体中的营养盐，到秋季时由于光照与温度下降，微囊藻在表层逐渐消亡，有利于光照穿透至水体中，进而有利于适合在亚表层生长的浮丝藻，也导致了季节性的 MIB 嗅味问题（Su et al.，2014，2019）。有关密云水库嗅味的具体发生和来源情况详见第5 章（5.3 节）介绍。2007 年秦皇岛的洋河水库发生螺旋鱼腥藻（*Anabaena spiroides*）（现用名：螺旋长孢藻，*Dolichospermum spiroides*，以下采用现用名）水华导致的土霉味，总geosmin 浓度最高超过了 7000ng/L。通过取水口粉末活性炭的投加和水厂混凝强化除藻，基本上保证了geosmin 的有效去除。由于 85%以上的 geosmin 包含在藻细胞内，因此螺旋长孢藻高发期取消了预氧化以维持藻细胞完整性，防止胞内嗅味物质的释放。

水源污染导致的嗅味问题一般发生在河流。从我国来看，淮河、黄浦江以及苏杭大运河问题比较突出，通常这类嗅味问题不是由单一的物质所致。例如，针对淮河水源开展的调查发现，水源中有 MIB、吲哚、吡啶、硫醚类以及烯醛类等多种嗅味物质存在；黄浦江水源中更是发现了包括硫醚类物质在内的多达 18 种致嗅物，但即使是这些致嗅物质都加起来，还不能完全说明黄浦江水源的嗅味（下节将针对性地详细介绍）。这类嗅味问题的特征比较复杂，不是很好准确描述，多以腐败味/腥臭味表述，含硫有机化合物通常是主要

表 2-17 国内外饮用水嗅味发生案例总结

分类	异味描述	致嗅物质	来源	地点	参考文献
藻类代谢产物导致的嗅味	2005 年出现土霉味问题	MIB	颤藻、席藻	北京密云水库	(Yu et al., 2014)
	2007 年出现土霉味、六六味	geosmin	长孢藻水华	秦皇岛洋河水库	(孙道林, 2012)
	土霉味、藻腥味等，夏季显著	MIB, geosmin 等	颤藻、鱼腥藻等	滇池	(孙道林, 2012)
	夏季土霉味，春秋季鱼腥味	MIB, 不饱和醛类等	颤藻、硅藻等	郑州黄河水源	(Li et al., 2016)
	冬季结冰期出现恶臭	MIB, 2,4,6-三氯苯甲醚, geosmin, IPMP 等	可能与藻类有关	包头市黄河水源	(Li et al., 2016)
	1999 年 3 月出现农药味臭味	未知	可能与藻类有关	永安市水源	(孙道林, 2012)
	季节性土霉味、鱼腥味、腐臭味	未知	隐藻、针杆藻、催囊藻	宁夏水洞沟水库	(李能等, 2019)
	季节性土霉味	MIB, geosmin	藻类代谢产物	上海青草沙水库	(殷一辰, 2017)
	土霉味	MIB	席藻、放线菌	武汉东湖	(孙道林, 2012)
	令人不愉快的气味	geosmin	鱼腥藻、束丝藻等	美国威奇托市切尼水库	(Smith et al., 2002)
	2006 年 12 月~2007 年 1 月，土霉味	geosmin	与藻类相关	堪萨斯州 Big Hill、Cheney、Clinton、Gardner、Marion 等水库	(Dzialowski et al., 2009)
	每年 5~11 月出现土霉味	MIB, geosmin	蓝藻	西班牙巴塞罗那	(Boleda et al., 2005)
	长期土霉味	MIB	颤藻等蓝藻	中国台湾 Feng-Shen 和 Gun-Shi 水厂	(Tsair-Fuh et al., 2002)
	1996 年 8 月出现季节性青草味	β-环柠檬醛, geosmin 等	藻类暴发	美国阿普尔顿市阿尔顿水厂	(Young et al., 1999)
	1981 年出现季节性黄瓜味	反、顺-2,6-壬二烯醛等	冬季冰下藻类	美国费城百特厂	(Burlingame et al., 1992)

续表

分类	异味描述	致嗅物质	来源	地点	参考文献
水源污染导致的复杂嗅味	2007年5月出现强烈腥臭味/沼泽味	二甲基三硫醚等	有机体腐败	无锡太湖水源	(Yang et al., 2008)
	1992年冬季出现鱼腥味	未解析	供养鱼、投放水草	濮阳市饮用水源	(孙道林, 2012)
	季节性臭味	甲硫醚等	与微生物厌氧分解有关	沈阳市白塔堡河	(刘洋等, 2013)
	雨季出现腐臭味	1-丙烯基-1-硫醇等	有机物厌氧分解	东莞东江	(李勇等, 2008)
	异味	芳烃、含氧中性物质	废水排放、水生动植物腐烂	美国尼特罗市大卡纳瓦哈河	(Middleton et al., 1956)
突发性污染导致的嗅味	1989年8月出现甜味/橄榄油味	2-乙基-4-甲基-1,3-二氧戊环	树脂制造	美国俄亥俄河	(Noblet, 1999)
	2014年1月出现甘草味	(4-甲基环己基)甲醇	工业化学品泄漏	美国弗吉尼亚州麋鹿河(Elk River)	(Sain et al., 2015)
	1993年10月地下水出现甜味/橄榄油味	2-乙基-4-甲基-1,3-二氧环、2-乙基-5,5-二氧六环、3-二氧六环	树脂制造	西班牙巴塞罗那	(Schweitzer et al., 1999a)
	2013~2014年出现令人作呕的橄榄油味	2-乙基-5,5-二甲基-二氧六环及2,5,5-三甲基-1,3-二氧六环等	树脂制造厂	西班牙巴塞罗那	(Quintana et al., 2015)
	20世纪90年代初出现焦油味	杂酚油(creosote)	木材防腐	西班牙巴塞罗那	(Boleda et al., 2005)
	20世纪90年代中期出现樟脑味	双环戊二烯及其衍生物	汽油泄漏导致的水污染	西班牙巴塞罗那(Lobregat)的地下水含水层	(Boleda et al., 2005)
	2000年冬~2002年夏出现甜黄油味	二乙酰(diacetyl)	造纸厂	西班牙巴塞罗那 Anoia River	(Boleda et al., 2005)

续表

分类	异味描述	致嗅物质	来源	地点	参考文献
	1994 年 4 月出现异味	2-乙基-4-甲基-1,3-二氧六环及 2-乙基-5,5-二甲基-1,3-二氧六环	树脂制造厂	英国伍斯特/韦姆	(Quintana et al., 2015)
	2008 年 9 月~2009 年 3 月出现发酸抹布味/土霉味	3,5-二甲基-2-甲氧基吡嗪	污水处理厂	西班牙加利西亚	(Ventura et al., 2010)
	2015~2016 年间断出现土霉味	可能与 2-甲氧基-3,5-二甲基吡嗪有关	废水排放	美国弗吉尼亚丹河和史密斯河	(Wang et al., 2020)
	松节油 (烃) 气味	甲基叔丁基醚	汽油添加剂	美国一些城市地下水	(Suffet et al., 1999)
突发性污染导致的嗅味	2014 年 4 月出现刺激化学品味/溶剂味	苯类物质	化工园区内输油管泄漏	兰州市	(Dou et al., 2014)
	2006 年 11 月出现氯酚味	酚类物质	工业废水	文登市	(于力强和陈超, 2009)
	2013 年出现塑料味、溶剂味等	邻叔丁基苯酚等	工业废水偷排	杭州市	(孙燕和尚菁, 2014)
	2000 年 6 月出现异味	酚类物质	酚类物质的污染	荆州市	(邓云华和罗传斌, 2001)
	2010 年 10 月出现农药味, 全镇停水	未确认	可能与上游污染有关	潜山县	(曾安能, 2010)
	2014 年 5 月出现异味, 全城停水 7h	未确认	未查明	靖江市	(新浪网, 2014)

的贡献物质之一。国外如英格兰西北部的迪河（River Dee，North-West England，1992 年 3 月）、澳大利亚珀斯（Perth，Western Australia）等早期已有报道（Campbell et al.，1994；Wajon and Heitz，1995），我国 2007 年无锡太湖嗅味事件也主要与此类物质有关（Yang et al.，2008）。此外，李勇等（2008）调查发现以 1-丙烯基-1-硫醇等为主的含硫有机物是夏季东江水中腐臭味问题的关键致嗅物质。

突发污染事件导致的嗅味问题也时有发生。Evansville 市 Ohio River 曾受到上游工业生产厂排放的双（2-氯-1-甲基乙基）醚［bis（2-chloro-1-methylethyl）ether］污染（Kleopfer and Fairless，1972），导致嗅味问题的发生。西班牙 Llobregat 河上游的造纸厂排放的 2,3-丁二酮是导致河水中甜黄油味问题的主要物质（Díaz et al.，2004）。其他一些物质如环状缩醛与缩酮类物质、3,5-二甲基-2-甲氧基吡嗪、杂酚油（creosote）、双环戊二烯及其衍生物、二乙酰（diacetyl）、粗（4-甲基环己基）甲醇［crude（4-methylcyclohexyl）methanol］、甲基叔丁基醚（methyl t-butyl ether，MTBE）等污染引起的嗅味事件在国际上均有报道。2013 年 12 月至 2014 年 2 月，钱塘江水源污染导致杭州自来水持续发生异味，原水异味强度可达到 12 级（FPA 等级，对应国标等级的 6 级），呈现强烈刺激性的苦杏仁、霉臭和焦油味等，即使经水厂处理后部分管网水嗅味强度仍达到 8 级（FPA 等级），具有非常明显的油漆味及皮革味。著者利用气相色谱-嗅觉分析法（SGC）及全二维色谱进行识别，得到 17 个嗅味峰和 58 种可能化合物，表明水源受到多种污染物的污染，包括苯类、胺类以及吡啶类等。后续相关单位结合进一步的污染源调查，判定邻叔丁基苯酚生产厂可能是主要的污染物来源（孙燕和肖菁，2014），通过采取关停相关企业的措施后水质恢复正常。2014 年 4 月兰州自来水因石化管道泄漏含油污水进入水源，导致自来水苯超标同时产生明显异味，停水 5 天（Dou et al.，2014）。2015 年 3 月 4 日自来水又出现明显异味，当日投诉电话高达 780 个。著者对上游来水及水源的取样分析发现，原水呈现出明显的腐败或沼泽臭味，识别出包括酚类（3-甲酚、2-甲酚及 2-硝基酚等）、3-甲基吲哚在内的 20 余种嗅味物质。据推测，上游开闸泄水排沙使得部分底泥及沉积物中的污染物迅速释放，携带这些污染物的水团随排水流入黄河可能是导致异味问题的主要原因。但突发污染事件来得突然，消失也快，很多情况下无法判断嗅味原因物质。如 2010 年安徽潜山自来水发生类似农药的异味，导致 4 万人停水，但具体嗅味物质并未得到确认（曾安能，2010）。

2. 无锡太湖水源嗅味事件

2007 年 6 月无锡太湖水源嗅味事件引发城区停水一周，这是国内首次因饮用水嗅味暴发而出现的大规模供水危机事件（Guo，2007；Yang et al.，2008；Zhang et al.，2010）。2007 年 4 月下旬太湖开始暴发蓝藻水华，5 月底无锡市主要取水口遭受漂流而至的污染水团侵袭，导致城区出现大范围自来水发臭，持续时间长达一周。这期间著者团队针对污染水团、取水口原水和管网自来水中的主要异味特征及致嗅物质进行了多次采样评价。

FPA 的评价结果表明，所取样品均存在强烈的腥臭味（藻臭味）/沼泽味，FPA 强度等级达到 10 以上（令人无法接受的程度）。利用感官气相色谱（sensory GC，SGC）对其中存在的嗅味类型和嗅味物质进行了识别（图 2-9），污染水团中闻测到的异味达到 16 种，从物质来看存在多种类别：①大量的二甲基硫醚类化合物，包括二甲基硫醚、二甲基二硫醚、二甲基三硫醚、二甲基四硫醚等，其中以二甲基三硫醚为主；②大量的藻类代谢物质，包括 1-辛烯-3-醇和 2,4-庚二烯醛、2,4-癸二烯醛等多种不饱和烯醛类物质，以及 β-环柠檬醛、雪松醇等在内的典型藻类代谢产物；③MIB。后续对部分嗅味物质的进一步定量结果表明（表 2-18），二甲基三硫醚在污染水团、原水及自来水中的浓度分别达到 11 399ng/L、1768ng/L 和 431ng/L，MIB 浓度分别为 112ng/L、57ng/L 和 18ng/L。即使在污染水团已经远离的 6 月 4 日采集的原水二甲基三硫醚浓度仍达 1768ng/L。综合感官评价和嗅味物质识别的结果，主要致嗅物质是以二甲基三硫醚为主的硫醚类物质，其他嗅味物质产生的嗅味均被硫醚类物质强烈的腥臭味所掩盖（于建伟等，2007；Yang et al.，2008）。国内外的调查表明，二甲基三硫醚等硫醚类物质在污染水体中广泛存在。据 Wajon 等（1988）报道，澳大利亚原水中的沼泽味（或腥臭味）与二甲基三硫醚的存在有关，但其浓度仅为 n. d. ~250ng/L。此次事件中污染水团中测出浓度高达 11 399ng/L 的二甲基三硫醚，表明污染水团经历过高浓度有机体腐败的过程，而这类有机体有可能来自蓝藻聚集体。

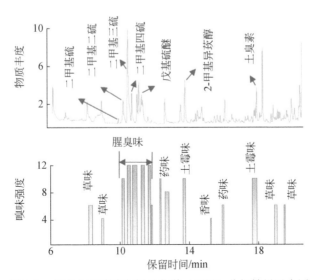

图 2-9 污染水团的感官气相色谱（SGC）分析结果示意图

表 2-18 主要嗅味物质定量分析结果 （单位：ng/L）

物质名称	英文名称	检出浓度			嗅味类别
		污染水团 （6 月 4 日）	原水 （6 月 4 日）	自来水 （6 月 2 日）	
苯甲醛	benzaldehyde	172	196	1438	香味
二甲基三硫醚	dimethyl trisulfide	11399	1768	431	腥臭味

续表

物质名称	英文名称	检出浓度			嗅味类别
		污染水团 （6月4日）	原水 （6月4日）	自来水 （6月2日）	
1-辛烯-3-醇	1-octen-3-ol	40	60	53	烂草味
苯乙醛	benzeneacetaldehyde	238	110	58	花香味
双（2-氯-1-甲基乙基）醚	bis（2-chloro-1-methylethyl）ether	2	3	3	农药味
异佛尔酮	isophorone	642	120.4	159	薄荷味
薄荷醇	menthol	69	68	14	烟草味，药味
2-甲基异莰醇	MIB	112	57	18	土霉味
β-环柠檬醛	β-cyclocitral	—	—	—	草味，藻腥味
癸醛	decanal	579	228	261	果味，柑橘味
土臭素	geosmin	7	34	5	土味
紫罗兰酮	ionone	4054	358	54	花香味，草味

3. 秦皇岛洋河水库嗅味事件

洋河水库 2008 年前是秦皇岛市的主要供水水源，由于富营养化程度逐渐严重，水质属Ⅳ-Ⅴ类，且有蓝藻水华暴发历史。1992 年就出现了以长孢藻（鱼腥藻）为优势藻的水华，并随之出现了类似"六六六"的嗅味，2006 年 7 月嗅味问题相对较重。2007 年 6 月下旬开始，洋河水库再次暴发蓝藻水华，并衍生了严重的嗅味问题，这期间著者团队确认嗅味由 geosmin 所导致，并对嗅味物质变化以及藻类种群进行了全程调查跟踪（Li et al.，2010），为水厂嗅味应急控制提供了技术支持。

5 月份出现的藻类包括蓝藻门的螺旋长孢藻（*Dolichospermum spiroides*）、铜绿微囊藻（*Microcystis aeruginosa*）、惠氏微囊藻（*Microcystis wesenhergii*）、害鱼微囊藻（*Microcystis ichthyoblobe*）、挪氏微囊藻（*Microcystis novacekii*）、颤藻（*Oscillatoria*），硅藻门的变异直链藻（*Melosira varians*）、美丽星杆藻（*Asterionella formosa*）、小环藻（*Cyclotella*）、巴豆叶脆杆藻（*Fragilaria crotonensis*）、尖针杆藻（*Synedra acus*），绿藻门的团藻（*Volvox*）、单角盘星藻（*Pediastrum simplex*）、小球藻（*Chlorella*）、纤维藻（*Ankistrodesmus*）以及甲藻门的角甲藻（*Ceratium hirundinella*）等。6 月 25 日藻细胞密度已达 2000 万 cells/L，优势藻为蓝藻，其中微囊藻（*Microcystis*）占细胞总数的 70% 左右，其次为产生 geosmin 的螺旋长孢藻，占总数的 25% 左右。此期间藻类图片见图 2-10。

如图 2-11 所示，整体上藻类的动态变化过程可分为四个阶段。

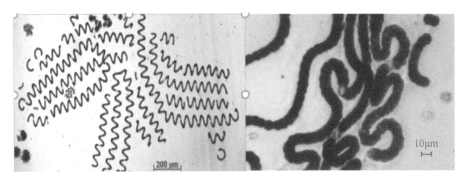

图 2-10　嗅味暴发期检出的螺旋长孢藻

（1）快速生长期（6 月 20 日~7 月 3 日）：蓝藻密度急剧增长，从 580 万 cells/L 急剧上升到 7 月 2 日的最高值 8100 万 cells/L；7 月 1 日开始优势藻从微囊藻迅速转为螺旋长孢藻，螺旋长孢藻最高占到 80% 左右。

（2）衰亡期（7 月 4 日~7 月 13 日）：藻细胞密度在 2 天之内从最高值迅速降低到 3000 万 cells/L 以下，然后缓慢下降，7 月 13 日出现最低值 360 万 cells/L。同时，螺旋长孢藻所占比例迅速下降，优势藻变为微囊藻。

（3）稳定期（7 月 14 日~8 月 10 日）：蓝藻开始缓慢上升，然后蓝藻密度一直在 1000~2000 万 cells/L 变化，优势藻变为螺旋长孢藻。

（4）消退期（8 月 11 日）：随着调水水量的增加和气候变化，蓝藻密度开始缓慢下降到 500 万 cells/L 左右甚至更低，螺旋长孢藻比例也开始下降，铜绿微囊藻比例上升，8 月 23 日螺旋长孢藻只有 10% 左右，同时出现巴豆叶脆杆藻等硅藻，藻类多样性增加。

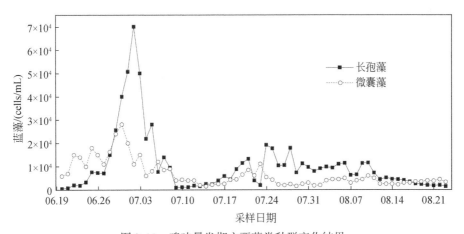

图 2-11　嗅味暴发期主要藻类种群变化结果

取水口处 geosmin 的浓度变化与藻细胞密度的变化呈现相似趋势，上升到最高水平后又迅速下降，进而稳定在一定水平。geosmin 浓度最高达到 7100ng/L（李宗来，2009；Li et al.，2010），为国内外有关 geosmin 浓度报道的最大值。计算得到螺旋长孢藻产生

geosmin 的量大约为 1.22ng geosmin/万 cells。然而大部分 geosmin 都存在于藻体内部，胞内含量占到总含量的 85%~95%。在 7 月 3 日 geosmin 总浓度达到最高 7.1μg/L 时，溶解性 geosmin 浓度只有 473ng/L。

4. 黄浦江水源嗅味问题

作为上海市重要水源之一，黄浦江水源长期以来饱受嗅味困扰。著者团队针对黄浦江水源开展了长期研究，发现主要存在土霉味、腐败/沼泽/腥臭味，且时常有化学品味问题（孙道林，2012；郭庆园，2016；王春苗，2020）。图 2-12 给出了 2014 年 4 月至 2015 年 4 月对该水源的嗅味调查结果。可以看出，黄浦江水源腥臭味嗅味强度为 5~8，土霉味嗅味强度为 4~7。嗅味强度分布具有明显的季节性特点，夏秋季节整体嗅味强度高于冬春季节，总体上腥臭味强度高于土霉味。土霉味主要由 MIB 引起，也有一定含量的 geosmin。2009 年的调查发现，席藻（*Phormidium*）可能是产 MIB 的主要产嗅藻，主要存在于上游缓流的支流中（孙道林，2012）。但腥臭味来源复杂，对其认识是一个不断深入的过程。2014 年 4 月至 2015 年 4 月的调查中共检测出 26 种嗅味物质，除了 MIB 和 geosmin 以外，还有二乙基二硫醚、二甲基二硫醚等硫醚类化合物，双（2-氯-1-甲基乙基）醚［bis（2-chloro-1-methylethyl）ether］，己醛（hexanal）、庚醛（heptanal）、苯甲醛（benzaldehyde）、壬醛（nonanal）、癸醛（decanal）等醛类，吡嗪（pyrazine）、四甲基吡嗪（tetramethyl-pyrazine）等吡嗪类，1,4-二氯苯（1,4-dichloro-benzene）、对二甲苯（*p*-xylene）等苯类化合物。相关物质中，既有藻类代谢产物，又有工业化学品，反映出该水源复合型污染的典型特征（Guo et al., 2016）。

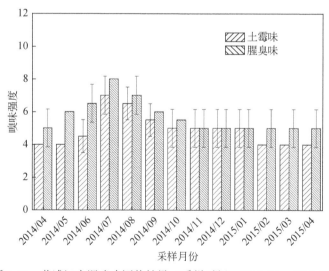

图 2-12 黄浦江水源嗅味评价结果（采样时间：2014.04~2015.04）

进一步通过嗅味活性值（odor activity value，OAV，嗅味物质检出浓度/嗅阈值浓度，大于 1 表示有显著贡献）结合嗅味重组（复配）实验，进一步确认 MIB 和 geosmin 是关键的土霉味物质。但腥臭味原因更为复杂，OAV 评价表明双（2-氯-1-甲基乙基）醚、二乙基二硫醚和二甲基二硫醚是主要腥臭味物质，但复配过程中发现仅有此三种物质时与原水嗅味强度差异较大，而加入土霉味嗅味物质 MIB 和 geosmin 后，复配水样的腥臭味强度有显著增强，进一步加入其他嗅味活性值小于 1 的嗅味物质后，腥臭味又有小幅增强，从而揭示出水源腥臭味的物质构成，即双（2-氯-1-甲基乙基）醚、二乙基二硫醚和二甲基二硫醚是水源水中主要的腥臭味嗅味物质，MIB 和 geosmin 对腥臭味具有协同效应，而其他一些嗅味活性值很小的物质也有一定的贡献（Guo et al.，2019）。

2.4.3 我国重点城市饮用水嗅味问题调查

依托于"十一五"和"十二五"国家水体污染控制与治理科技重大专项课题的实施，著者团队于 2009～2018 年开展了针对全国重点流域 55 个城市共 200 余个水厂水源和出厂水嗅味调查，揭示出我国饮用水嗅味的分布特征以及主要嗅味物质（孙道林，2012；王春苗，2020）。图 2-13 列出了"十一五" 34 个重点城市的 111 个水厂以及"十二五" 31 个城市 98 个水厂的调查结果。

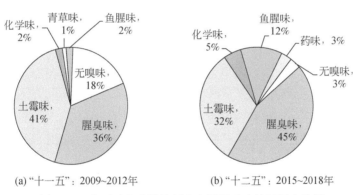

(a)"十一五"：2009~2012 年　　　　　(b)"十二五"：2015~2018 年

图 2-13　我国重点流域饮用水水源的嗅味特征调查结果

从结果来看，两轮调查结果基本类似。原水中 80% 以上的样品具有嗅味问题（"十二五" 90% 以上），主要的嗅味类型为沼泽/腥臭味（"十一五"为 36%，"十二五"为 45%）和土霉味（"十一五"为 41%，"十二五"为 32%）。出厂水具有类似的嗅味特征，近一半的样品具有嗅味问题（"十一五"为 45%，"十二五"为 55%）。另外，化学品味、药味等在个别进出水样品中有所检出，但总体检出率小于 10%。

表 2-19 进一步列出了"十二五"调查期间的原水和出厂水嗅味的检出情况（王春苗，2020）。原水土霉味的最大检出强度为 5.3，土霉味检出样品的平均检出强度为 3.7，其中有 15.6% 的样品其 FPA 强度在 4 以上；而腥臭味的最大检出强度为 9，腥臭味检出样品的平均检出强度为 4.1，32.4% 的样品其 FPA 强度在 4 以上，在检出化学品味、药味、青草味、酸味等的样品中，7.5% 的样品 FPA 强度在 4 以上。在出厂水样品中，土霉味的最大检出强度为 4.3，其中有 6.2% 的样品其 FPA 强度在 4 以上；而腥臭味的最大检出强度为

6，腥臭味检出样品的平均检出强度为 2.7，4.7% 的样品其 FPA 强度在 4 以上。相比较土霉味，现有水厂处理工艺对腥臭味具有一定的去除效果，这主要是因为腥臭味的主要贡献物质如硫醚类等具有还原性，可以通过预氯化以及后续的消毒等氧化过程得到部分去除（McGuire and Gaston，1988）。而 MIB 和 geosmin 等土霉味物质常规水处理工艺基本上没有去除效果。

表 2-19　原水及出厂水嗅味发生情况　　　　　　　（单位：%）

嗅味类型	嗅味描述	原水		出厂水	
		检出率	FPA>4	检出率	FPA>4
腥臭味	污水、腥臭、藻腥、沼泽	45.4	32.4	17.8	4.7
土霉味	土味、霉味	31.8	15.6	25.6	6.2
其他	化学品味、药味、青草味、酸味、鱼腥味等	19.9	7.5	11.6	10.1
无异味	—	2.9	—	45.0	

同时，"十二五"调查中对水源及出厂水中 95 种嗅味物质的分布情况进行了调查（王春苗，2020）。结果表明，原水中共 77 种化合物被检出，检出率大于 30% 的嗅味物质 32 种，大于 50% 的 19 种；出厂水中 75 种化合物被检出，检出率大于 30% 的 29 种，大于 50% 的 12 种。图 2-14 给出了原水检出率大于 50% 的嗅味物质及相应出厂水的嗅味活性值。可以看出，MIB、geosmin、二甲基三硫醚及二甲基二硫醚等的发生具有普遍性，是主要的致嗅物质，另外，双（2-氯-1-甲基乙基）醚有检出的地区，其嗅味贡献也不容忽视，黄浦江水源的调查已表明其对腥臭味具有较大的贡献（Guo et al.，2016）。

MIB 在原水中的检出率超过 50%，出厂水的检出率也达到 35% 以上，在调查的饮用水出水中最大检出浓度为 576ng/L，平均检出浓度为 7.4ng/L，按照《生活饮用水卫生标准》（GB 5749—2006）附录中的推荐参考值 10ng/L，该物质出水中有近 10% 的样品存在超标，同时可以看出土霉味 FPA 强度与 MIB 浓度具有很好的相关性［图 2-15（a）］，是我国饮用水的主要土霉味物质。硫醚类物质是我国较为普遍的腥臭味的主要致嗅物质之一（Wang et al.，2019；王春苗，2020），所检测的 15 种硫醚类物质中，原水中有 8 种硫醚被检出，包括二乙基硫醚（n. d. ～ 0.77ng/L，1.4%）、二甲基二硫醚（n. d. ～ 714ng/L，85.5%）、二异丙基硫醚（n. d. ～ 2.1ng/L，6.2%）、丙基硫醚（n. d. ～ 0.96ng/L，1.4%）、二乙基二硫醚（n. d. ～ 1.7ng/L，6.9%）、二甲基三硫醚（n. d. ～ 84.4ng/L，60%）、二丁基二硫醚（n. d. ～ 6.3ng/L，0.69%）、二异丙基二硫醚（n. d. ～ 27.2ng/L，2.2%）等。其中，二甲基二硫醚、二甲基三硫醚是主要的硫醚类物质，主要分布在黄河、太湖、长江及珠江等流域，水源水最大检出浓度分别达到 714ng/L、84ng/L。腐败味/腥臭味 FPA 强度与总硫醚浓度具有较好相关性［图 2-15（b）］，对于腐败味/腥臭味具有主要贡献（$R^2 = 0.45$，$p<0.05$）。从出厂水来看，二甲基二硫醚检出率最高（45.1%），最大检出浓度为 8.7ng/L，平均检出浓度 0.83ng/L，低于其嗅阈值浓度 30ng/L，这与此类物质相对容易被

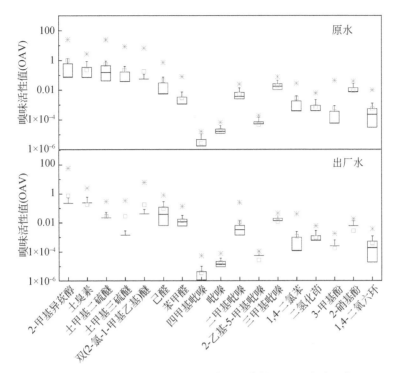

图 2-14　原水及出厂水中嗅味物质的嗅味活性值箱图（原水检出率>50%）

双（2-氯-1-甲基乙基）醚原水检出为 42.1%

氧化去除有关，当原水浓度不是很高的情况下，预氯化及后续的消毒过程对此类物质的嗅味有较好的控制效果。

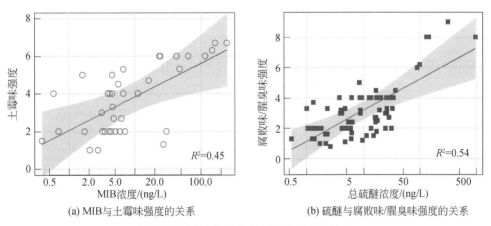

(a) MIB 与土霉味强度的关系　　　　(b) 硫醚与腐败味/腥臭味强度的关系

图 2-15　嗅味物质浓度与嗅味强度的关系

对所检测的 9 种醛类物质来说，原水中有 7 种被检出，检出浓度为 n. d.～351ng/L。其中己醛（53.8%）、庚醛（29.7%）、苯甲醛（70.3%）、壬醛（40.7%）、癸醛（30.3%）的检出率较高；出厂水中，9 种醛类物质均被检出，检出浓度为 n. d.～992ng/L，且除 2-辛烯醛、癸醛及 2,4-癸二烯醛检出率明显增加（增加 12.7%～24.7%），检出浓度高于原水，这可能与水厂氧化及消毒工艺有关，但总体来看此类物质对于嗅味的贡献不是很大（王春苗，2020）。

含氮化合物如吲哚、吡嗪及噻唑等均有一定的检出。吲哚的原水检出浓度为 n. d.～1025ng/L，平均检出浓度为 14.7ng/L，检出率为 21.4%；出厂水中最大检出浓度及平均检出浓度明显降低，分别为 133ng/L 和 0.95ng/L，检出率 6.9%。所调查的 7 种吡嗪类物质在原水和出厂水中均有一定的检出，其中 2,3,5,6-四甲基吡嗪、吡嗪、2,6-二甲基吡嗪、2-乙基-5(6)-甲基吡嗪及 2,3,5-三甲基吡嗪在原水和出厂水中均具有较高的检出率（>40%）。吡嗪在原水中的检出浓度为 n. d.～32.7ng/L，平均检出浓度为 9.6ng/L；出厂水中的检出浓度（n. d.～38.0ng/L）及检出率（97.9%）与原水相近。2,6-二甲基吡嗪原水中的浓度为 n. d.～62.2ng/L，出厂水中的浓度为 n. d.～39.6ng/L。2-乙基-5(6)-甲基吡嗪和 2,3,5-三甲基吡嗪检出浓度相当，原水和出厂水平均浓度分别为 4.3～4.6ng/L 和 2.6～2.8ng/L。与其他检出的吡嗪相比，IPMP 和 IBMP 在原水和出厂水中检出率（<10%）及检出浓度较低（<1.8ng/L），虽然 IPMP 和 IBMP 作为土霉味物质经常被提及，从调查来看，我国饮用水中此类物质的贡献不大（王春苗，2020）。

同时调查了一些麝香香料类的物质。佳乐麝香（galaxolide，HHCB）的检出率为 46.8%，原水检出浓度为 n. d.～84.1ng/L，出厂水几乎没有去除；而吐纳麝香（tonalide）很少检出（<1%）。佳乐麝香广泛应用于个人护理品中，例如肥皂、乳液、除臭剂和清洁剂等（Yang et al.，2017），占全球合成麝香产量的 12%（Heberer，2002），主要通过废水排放进入到环境中（Buerge et al.，2003）。虽有研究表明，活性污泥处理工艺可以有效地去除废水中的佳乐麝香，但地表水中仍有高至 μg/L 水平的佳乐麝香检出的报道（Rosal et al.，2010；Santiago-Morales et al.，2012）。Lee 等（2010）在韩国地表水中检测到 100～272ng/L 佳乐麝香；Bester（2005）在鲁尔河（Ruhr River）水样中检出 60ng/L 的佳乐麝香；2006～2007 年间艾奥瓦河（Iowa River）河水样品中佳乐麝香的检出浓度为 1～20ng/L（Wombacher et al.，2009）。

值得注意的是，一些与工业污染有关的嗅味物质有较多的检出，如前面提到的环状缩醛类物质包括 2-乙基-4-甲基-1,3-二氧戊环、2-甲基-1,3-二氧戊环、1,3-二氧戊环和 2-乙基-5,5-二甲基-1,3-二氧六环等。其中 2-甲基-1,3-二氧戊环及 2-乙基-4-甲基-1,3-二氧戊环在原水及出厂水中的检出率大于 10%（王春苗，2020）。此类物质引起的异味问题在很多国家均有报道（Schweitzer et al.，1999b；Quintana et al.，2015），但在我国饮用水中检出的报道很少。另外，双（2-氯-1-甲基乙基）醚在原水中检出率为 42.1%，最大检出浓度为 1190ng/L，平均浓度达到 35.8ng/L。该物质被美国环境保护署列为优先污染物，其较为普遍的污染值得关注。此外，二氢化茚（n. d.～11.4ng/L）、联苯（n. d.～469ng/L）、2,4,6-三溴苯甲醚（n. d.～208ng/L）、硝基苯（n. d.～103ng/L）和甲基萘（n. d.～3644ng/L）等几种芳香族化合物也有检出，但总体浓度水平较低。

2.5 饮用水嗅味标准

目前，国内外饮用水标准中关于嗅味指标的规定仍然主要基于感官闻测，例如世界卫生组织以及欧盟、澳大利亚等均采用"无异常""用户可以接受""无异味"等方式来表达对嗅味指标的要求（表 2-20）。我国《生活饮用水卫生标准》（GB 5749—2006）采用"无异臭、异味"的描述。我国 GB/T 5750.4—2006 嗅和味的标准测定方法采用文字描述法，用适当的文字描述，并按六级记录其强度。然而因为个人的嗅觉灵敏程度不同，该方法给出的结果往往随意性较大。在新颁布的《城镇供水水质标准检验方法》（CJ/T 141—2018）中，首次将嗅觉层次分析法规定为城镇供水及水源水中嗅味检测的方法，使得对饮用水嗅味类型及强度的规定有了一定的规范。

表 2-20 国内外饮用水中嗅与味标准

国际/地区标准	嗅	味
中国	无异臭	无异味
美国环境保护署	TON 3（二级饮用水法规，非强制指标）	—
美国纽约州	TON 3	—
欧盟	用户可接受且无异常	用户可接受且无异常
德国	TON<2（12℃）及<3（25℃）	—
法国	稀释数<2（12℃）及<3（15℃）	稀释数<2（12℃）及<3（15℃）
日本	TON 3	无异味
世界卫生组织	—	—
澳大利亚	无异臭	无异味
加拿大	无异臭	无异味
俄罗斯	嗅味强度评分不超过 2（20℃或60℃）	—

美国、日本和中国台湾地区对饮用水异味做了非强制性标准规定，要求饮用水嗅阈值（TON）不超过 3。美国第八版《水和废水检验的标准方法》（1936）中首次纳入嗅阈值法，在保留对于嗅味强度的定义及冷、热水分别评价方式的基础上，第九版标准方法（1946）中，对冷水和热水的温度进行了规定，整体对方法的描述更为细致，并对无嗅水制备等方式进行了规范化（Dietrich，2004）。

从具体嗅味物质的标准或规范来看，由于嗅味物质多种多样，目前仅有少数国家或地区对 MIB 和 geosmin 等典型嗅味物质进行了规定。日本将 MIB 和 geosmin 列入非强制性指标，其快适水质指标规定使用粉末状活性炭处理时 MIB 和土臭味 geosmin 的浓度不超过

20ng/L，而采用颗粒状活性炭处理时不超过 10ng/L。我国《生活饮用水卫生标准》（GB 5749—2006）附录 A 中列出 MIB 和 geosmin 的限值为 10ng/L。

参 考 文 献

陈娇，白晓慧，卢宁，等 . 2014. 地表水体放线菌分离鉴定与致嗅能力研究 . 环境科学，10：3769-3774.

邓云华，罗传斌 . 2001. 一起城市自来水酚污染事件的调查与处理 . 湖北预防医学杂志，3：52-53.

郭庆园 . 2016. 南方某河流型水源腥臭味物质识别与控制研究 . 北京：中国科学院大学博士学位论文 .

洪旭文，林财富，王根树，等 . 2001. 高雄地区自来水之臭味物质及水质安全分析评估 . 台湾，中国：海峡两岸城市环境规划与管理研讨会 .

洪玉珠 . 1998. 高雄地区自来水配水系统影响适饮性物质的调查及改善对策之探讨 . 台湾，中国：行政院环保署研究报告 .

胡印斌 . 2014. 靖江水异味事件，别只公布粗略真相 . http：//news. sina. com. cn/pl/2014-05-10/025030098875. shtml［2020-06-01］.

雷晓铃 . 1998. 不同水源和取水口位置的水质异味影响 . 人民珠江，4：35-37.

李能能，吴福雨，李霞，等 . 2019. 水洞沟水库冬季水质嗅味及产嗅藻类分析 . 广东化工，46（1）：65-68.

李勇，陈超，张晓健，等 . 2008. 东江水中典型致嗅物质的调查 . 中国环境科学，11：16-20.

李宗来 . 2009. 北方典型水库水源藻类种群动态和有害代谢物产生规律 . 北京：中国科学院研究生院博士学位论文 .

刘洋，韩璐，宋永会，等 . 2013. 白塔堡河中致嗅类挥发性有机硫化物污染现状及来源研究 . 环境科学学报，33（11）：3038-3046.

卢信，冯紫艳，商景阁，等 . 2012. 不同有机基质诱发的水体黑臭及主要致臭物（VOSCs）产生机制研究 . 环境科学，33（9）：3152-3159.

孙道林 . 2012. 饮用水嗅味评价与致嗅物质识别研究 . 北京：中国科学院大学博士学位论文 .

孙燕，肖菁 . 2014. 浙江在线 . http：//zjnews. zjol. com. cn/system/2014/01/17/019816103. shtml［2020-06-01］.

王春苗 . 2020. 我国重点流域水源及饮用水中嗅味解析 . 北京：中国科学院大学博士学位论文 .

徐盈，黎雯，吴文忠，等 . 1999. 东湖富营养水体中藻菌异味性次生代谢产物的研究 . 生态学报，19（2）：212-216.

杨明金，陈建明，林良珍，等 . 2002. 一起城市自来水异味原因分析与处理 . 福建环境，19（1）：19-21.

殷守仁，徐立蒲 . 2002. 淡水浮游藻类与鱼体异味关系的初步研究 . 北京水产，2：40.

殷一辰 . 2017. 青草沙水库中典型嗅味物质变化趋势调查研究 . 净水技术，36（1）：4-8.

于建伟，李宗来，曹楠，等 . 2007. 无锡市饮用水嗅味突发事件致嗅原因及潜在问题分析 . 环境科学学报，27（11）：1771-1777.

于力强，陈超 . 2009. 1 起酚严重污染城市自来水的调查 . 预防医学论坛，15（1）：92-93.

曾安能 . 2010. 搜狐新闻 . http：//news. sohu. com/20101027/n276531783. shtml［2020-06-01］.

张海涵，苗雨甜，黄廷林，等 . 2020. 典型水环境微生物源异嗅物研究进展 . 环境科学 . https：//doi. org/10. 13227/j. hjkx. 202003135［2020-04-01］.

周萍，邓建明 . 2013. 饮用水中土嗅素和 2-甲基异莰醇的微生物学来源和降解机制 . 西南给排水，35（6）：25-31.

周益奇，王子健 . 2006. 鲤鱼体中鱼腥味物质的提取和鉴定 . 分析化学，34：165-167.

Acero J L, Piriou P, von Gunten U. 2005. Kinetics and mechanisms of formation of bromophenols during drinking water chlorination: Assessment of taste and odor development. Water Research, 39 (13): 2979-2993.

Acree T, Arn H. 2020. Flavornet and human odor space. http://flavornet. org/flavornet. html[2020-06-01].

Anselme C. 1985. Can polyethylene pipes impart odors in drinking water? Environmental Technology Letters, 6: 477-488.

Anselme C, N'Guyen K, Bruchet A, et al. 1985. Characterization of low molecular weight products desorbed from polyethylene tubings. Science of the Total Environment, 47: 371-384.

Arfi K, Spinnler H E, Tache R, et al. 2002. Production of volatile compounds by cheese-ripening yeasts: Requirement for a methanethiol donor for S-methyl thioacetate synthesis by *Kluyveromyces lactis*. Applied Microbiology and Biotechnology, 58 (4): 503-510.

Baus C, Hung H, Sacher F, et al. 2005. MTBE in drinking water production-occurrence and efficiency of treatment technologies. Acta Hydrochimica et Hydrobiologica, 33 (2): 118-132.

Benanou D, Acobas F, de Roubin M R, et al. 2003. Analysis of off-flavors in the aquatic environment by stir bar sorptive extraction-thermal desorption-capillary GC/MS/olfactometry. Analytical and Bioanalytical Chemistry, 376 (1): 69-77.

Bester K. 2005. Polycyclic musks in the Ruhr catchment area—transport, discharges of waste water, and transformations of HHCB, AHTN and HHCB-lactone. Journal of Environmental Monitoring, 7 (1): 43-51.

Boleda M R, Diaz A, Marti I, et al. 2007. A review of taste and odour events in Barcelona's drinking water area (1990-2004). Water Science and Technology, 55 (5): 217-221.

Boleda M, Diaz A, Martí I, et al. 2005. A review of taste and odour events in Barcelona's drinking water area (1990-2004). Off-Flavours in the Aquatic Environment Ⅶ, 55 (5): 217-221.

Botalova O, Schwarzbauer J, Sandouk al N. 2011. Identification and chemical characterization of specific organic indicators in the effluents from chemical production sites. Water Research, 45 (12): 3653-3664.

Breitmaier E. 2006. Terpenes: Flavors, Fragrances, Pharmaca, Pheromones. Hoboken: John Wiley & Sons.

Brownlee B G, Macinnis G A, Noton L R. 1993. Chlorinated anisoles and veratroles in a canadian river receiving bleached kraft pulp-mill effluent-identification, distribution, and olfactory evaluation. Environmental Science & Technology, 27 (12): 2450-2455.

Bruchet A. 1999. Solved and unsolved cases of taste and odor episodes in the files of inspector cluzeau. Water Science and Technology, 40 (6): 15-21.

Bruchet A, N'Guyen D, Mallevialle J, et al. 1989. Identification and behaviour of iodinated haloform medicinal odour. Sem. Los Angeles, CA: Identification and Treatment of Taste and Odour Compounds, AWWA Ann Conf.

Bruchet A, Hochereau C, Gogot C, et al. 1998. Taste and odor episodes in drinking waters: solved and unsolved case studies and needs for future research. Taiwan, China: 4th International Workshop on Drinking Water Quality Management and Treatment Technology.

Bruchet L M A. 2002. A taste and odor episode caused by 2, 4, 6-tribromoanisole. American Water Works Association Journal, 94 (7): 84-95.

Bruvold W H, Daniels J I. 1990. Standards for mineral content in drinking water. Journal-American Water Works Association, 82 (2): 59-65.

Buerge I J, Buser H R, Müller M D, et al. 2003. Behavior of the polycyclic musks HHCB and AHTN in lakes, two potential anthropogenic markers for domestic wastewater in surface waters. Environmental Science & Technology, 37 (24): 5636-5644.

Burlingame G A, Anselme C. 1995. Distribution system tastes and odors//Suffet I H, Mallevialle J, Kawczynski E. Advances in Taste-and-Odor Treatment and Control. American Water Works Association Research Foundation, 281-319.

Burlingame G A, Muldowney J J, Maddrey R E. 1992. Cucumber flavor in Philadelphia's drinking water. Journal-American Water Works Association, 84 (8): 92-97.

Burlingame G A, Suffet I H, Khiari D, et al. 2004. Development of an odor wheel classification scheme for wastewater. Water Science and Technology, 49 (9): 201-209.

Campbell A, Reade A, Warburton I, et al. 1994. Identification of odour problems in the river Dee: A case study. Water and Environment Journal, 8 (1): 52-58.

Carrera G, Vegue L, Ventura F, et al. 2019. Dioxanes and dioxolanes in source waters: Occurrence, odor thresholds and behavior through upgraded conventional and advanced processes in a drinking water treatment plant. Water Research, 156: 404-413.

Chatonnet P, Bonnet S, Boutou S, et al. 2004. Identification and responsibility of 2,4,6-tribromoanisole in musty, corked odors in wine. Journal of Agricultural and Food Chemistry, 52 (5): 1255-1262.

Chen J, Xie P, Ma Z, et al. 2010. A systematic study on spatial and seasonal patterns of eight taste and odor compounds with relation to various biotic and abiotic parameters in Gonghu Bay of Lake Taihu, China. Science of the Total Environment, 409 (2): 314-325.

Collins R P, Kalnins K. 1965. Volatile constituents produced by the alga synura petersenii. ii. alcohols, esters and acids. Air and Water Pollution, 9: 501-504.

Cooney C M. 1997. California struggles with presence of MTBE in public drinking water wells. Environmental Science & Technology, 31 (6): 269A-269A.

Cotsaris E, Bruchet A, Mallevialle J, et al. 1995. The identification of odorous metabolites produced from algal monocultures. Water Science and Technology, 31 (11): 251-258.

Crump D, Charlton A, Taylor J, et al. 2014. National assessment of the risks to water supplies posed by low taste and odour threshold compounds. Cranfield University Bedfordshire MK43 OAL UK: The Institute of Environment and Health.

Curtis R F, Land D G, Robinson D, et al. 1972. 2,3,4,6-Tetrachloroanisole association with musty taint in chickens and microbiological formation. Nature, 235 (5335): 223-227.

D'Ippolito G, Romano G, Caruso T, et al. 2003. Production of octadienal in the marine diatom *Skeletonema costatum*. Organic Letters, 5 (6): 885-887.

Diaz A, Fabrellas C, Ventura F. 2005. Determination of the odor threshold concentrations of chlorobrominated anisoles in water. Journal of Agricultural and Food Chemistry, 53 (2): 383-387.

Díaz A, Ventura F, Galceran M T. 2004. Identification of 2,3-butanedione (diacetyl) as the compound causing odor events at trace levels in the Llobregat River and Barcelona's treated water (Spain). Journal of Chromatography A, 1034 (1-2): 175-182.

Dietrich A M. 2004. Practical taste-and-odor methods of routine operations: Decision tree. Virginia Polytechnic Institute & State University, Blacksburg, VA, US: American Water Works Association.

Dietrich A M, Hoehn R C, Dufresne L C, et al. 1995. Oxidation of odorous and nonodorous algal metabolites by permanganate, chlorine, and chlorine dioxide. Water Science and Technology, 31 (11): 223-228.

Dionigi C P, Lawlor T E, McFarland J E, et al. 1993. Evaluation of geosmin and 2-methylisoborneol on the histidine dependence of TA98 and TA100 *Salmonella typhimurium* tester strains. Water Research, 27 (11):

1615-1618.

Donlan R M, Pipes W O. 1988. Selected drinking water characteristics and attached microbial population density. Journal of American Water Works Association, 80 (11): 70-76.

Dou M, Wang Y, Li C. 2014. Oil leak contaminates tap water: A view of drinking water security crisis in China. Environmental Earth Sciences, 72 (10): 4219-4221.

DWI. 2010. Objectionable taste and odour in water supplies in North-East London between january and march 2010. http://dwi. defra. gov. uk/stakeholders/information-letters/2011/08-2011-annexa. pdf[2013-10-20].

Dzialowski A R, Smith V H, Huggins D G, et al. 2009. Development of predictive models for geosmin-related taste and odor in Kansas, USA, drinking water reservoirs. Water Research, 43 (11): 2829-2840.

Emde K M, Best N, Hrudey S E. 1992a. Production of the potent odour agent, isopropyl methoxypyrazine, by *Lysobacter enzymogenes*. Environmental Technology, 13 (3): 201-206.

Emde K M E, Smith D W, Facey R. 1992b. Initial investigation of microbiallyinfluenced corrosion (MIC) in a low-temperature water distribution system. Water Research, 26 (2): 169-175.

European Union. 1998. EU COUNCIL DIRECTIVE 98/83/EC of 3 November 1998 on the quality of water intended for human consumption. EU, Strasbourg, France.

European Union. 2015. COMMISSION DIRECTIVE (EU) 2015/1787 of 6 October 2015 amending Annexes II and III to Council Directive 98/83/EC on the quality of water intended for human consumption. EU, Strasbourg, France.

Findlay A J. 2016. Microbial impact onpolysulfide dynamics in the environment. FEMS Microbiology Letters, 363 (11): 1-12.

Frank D C, Owen C M, Patterson J. 2004. Solid phase microextraction (SPME) combined with gas-chromatography and olfactometry-mass spectrometry for characterization of cheese aroma compounds. LWT-Food Science and Technology, 37 (2): 139-154.

Franzmann P D, Heitz A, Zappia L R, et al. 2001. The formation of malodorous dimethyl oligosulphides in treated groundwater: The role of biofilms and potential precursors. Water Research, 35 (7): 1730-1738.

Froese K L, Wolanski A, Hrudey S E. 1999. Factors governing odorous aldehyde formation as disinfection by-products in drinking water. Water Research, 33 (6): 1355-1364.

Gagné F, Ridal J, Blaise C, et al. 1999. Toxicological effects of geosmin and 2-methylisoborneol on rainbow trout hepatocytes. Bulletin of Environmental Contamination and Toxicology, 63 (2): 174-180.

Ginzburg B, Chalifa I, Zohary T, et al. 1998. Identification of oligosulfide odorous compounds and their source in the Lake of Galilee. Water Research, 32 (6): 1789-1800.

Gostelow P, Parsons S, Cobb J. 2001. Development of an odorant emission model for sewage treatment works. Water Science and Technology, 44 (9): 181-188.

Guadagni D G, Buttery R G. 1978. Odor threshold of 2,3,6-trichloroanisole in water. Journal of Food Science, 43 (4): 1346-1347.

Guo L. 2007. Doing battle with the green monster of Taihu Lake. Science, 317 (5842): 1166.

Guo Q, Li X, Yu J, et al. 2015. Comprehensive two-dimensional gas chromatography with time-of-flight mass spectrometry for the screening of potent swampy/septic odor-causing compounds in two drinking water sources in China. Analytical Methods, 7 (6): 2458-2468.

Guo Q, Yu J, Yang K, et al. 2016. Identification of complex septic odorants in Huangpu River source water by combining the data from gas chromatography-olfactometry and comprehensive two-dimensional gas chromatography using retention indices. Science of the Total Environment, 556: 36-44.

Guo Q, Yu J, Su M, et al. 2019. Synergistic effect of musty odorants on septic odor: Verification in Huangpu River source water. Science of the Total Environment, 653: 1186-1191.

Hallam N B, West J R, Forster C F, et al. 2001. The potential for biofilm growth in water distribution systems. Water Research, 35 (17): 4063-4071.

Health Canada. 2012. Guidelines for Canadian drinking water quality. http://www.hc-sc.gc.ca/ewh-semt/alt_formats/pdf/pubs/water-eau/2012-sum_guide-res_recom/2012-sum_guide-res_recom-eng.pdf[2012-12-01].

Heberer T. 2002. Occurrence, fate, and assessment of polycyclic musk residues in the aquatic environment of urban areas—a review. Acta Hydrochimica et Hydrobiologica, 30 (5-6): 227-243.

Herrmann V, Jüttner F. 1977. Excretion products of algae, identification of biogenesis amines by gas-liquid chromatography and mass spectrometry of their trifluoroacetamides. Analytical Biochemistry, 78: 365-373.

Holsen T M, Park J K, Bontoux L, et al. 1991. The effect of soils on the permeation of plastic pipes by organic chemicals. Journal-American Water Works Association, 83 (11): 85-91.

Holtan H. 1979. The Lake Misosa story. Arc Hydrobiol Beih, 13: 242-258.

Horn M M, Garbe L A, Tressl R, et al. 2003. Biodegradation of bis (1-chloro-2-propyl) ether via initial ether scission and subsequent dehalogenation by *Rhodococcus* sp. strain DTB. Archives of Microbiology, 179 (4): 234-241.

Hrudey S E, Gac A, Daignault S A. 1988. Potent odor-causing chemicals arising from drinking water disinfection. Water Science and Technology, 20 (8-9): 55-61.

Huang H, Xu X, Shi C, et al. 2018. Response of taste and odor compounds to elevated cyanobacteria biomass and temperature. Bulletin of Environmental Contamination and Toxicology, 101 (2): 272-278.

Iordache I, Iordache M, Pavel V L, et al. 2009. Removal of bis (1-chloro-2-propyl) ether from wastewater using sonodegradation and biodegradation. Environmental Engineering and Management Journal, 8 (2): 201-206.

Jones G J, Korth W. 1995. In situ production of volatile odour compounds by river and reservoir phytoplankton populations in Australia. Water Science and Technology, 31 (11): 145-151.

Jüttner F. 1976. β-cyclocitral and alkanes in *Microcystis* (Cyanophyceae). Zeitschrift fur Naturforschungl, 31: 491-495.

Jüttner F. 1981. Detection of lipid degradation products in the water of a reservoir during a bloom of *Synura uvella*. Applied and Environmental Microbiology, 41 (1): 100-106.

Jüttner F. 1983. Volatile odourous excretion products of algae and their occurrence in the natural aquatic environment. Water Science and Technology, 15: 247-257.

Jüttner F, Hoflacher B, Wurster K. 1986. Seasonal analysis of volatile organic biogenic substances (VOBS) in freshwater phytoplankton populations dominated by Dinobryon, Microcystis and Aphanizome non. Journal of Phycology, 22: 169-175.

Kalweit C, Stottmeister E, Rapp T. 2019. Contaminants migrating from crossed-linked polyethylene pipes and their effect on drinking water odour. Water Research, 161: 341-353.

Karlsson S, Kaugare S, Grimvall A, et al. 1995. Formation of 2,4,6-trichlorophenol and 2,4,6-trichloroanisole during treatment and distribution of drinking water. Water Science and Technology, 31 (11): 99-103.

Khiari D, Suffet I H, Barrett S E. 1995. The determination of compounds causing fishy swampy ordors in drinking water supplies. Water Science and Technology, 31 (11): 105-112.

Khiari D, Barrett S E, Suffet I. 1997. Sensory GC analysis of decaying vegetation and septic odors. American

Water Works Association Journal, 89 (4): 150.

Khiari D, Bruchet A, Gittelman T, et al. 1999. Distribution-generated taste-and-odor phenomena. Water Science and Technology, 40 (6): 129-133.

Khiari D, Barrett S, Chinn R, et al. 2002. Distribution Generated Taste- and- Odor Phenomena. USA: AWWA Research Foundation and American Water Works Association.

Kiene R P, Malloy K D, Taylor B F. 1990. Sulfur-containing amino acids as precursors of thiols in anoxic coastal sediments. Applied and Environmental Microbiology, 56 (1): 156-161.

Kikuchi T, Mimura T, Moriwaki Y, et al. 1972. Odorous components of the diatom, *Synedra rumpens* Kütz. isolated from the water in Lake Biwa: Identification of *n*-hexanal. Yakugaku Zasshi, 92 (12): 1567-1568.

Kim M, Lee J H, Kim E, et al. 2016. Isolation of indole utilizing bacteria *Arthrobacter* sp. and *Alcaligenes* sp. from livestock waste. Indian Journal of Microbiology, 56 (2): 158-166.

Klausen C, Nicolaisen M H, Strobel B W, et al. 2005. Abundance of actinobacteria and production of geosmin and 2-methylisoborneol in Danish streams and fish ponds. FEMS Microbiology Ecology, 52 (2), 265-278.

Kleopfer R D, Fairless B J. 1972. Characterization of organic components in a municipal water supply. Environmental Science & Technology, 6 (12): 1036-1037.

Komatsu M, Tsuda M, Ōmura S, et al. 2008. Identification and functional analysis of genes controlling biosynthesis of 2. Proceedings of the National Academy of Sciences, 105 (21): 7422-7427.

Krasner S W, Barrett S E. 1984. Aroma and Flavor Characteristics of Free Chlorine and Chloramines. Denver, Colo: AWWA Water Quality Technology Conference.

Krasner S W, Barrett S E, Dale M S, et al. 1989. Free chlorine versus monochloramine for controlling off-tastes and off-odors. American Water Works Association Journal, 81 (2): 86-93.

Lalezary S, Pirbazari M, McGuire M. 1986. Oxidation of five earth-musty taste and odor compounds. Journal of the American Water Works Association, 78 (3): 62-69.

Lechevallier M W, Babcock T M, Lee R G. 1987. Examination and characterization of distribution-system biofilms. Applied and Environmental Microbiology, 53 (12): 2714-2724.

Lee I S, Lee S H, Oh J E. 2010. Occurrence and fate of synthetic musk compounds in water environment. Water Research, 44 (1): 214-222.

Leffingwell, Associates. 1985. Odor & flavor detection thresholds in water (in parts per billion). http://www. leffingwell. com/odorthre. htm[2020-06-01].

Li X, Yu J, Guo Q, et al. 2016. Source-water odor during winter in the Yellow River area of China: Occurrence and diagnosis. Environmental Pollution, 218: 252-258.

Li Z, Yu J, Yang M, et al. 2010. Cyanobacterial population and harmful metabolites dynamics during a bloom in Yanghe Reservoir, North China. Harmful Algae, 9 (5): 481-488.

Lin S. 1977. Tastes and odors in water supplies: A review. State of Illinois, Department of Registration and Education, Circular, 127: 1-50.

Lin T F, Watson S, Suffet I M. 2019. Taste and Odour in Source and Drinking Water: Causes, Controls, and Consequences. London SW1H 0QS, UK: IWA Publishing.

Lu X, Fan C, He W, et al. 2013. Sulfur-containing amino acid methionine as the precursor of volatile organic sulfur compounds in algea-induced black bloom. Journal of Environmental Sciences (China), 25 (1): 33-43.

Mackie R. 1994. Microbial production of odor components. Proceedings of International Round Table On Swine Odor Control June 13-15, Ames, Iowa, 1994: 18-19.

Mackie R I，Stroot P G，Varel V H. 1998. Biochemical identification and biological origin of key odor components in livestock waste. Journal of Animal Science，76（5）：1331.

Malleret L，Bruchet A，Hennion M C. 2001. Picogram determination of "earthy-musty" odorous compounds in waterusing modified closed loop stripping analysis and large volume injection GC/MS. Analytical Chemistry，73（7）：1485-1490.

Mallevialle J，Suffet I H. 1987. Identification and treatment of tastes and odors in drinking water. Denver，Colorado：AWWA Research Foundation and AWWA.

Mallevialle J，Mandra V，Baudin I，et al. 1993. Membrane filtration in drinking water treatment. Beijing，China：World Congress on Eng. and Environ.

Matia L. 1995. Treatment of Tastes in Drinking Water：Causes and Control，In Advances in Taste- and- Odor Treatment and Control. Denver，Coloroda，USA：American Water Works Association.

McGuire M J，Gaston J M. 1988. Overview of technology for controlling off-flavors in drinking water. Water Science and Technology，20（8-9）：215-228.

Middleton F，Grant W，Rosen A. 1956. Drinking water taste and odor- correlation with organic chemical content. Industrial & Engineering Chemistry Research，48（2）：268-274.

Montiel A. 1991. Study investigating the origin and mechanism of formation of sapid components preceding musty taste in our water supply. Orlando，FL，USA：Proceedings AWWA Wat Qual Technol Conf.

Montiel A，Rigal S，Weit B. 1999. Study of the origin of musty taste in the drinking water supply. Water Science and Technology，40（6）：171-177.

Muller R，Rappert S. 2010. Pyrazines：Occurrence，formation and biodegradation. Applied Microbiology and Biotechnology，85（5）：1315-1320.

Nagy L A，Olson B H. 1982. The occurrence of filamentous fungi in drinking-water distribution-systems. Canadian Journal of Microbiology，28（6）：667-671.

Nakajima M，Ogura T，Kusama Y，et al. 1996. Inhibitory effects of odor substances，geosmin and 2-methylisoborneol，on early development of sea urchins. Water Research，30（10）：2508-2511.

Natural Resource Management Ministerial Council Commonwealth of Australia. 2011. Australian drinking water guidelines 6. Canberra，Australia.

NIH. 2004. PubChem. https：//pubchem. ncbi. nlm. nih. gov/［2020-06-01］.

Noblet J，Schweitzer L，Ibrahim E，et al. 1999. Evaluation of a taste and odor incident on the Ohio River. Water Science and Technology，40（6）：185-193.

Nyström A，Grimvall A，Krantz-Rüilcker C，et al. 1992. Drinking water off-flavour caused by 2,4,6-trichloroanisole. Water Science and Technology，25（2）：241-249.

Odorous Substances（Osmogenes）and odor thresholds. 2020. https：//www. lenntech. com/table. htm［2020-06-01］.

Palmer C M. 1962. Algae in water supplies. US Government Printing Office，Washington，DC：Public Health Service Publication.

Pohnert G. 2002. Phospholipase A2 activity triggers the wound- activated chemical defense in the diatom *Thalassiosira rotula*. Plant Physiology，129（1）：103-111.

Pohnert G，Elert E V. 2000. No ecological relevance of trimethylamine in fish—*Daphnia* interactions. Limnol Oceanogr，45（5）：1153-1156.

Preti G，Gittelman T S，Staudte P B，et al. 1993. Letting the nose lead the way malodorous components in drinking water. Analytical Chemistry, 65（15）：699-702.

Quintana J，Vegué L，Martín-Alonso J，et al. 2015. Odor events in surface and treated water：The case of 1,3-dioxane related compounds. Environmental Science & Technology, 50（1）：62-69.

Rashash D M C，Hoehn R C，Dietrich A M，et al. 1993. Isolation and identification of algal odor compounds by CLLE，GC/MS and FPA. Miami，FL，USA：Proceedings AWWA Wat Qual Technol Conf.

Rashash D M C，Dietrich A M，Hoehn R C，et al. 1995. Influence of growth conditions on odor-compound production by two chrysophytes and two cyanobacteria. Water Science and Technology, 31（11）：165-172.

Rashash D，Hoehn R，Dietrich A，et al. 1996. Identification and control of odorous algal metabolites. Denver Colarado Awwarf, 34（6）：635-651.

Rigal S，Danjou J. 1999. Tastes and odors in drinking water distribution systems related to the use of synthetic materials. Water Science and Technology, 40（6）：203-208.

Rosal R，Rodríguez A，Perdigón-Melón J A，et al. 2010. Occurrence of emerging pollutants in urban wastewater and their removal through biological treatment followed by ozonation. Water Research, 44（2）：578-588.

Rosen A A，Skeel R T，Ettinger M B. 1963. Relationship of river water odor to specific organic contaminants. Journal Water Pollution Control Federation, 35（6）：777-782.

Ruth J H. 1986. Odor thresholds and irritation levels of several chemical substances：a review. American Industrial Hygiene Association Journal, 47（3）：A-142-A-151.

Sain A E，Dietrich A M，Smiley E，et al. 2015. Assessing human exposure and odor detection during showering with crude 4-（methylcyclohexyl）methanol（MCHM）contaminated drinking water. Science of the Total Environment, 538：298-305.

Salemi A，Lacorte S，Bagheri H，et al. 2006. Automated trace determination of earthy-musty odorous compounds in water samples by on-line purge-and-trap-gas chromatography-mass spectrometry. Journal of Chromatography A, 1136（2）：170-175.

Santiago-Morales J，Gomez M J，Herrera S，et al. 2012. Oxidative and photochemical processes for the removal of galaxolide and tonalide from wastewater. Water Research, 46（14）：4435-4447.

Scholler C E G，Gürtler H，Pedersen R，et al. 2002. Volatile metabolites from actinomycetes. Journal of Agricultural and Food Chemistry, 50（9）：2615.

Schweitzer L，Noblet J，Suffet I H. 1999a. The formation，stability，and odor characterization of 2-ethyl-4-methyl-1,3-dioxolane（2-EMD）. Water Science and Technology, 40（6）：293-298.

Schweitzer L，NobletJ，Ye Q，et al. 1999b. The environmental fate and mechanism of formation of 2-ethyl-5,5'-dimethyl-1,3-dioxane（2EDD）—A malodorous contaminant in drinking water. Water Science and Technology, 40（6）：217-224.

Seibel B A，Walsh P J. 2002. Trimethylamine oxide accumulation in marine animals：Relationship to acylglycerol storagej. Journal of Experimental Biology, 205（3）：297-306.

Smith V H，Sieber-Denlinger J，deNoyelles Jr F，et al. 2002. Managing taste and odor problems in a eutrophic drinking water reservoir. Lake and Reservoir Management, 18（4）：319-323.

Stets E G，Hines M E，Kiene R P. 2004. Thiol methylation potential in anoxic，low-pH wetland sediments and its relationship with dimethylsulfide production and organic carbon cycling. FEMS Microbiology Ecology, 47（1）：1-11.

Stocking A J，Suffet I H，McGuire M J，et al. 2001. Implications of an MTBE odor study for setting drinking water standards. Journal-American Water Works Association, 93（3）：95-105.

Su M, Yu J, Pan S, et al. 2014. Spatial and temporal variations of two cyanobacteria in the mesotrophic Miyun reservoir, China. Journal of Environmental Sciences, 26 (2): 289-298.

Su M, Andersen T, Burch M, et al. 2019. Succession and interaction of surface and subsurface cyanobacterial blooms in oligotrophic/mesotrophic reservoirs: A case study in Miyun Reservoir. Science of the Total Environment, 649: 1553-1562.

Suffet I, Corado A, Chou D, et al. 1996. AWWA taste and odor survey. American Water Works Association Journal, 88 (4): 168.

Suffet I H. 2007. A re-evaluation of the taste and odour of methyl tertiary butyl ether (MTBE) in drinking water. Water Science and Technology, 55 (5): 265.

Suffet I H, Mallevialle J, Kawczynski E. 1995. Advances in taste-and-odor treatment and control. Denver: American Water Work Association.

Suffet I H, Leavey S, Everitt M, et al. 2013. Development of a methodology to identify odour objection and odour rejection concentrations for taste and odour compounds in drinking water. Denver, CO, USA: Proceedings of the AWWA Annual Conference and Exposition.

Suffet I M, Khiari D, Bruchet A. 1999. The drinking water taste and odor wheel for the millennium: Beyond geosmin and 2-methylisoborneol. Water Science and Technology, 40 (6): 1-13.

TGSC Information System. 2020. The Good Scents Company Information System. http://www.thegoodscent-scompany.com/search2.html[2020-06-01].

Tsair-Fuh L, Wong J Y, Kao H P. 2002. Correlation of musty odor and 2-MIB in two drinking water treatment plants in South Taiwan. The Science of the Total Environment, 289: 225-235.

Tsuchiya Y, Shudo K, Okamoto T. 1979. The odorous compounds in the blue-green algae, *Oscillatoria* sp., and the river water: Identification of 2-methylisoborneol, geos min, pcresol, indol and 3-methylindole. Eisei Kagaku, 25: 216-220.

USEPA. 1979. National secondary drinking water regulations. Final Rule. Federal Register, 44 (140): 42195.

van der Kooij D, Visser A, Hijnen W A M. 1982. Determing the concentration of easily assimilable organic carbon in drinking water. Journal of American Water Works Association, 74 (10): 540-545.

van Wezel A, Puijker L, Vink C, et al. 2009. Odour and flavour thresholds of gasoline additives (MTBE, ETBE and TAME) and their occurrence in Dutch drinking water collection areas. Chemosphere, 76 (5): 672-676.

VCF online. 2020. Volatile compounds in food. https://www.vcf-online.nl/VcfHome.cfm[2020-06-01].

Ventura F, Romero J, Parés J. 1997. Determination of dicyclopentadiene and its derivatives as compounds causing odors in groundwater supplies. Environmental Science & Technology, 31 (8): 2368-2374.

Ventura F, Quintana J, Gomez M, et al. 2010. Identification of alkyl-methoxypyrazines as the malodorous compounds in water supplies from Northwest Spain. Bulletin of Environmental Contamination and Toxicology, 85 (2): 160-164.

Vidoudez C, Nejstgaard J C, Jakobsen H H, et al. 2011. Dynamics of dissolved and particulate polyunsaturated aldehydes in mesocosms inoculated with different densities ofthe diatom *Skeletonema marinoi*. Mar Drugs, 9 (3): 345-358.

Wajon J E, Heitz A. 1995. The reactions of some sulfur compounds in water supplies in Perth, Australia. Water Science and Technology, 31 (11): 87-92.

Wajon J E, Alexander R, Kagi R I. 1985a. Determination of trace levels of dimethyl polysulfides by capillary gas-chromatography. Journal of Chromatography, 319 (2): 187-194.

Wajon J E, Alexander R, Kagi R I, et al. 1985b. Dimethyl trisulfide and objectionable odors in potable water. Chemosphere, 14 (1): 85-89.

Wajon J E, Kavanagh B V, Kagi R I, et al. 1988. Controlling swampy odors in drinking water. Journal, 80 (6): 77-83.

Wang C, Yu J, Guo Q, et al. 2019. Occurrence of swampy/septic odor and possible odorants in source and finished drinking water of major cities across China. Environmental Pollution, 249: 305-310.

Wang C, Yu J, Gallagher D L, et al. 2020. Pyrazines: A diverse class of earthy-musty odorants impacting drinking water quality and consumer satisfaction. Water Research, 182: 115971.

Wang Z, Xu Y, Shao J, et al. 2011. Genes associated with 2-methylisoborneol biosynthesis in cyanobacteria: Isolation, characterization, and expression in response to light. PLoS ONE, 6 (4): 18665.

Watson S. 2003. Aquatic taste and odor: A primary signal of drinking-water integrity. Journal of Toxicology and Environmental Health Part A, 67 (22): 1779-1795.

Watson S B. 2004. Aquatic taste and odor: A primary signal of drinking-water integrity. Journal of Toxicology and Environmental Health, Part A, 67 (20-22): 1779-1795.

Watson S B. 2010. Algae: Source to treatment. Algal taste and odor. The United States of America: American Water Works Association.

Watson S B, Satchwill T. 2003. Chrysophyte odour production: Resource-mediated changes at the cell and population levels. Phycologia, 42 (4): 393-405.

Watson S B, Jüttner F. 2016. Malodorous volatile organic sulfur compounds: Sources, sinks and significance in inland waters. Critical Reviews in Microbiology, 43 (2): 210-237.

Watson S B, Satchwill T, Dixon E, et al. 2001. Under-ice blooms and source-water odour in a nutrient poor reservoir: Biological, ecological and applied perspectives. Freshwater Biology, 46 (11): 1553-1567.

Whitfield F B, Last J H, Shaw K J, et al. 1988. 2,6-Dibromophenol: The cause of an iodoform-like off flavour in some Australian crustacea. Journal of the Science of Food and Agriculture, 46 (1): 29-42.

Wombacher W D, Hornbuckle K C. 2009. Synthetic musk fragrances in a conventional drinking water treatment plant with lime softening. Journal of Environmental Engineering, 135 (11): 1192-1198.

World Health Organization. 2011. Guidelines for drinking-water quality. Geneva, Switzerland.

Yagi M, Kajino M, Matsuo U, et al. 1983. Odor problems in Lake Biwa. Water Science and Technology, 15 (6-7): 311-321.

Yang M, Yu J, Li Z, et al. 2008. Taihu Lake not to blame for Wuxi's woes. Science, 319 (5860): 158.

Yang Y, Ok Y S, Kim K H, et al. 2017. Occurrences and removal of pharmaceuticals and personal care products (PPCPs) in drinking water and water/sewage treatment plants: A review. Science of the Total Environment, 596-597: 303-320.

Yano H, Nakahara M, Ito H. 1988. Water blooms of *Uroglena americana* and the identification of odorous compounds. Water Science and Technology, 20 (8-9): 75-80.

Young C C, Suffet I M, Crozes G, et al. 1999. Identification of a woody-hay odor-causing compound in a drinking water supply. Water Science and Technology, 40 (6): 273-278.

Young W, Horth H, Crane R, et al. 1996. Taste and odour threshold concentrations of potential potable watercontaminants. Water Research, 30 (2): 331-340.

Yu J, An W, Cao N, et al. 2014. Quantitative method to determine the regional drinking water odorant regulation goals based on odor sensitivity distribution: Illustrated using 2-MIB. Journal of Environmental Sciences,

26（7）：1389-1394.

Zaitlin B，Watson S B. 2006. Actinomycetes in relation to taste and odour in drinking water：Myths，tenets and truths. Water Research，40（9）：1741-1753.

Zhang X，Chen C，Ding J，et al. 2010. The 2007 water crisis in Wuxi，China：Analysis of the origin. Journal of Hazardous Materials，182（1）：130-135.

Zhang K，Luo Z，Zhang T，et al. 2016. Study on formation of 2,4,6-trichloroanisole by microbial O-methylation of 2,4,6-trichlorophenol in lake water. Environmental Pollution，219：228-234.

Zhang K，Cao C，Zhou X，et al. 2018. Pilot investigation on formation of 2,4,6-trichloroanisole via microbial O-methylation of 2,4,6-trichlorophenol in drinking water distribution system：An insight into microbial mechanism. Water Research，131：11-21.

Zhou X，Zhang K，Zhang T，et al. 2019. Formation of odorant haloanisoles and variation of microorganisms during microbial O-methylation in annular reactors equipped with different coupon materials. Science of the Total Environment，679：1-11.

Zhu J，Jacobson L D. 1999. Correlating microbes to major odorous compounds in swine manure. Journal of Environmental Quality，28（3）：737-744.

Zierler B，Siegmund B，Pfannhauser W. 2004. Determination of off-flavour compounds in apple juice caused by microorganisms using headspace solid phase microextraction-gas chromatography-mass spectrometry. Analytica Chimica Acta，520（1-2）：3-11.

Zuo Y，Li L，Zhang T，et al. 2010. Contribution of *Streptomyces* in sediment to earthy odor in the overlying water in Xionghe Reservoir，China. Water Research，44（20）：6085-6094.

第3章 饮用水嗅味表征方法

水中嗅味物质往往千差万别，如何识别出主要的嗅味物质一直是一个较大的挑战。一般来说，对嗅味特征（类型和强度）的表征采用感官闻测的方法，而对嗅味的组成与浓度的表征则采用化学分析或化学分析与感官闻测相结合的方法。本章重点介绍嗅味的感官评价、典型嗅味物质的化学定量分析以及水中未知嗅味物质的识别鉴定等各种嗅味表征方法，同时，针对藻类鉴定与计数方法以及产嗅藻的分子生物学方法进行全面总结介绍。

3.1 嗅味感官评价方法

嗅味的感官评价是指通过人的嗅觉来判断气味的类别和强度。美国《水和废水标准检验法》（第十七版）介绍了嗅阈值法（threshold odor number，TON）、嗅味等级描述法（flavour rating scale，FRS）和嗅觉层次分析法（flavour profile analysis，FPA）三种水中嗅味感官评价方法（APHA，2012）。我国《生活饮用水标准检验方法》（GB/T 5750—2006）采用了六级描述法（嗅气和尝味法），而在《水和废水监测分析方法》（第四版）中同时还采用了 TON 法（国家环境保护总局编委会，2002）。

TON 法比较简单方便，在国内外使用比较广泛，但该方法无法描述样品气味的具体特征，缺乏重现性，易受人为及主观意识的影响，而且水样在反复稀释的过程中易使挥发组分损失，数据可靠性较差。因此，美国南加州地区的自来水公司借鉴食品行业的经验，将FPA 法引入饮用水的感官评价。相对于 TON 方法，该方法可以对嗅味进行定性，而且不对水样进行稀释，定量数据也更加具有可比性，后续正式列入美国《水和废水标准检验法》（*Standard Method 2170*）（Analysis，2017）。

3.1.1 嗅阈值法

TON 指的是用无嗅水稀释水样至气味刚好不被感知的临界点时的稀释倍数，目前仍是许多国家水中嗅味评价的标准方法。该方法适用于饮用水、地表水等的嗅味评价，要求检验员不可少于五人，最好是十人或更多。在 TON 测定标准方法中，各国采用的测试温度有25℃、40℃、60℃不等，多数采用40℃，而我国《水和废水监测分析方法》（第四版）规定的温度为60℃。为了保障检测的准确性，需要在无味环境中进行检测，检测人员在测试之前不能抽烟或吃东西，并且要避免来自香水、外用药水等刺激气味的干扰。

TON 法的测试过程：首先按 4 个稀释倍数进行初步检测（分别为 1 倍、4 倍、12 倍和70 倍），确定后续测试的起始稀释倍数；然后把水样稀释为 8 个浓度（从起始稀释倍数开始依次降低稀释倍数）系列，系列中插入 2 个或更多的空白水样；测试人员按顺序闻测每个瓶子，由最高倍稀释开始，直到确定闻到气味，此时的稀释倍数即为 TON 值。每一组水样检测完毕后收集每个测定人员的结果，进行 TON 的计算。公式如下

$$TON = \frac{A+B}{A} \tag{3-1}$$

其中，A 表示水样体积（mL）；B 表示无味水体积（mL）。如以下测定示例：25mL 水样被稀释至 200mL 时，可以闻到最弱的臭气，则 TON = 200/25 = 8。

多个测试人员对水样进行 TON 测试时，结果取几何平均值，即为该水样的 TON 值。

3.1.2　嗅味等级描述法

检验人员依靠自己的嗅觉，对一定温度的水样进行判断和描述其嗅味特征，并按照一定的等级报告其强度。我国《生活饮用水标准检验方法　感官性状和物理指标》（GB/T 5750.4—2006）中对该方法进行了规定。该方法包括对水样的直接评价和煮沸后的评价。取 100mL 水样置于 250mL 锥形瓶中，适当摇瓶后从瓶口闻测水的气味，或对水样加热至沸腾后稍冷即进行闻测，用适当文字描述，并按六级记录强度。强度表示通常采用 0 ~ 5 的形式，表示嗅味的强度从无到很强，具体如表 3-1 所示。

表 3-1　嗅味强度等级分类

等级	所表示强度	强度描述
0	无	无任何嗅和味
1	微弱	一般饮用者甚难察觉，但敏感者可以发觉
2	弱	一般饮用者刚能察觉
3	明显	已能明显察觉
4	强	已有很显著的臭味
5	很强	有强烈的恶臭或异味

注：必要时可用活性炭处理过的纯水作为无嗅对照水。

此方法是相对比较粗略的检测方法，缺乏对嗅味类型的判断，不同的检测人员所得的结果往往出入很大。

3.1.3　嗅觉层次分析法

嗅味层次分析法（FPA）最初应用在食品行业，美国南加利福尼亚州于 1981 年将该方法引入供水行业，其后 FPA 作为标准方法先后被纳入美国《水与废水标准检验法》（第十七版）（*Standard Method 2170*）（Analysis，2017）和我国《城镇供水水质标准检验方法》（CJ/T 141—2018）。FPA 法的关键是根据嗅味轮图（参见第 2 章，图 2-1）对嗅味的描述进行规范，并强调了对检测人员训练的重要性。测试人员需有参加训练的意愿，且不

易受他人意见支配，可依据各地的实际情况选择不同的嗅味类型对测试员进行培训。一般要求培训时间达到 40h 以上，以保证测试结果具有较好的重现性。除少数嗅觉过于迟钝的人，一般的人接受 FPA 训练后均可以做到对嗅味的定性、定量描述。另外，培训应定期进行，并经常用不同嗅味类型的标准物质以及无嗅水来校正其嗅觉反应，使其维持描述不同嗅味特征与强度的能力。选择的嗅味物质及其嗅味特征可参考表 3-2。

表 3-2 FPA 训练中测试员对常见嗅味物质嗅味描述结果

编号	嗅味物质名称		嗅味特征描述	闻测浓度参考*/(μg/L)
	中文	英文		
1	庚醛	heptanal	腐败胡桃油	500~600
2	1-辛烯-3-醇	1-octen-3-ol	草味、蘑菇味	500~600
3	反,顺-2,6-壬二烯醛	trans-cis-2,6-nonadienal	黄瓜味	10~15
4	β-紫罗兰酮	β-ionone	花香味	2~4
5	2-异丁基-3-甲氧基吡嗪	IBMP	土霉味	0.5
6	二甲基三硫醚	dimethyl trisulfide	腐臭味	2~3
7	苯甲醛	benzaldehyde	杏仁味	250~300
8	甲基丙烯酸甲酯	methyl methacrylate	塑料溶剂、油漆味	200~300
9	2,3,6-三氯苯甲醚	2,3,6-trichloroanisole	皮革味/木塞味	0.5~1.0
10	己醛	hexanal	青草味/莴苣味	200~300
11	2-甲基异莰醇	MIB	霉味	200
12	土臭素	geosmin	泥土味/土霉味	150
13	次氯酸钠	NaClO	氯味、漂白水味	500
14	薄荷醇	menthol	薄荷味	10~20

*可根据储备液浓度选择配制的具体浓度。

资料来源：于建伟，2007；于建伟等，2007a；2170 Analysis Flavor Analysis，2017。

FPA 强度通常采用 1~12 等级的符号表示法，内含 7 个强度等级。采用测试小组的共识值作为评价的结果。FPA 的强度值与嗅味物质浓度的对数值具有较好的线性关系 [韦伯-费希纳定律（Weber-Fechner law）]，可用如下公式表示

$$S = A\lg C + B \tag{3-2}$$

式中，S 为嗅味强度；C 为嗅味物质的浓度；A、B 为常数。即嗅味强度值与浓度对数值呈线性关系。

应用 FPA 评价时，由 4 人以上的成员组成一个嗅味测试小组，先参考饮用水嗅味轮图所划分的嗅味类型，分别对水样的气味特征和强度进行评价，最后将结果综合得出统一的嗅味类型和强度平均值。FPA 评价主要包括如下几个步骤：①在 500mL 带有瓶盖的锥形瓶内装 200mL 的水样，在 45℃恒温水浴中加热；②实验开始时，取出锥形瓶盖，以单手握取锥形瓶底部，轻晃水样（勿上下摇动），以另一只手打开玻璃瓶盖闻测并记录味道类型与强度；③测试人员在测试前 30min 不能吃东西。图 3-1 给出了以常见的嗅味物质 MIB 作

为土霉味，次氯酸钠作为氯味进行强度训练的结果。得到的土霉味及氯味强度分别与 MIB 及 NaClO 浓度对数值呈良好的线性关系，且不同人员三次在不同时间做的测试结果具有较好的重现性。

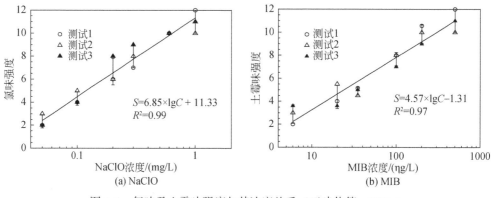

图 3-1　氯味及土霉味强度与其浓度关系（于建伟等，2007a）

总体来看，FPA 方法可以对嗅味定性、定量，具有较为严格的操作程序，结果具有可比性，在饮用水嗅味感官评价及管理中可发挥重要作用。

3.1.4　其他感官分析方法

1. 嗅味差异性评价

样品的嗅味差异性测试用于比较样品间是否存在可察觉的差异，如异味的类型与强度等，可用于水源及饮用水中异味问题的常规监测以及突发性异味问题的鉴定与跟踪。主要的评价方法包括：三角测试法（triangle test，ΔTest）、五选二嗅味测试（2-of-5 odor test）等（Suffet et al.，2004；ASTM，2004）。两者在操作上的主要区别在于前者从三个样品中挑选出存在明显差异的样品（1 个有异味，另外两个无异味），而后者从五个样品中挑选出两个嗅味特征相同的样品。测试时，将样品瓶在 45℃ 水浴加热并随机摆放，三角测试通常无需进行大量的培训，操作简单，但测试结果容易通过猜测得到；五选二测试方法需要的测试人员较少，且从统计学上来说相对完善，可比较出样品组和对照组间的微小差异，这种方法的主要缺点是需要闻测的样品数量较多，容易产生嗅觉疲劳（Booth，2011）。

2. 嗅阈值浓度测试

对某一物质来说，能闻测到其嗅味的最低浓度即为该物质的嗅阈值浓度（OTC，odor threshold concentration）。可采用以强制性选择三角测试（forced-choice triangle test）为基础的 ASTM E679-04 进行测试（ASTM，2004）。选定预测试的化合物，设置一系列由低浓度到高浓度的样品，每个浓度梯度上另设置两个无异味样品，从低浓度向高浓度（稀释倍数）依次进行三角测试闻测，当测试员完成了所有样品的闻测后结束。先计算个人的嗅阈值（Best-Estimate Threshold），是以个人连续得到正确结果时，最后一个答错浓度与下一个答对浓度的几何平均值；若全答对，则以最低浓度及其一半浓度的几何平均值作为估算值；若全答错，则以最高浓度及其两倍浓度的几何平均值作为估算值。小组嗅阈值为小组成员嗅阈值的几何平均值（Jaeger et al.，2014）。表 3-3 给出了 MIB 进行嗅阈值浓度测试及计算的结果。应用该方法，可对不同的嗅味物质进行嗅阈值浓度测试。

表 3-3　MIB 嗅味阈值测试结果

分析人员	稀释倍数/倍						稀释倍数估算（几何平均数）
	64	32	16	8	4	2	
a	0	+	+	+	+	+	45.25
b	0	0	+	+	+	+	22.63
c	0	0	+	+	+	+	22.63
d	0	0	+	+	+	+	22.63
e	0	+	0	+	+	+	11.31
f	+	0	+	+	+	+	22.63
g	0	0	+	0	+	+	5.66
h	0	0	+	+	+	+	22.63
i	0	0	0	+	+	+	11.31
平均稀释倍数							20.74
嗅阈值浓度 = 100/20.74 = 4.82（ng/L）							

注：+代表答案正确，0 代表答案错误；稀释倍数估算值为以答对与答错稀释倍数间的几何平均值（若全答对则以最大稀释倍数及其 2 倍稀释倍数间的几何平均值）。如测试员 a 的稀释倍数估算值为 $(64 \times 32)^{1/2} = 45.25$，以此类推，由各分析人员的估算值求得其平均值为 20.74。

3. 嗅味特征评估检验

嗅味特征评估检验（attribute rating test，ART）是用来评估样品中是否存在已知的嗅味物质及其嗅味强弱的方法（Bae et al.，2002）。应用该方法的前提是已确定水中导致异味的嗅味物质，可应用于水中特定嗅味的常规监测与预警，嗅味事件中嗅味强度的初步评判，工艺过程中嗅味的去除等。该方法操作简便，测试前仅需 1h 左右的简单培训即可。样品评价时，首先准备一个浓度为用户开始产生异味抱怨的标准样品，然后在 45℃ 条件下，通过"成对比较"的方法将相关样品与标准样品进行比对，从而实现水中嗅味评定。该方法的强度评价等级为弱于、等于或强于标准样品的嗅味，如对 geosmin 或 MIB 来说，通常选定 15ng/L 为标准样品浓度（多数人会对该浓度下的嗅味产生抱怨）（Dietrich et al.，2004）。

4. 嗅味偏好测试

消费者对于水质的另一反应是偏好程度或接受程度。偏好测试通过分析受访者提供的喜好得分，得到消费者对于饮用水可接受程度的判断，进而可针对性地对水质进行调控。这种测试的反馈比嗅味强度的度量更加具有可变性，因为喜好是受很多因素影响的一种情绪反馈。因此，较大的数据量，且选择具有代表性的测试人群，是数据有效性的保障。通常采用风味等级评价（flavor rating assessment，FRA，*American Public Health Association 2160*）的方法进行（Dietrich，2009）。

风味等级评价采用9分制的方式进行可接受程度测试，以评价个人对于饮用水的喜好程度。测试时，室温下随机摆放样品，每一个受测者确定水中嗅味的可接受水平，最终结果的等级水平为每位受测者所给出等级的几何平均值。相关的评分范围为1~9分，通常来说，当评估小组得出的平均分数大于等于5分时，水的嗅味可能会引起消费者强烈的抱怨（Dietrich，2009）。具体如表3-4所示。

表3-4　风味等级评价分数表

等级	接受程度描述
1	我非常高兴以这种水作为每天的饮用水
2	我高兴以这种水作为每天的饮用水
3	我确定可以接受这种水作为每天的饮用水
4	我能够接受这种水作为每天的饮用水
5	我可以接受这种水作为每天的饮用水
6	我认为我不能接受这种水作为每天的饮用水
7	我不能接受这种水作为每天的饮用水
8	我永远不会接受这种水作为每天的饮用水
9	不能忍受将这种水放进嘴里，并且我永远不会喝它

资料来源：Dietrich，2009。

通过这种测试可以了解消费者对于饮用水的基本需求，进而指导水处理工作。但是由于受访者没有经过专业的培训，因此对于具体的感觉描述，存在一定的局限性。

3.1.5　主要感官分析方法应用比较

对于饮用水水质的感官评价，TON法、FRS法以及FPA法为目前各国水质监测过程中常用的方法。表3-5对三种方法的应用范围及优缺点进行了比较，可为实际应用过程中方法的选择提供依据。

表3-5　嗅味感官检测方法的比较

评价标准	TON法	FRS法	FPA法
1. 合理性	合理	合理	合理
2. 培训需求	简单培训	简单培训	需要对测试人员进行系统培训
3. 样品准备	一系列的稀释水样	不需稀释	不需稀释

评价标准	TON 法	FRS 法	FPA 法
4. 阈值测定	限定条件下适用	不适用	不适合嗅阈值研究
5. 监测适用性	适用, 但繁琐费时	不太适用	适用, 且适于水处理工艺单元的监测
6. 用户使用可能性	不适用	适用	不适用
7. 方法标准化	原理和方法比成熟	原理和方法较成熟	原理和方法较成熟
8. 结果可靠性	误差较大	误差较大	测试人员培训后, 比较可靠
9. 应用情况	较多	较少	较多
10. 结果重复性	较差	较差	较好

与 TON 法和 FPA 法相比, FRS 法给出的只是对于水中嗅味特征的大概描述, 是很粗略的检测方法, 不同的检测人员所得的结果往往出入很大。TON 测试是定量描述水中嗅味的最简单方法。不同国家已经制定了 TON 检测的标准方法, 该方法可用于阈值的确定, 或确定样品稀释后是否无味。虽然能够对饮用水中的嗅味强度进行量化, 但具有明显的缺点:

(1) 对于产生嗅味的物质只能提供一个总体的强度, 缺乏对嗅味类型和特征的描述, 从而不能提供单个嗅味的相应强度。

(2) 水样经由多次稀释, 在稀释过程中, 易使挥发的组分损失, 数据误差大, 缺乏重现性, 易受人为因素影响。

(3) 受测试者个人因素的影响太大, 即使经过培训后, 仍无法避免因个人因素造成的困扰。

相对于以总体强度表示嗅味强度的 TON 法, FPA 法具有明显的优点:

(1) FPA 法可对不同的嗅味特征与强度进行描述。

(2) 不需要采用稀释的方法来确定水样的嗅味强度值。

(3) FPA 测试员定期进行培训, 故结果较为可靠, 且可半定量给出物质浓度, 适用于水处理工艺效果的评价。

(4) 经验丰富的检测人员可根据 FPA 的嗅味类型初步判断导致饮用水中嗅味问题的主要原因。

对于水中嗅味问题进行评价时, 分析人员可参考表 3-5, 并结合现场或实验室所具备的分析测试条件选择适用的方法。

3.2 嗅味物质的仪器分析方法

饮用水中的嗅味物质多为挥发或半挥发性物质, 通常采用气相色谱的方法进行分析。质谱检测器具有较高的灵敏度和选择性, 在嗅味物质分析中应用最为广泛。此外, 氢火焰离子化检测器 (FID)、原子发射检测器 (AED)、电子捕获检测器 (ECD) 等也有应用。另外, 由于水中嗅味物质的浓度大多在痕量水平 (约纳克每升), 通常需要将水样进行浓缩预处理后，再进行分析（Suffet et al.，1995）。

3.2.1　主要前处理方法

早期应用于水中嗅味物质的样品前处理方法主要包括吹扫捕集（purge and trap）、闭环吹脱分析（closed-loop stripping analysis，CLSA）、同时蒸馏萃取（simultaneous distillation extraction，SDE）及液液萃取（liquid-liquid extraction，LLE）等（Borén et al.，1985；Suffet et al.，1995），其中 CLSA 前处理结合气相色谱/质谱（GC/MS）的方法曾列入 APHA 标准方法中。近年来随着前处理技术的发展，搅拌棒吸附萃取（stir-bar sorptive extraction，SBSE）法，特别是固相微萃取（solid-phase microextraction，SPME）法越来越多地应用于嗅味物质的分析（Lloyd et al.，1998；Benanou et al.，2004），而闭环吹脱分析以及同时蒸馏萃取方法等因为操作复杂、前处理时间过长等原因已基本不采用（Suffet et al.，1995；Young et al.，1999）。

1. 吹扫捕集浓缩法

吹扫捕集技术广泛地应用于日常饮用水和废水中各种挥发性物质的检测。吹扫捕集包括 3 个步骤，将水样放入特殊设计的气提管中，在室温利用惰性气体（氦气或氮气）对水中的有机物进行吹扫，Henry 常数较高的物质进入气相，随后被捕集在装有吸附剂或多聚物的捕集器中，然后加热捕集器并使用相同的惰性气体回冲，使被吸附的有机物脱附后进入仪器进行分析。一些挥发性物质，如芳香族挥发性化合物（甲苯、二甲苯等），均利用该方法进行检测（Krasner and Means，1986）。

20 世纪 80 年代开始，该方法配合 GC/MS 开始应用于水中嗅味物质的分析，加入硫酸钠等盐后进行吹扫更有利于液相至气相间的传质（Yagi et al.，1983）。虽然曾被列入美国 EPA 标准方法（APHA，2012），此方法由于浓缩倍数不是很高，水中 MIB 及 geosmin 的检出限在 20ng/L 以上，高于其嗅阈值浓度，因而应用的不是很广泛（Suffet et al.，1995）。由于吹扫捕集操作简便，近年来在嗅味物质分析方面该方法又得到了进一步的发展。Chambers 和 Duffy（2002）通过对方法进一步优化，将 MIB 和 geosmin 的检出限降低到 1ng/L，从而满足了饮用水分析的要求。相关前处理条件主要是在美国 EPA 标准方法的基础上（502.2）进行了改进，具体包括：①水样吹扫体积由 5mL 增加到 25mL；②水样添加 10%（质量浓度）的 NaCl 后进行吹扫；③样品加热温度由 45℃提高为 80℃。通过上述条件的改变，可显著提高样品的浓缩倍数。日本大阪水道局采用类似的分析条件，得出 MIB 和 geosmin 的检出限为 2ng/L。Salemi 等也利用吹扫捕集的方法对五种土霉味物质成功进行了分析，主要操作条件如下：20mL 样品加入 5g 氯化钠，不需对样品进行加热，直接在室温下利用氦气吹扫 20min 以上进行捕集（氦气流速 35mL/min）；捕集完成后将捕集器在 245℃预热，然后迅速升温至 250℃，同时进行氦气吹扫解析 4min，直接进入 GC/MS 进行分析。结果显示五种土霉味物质的检出限均在各自嗅阈值浓度以下（Salemi et al.，2006）。

2. 固相微萃取法

固相微萃取（SPME）技术是 20 世纪 90 年代兴起的一项新颖的样品前处理与富集技术，它最先由加拿大滑铁卢大学的 Pawliszyn 教授的研究小组于 1989 年开发出来，属于非溶剂型选择性萃取法（Arthur and Pawliszyn，1990）。美国的 Supelco 公司在 1993 年实现商品化，其装置类似于一支 GC 的微量进样器，萃取头是在一根石英纤维上涂上固相微萃取涂层，外套细不锈钢管以保护石英纤维不被折断，纤维头可在钢管内伸缩。使用时将纤维涂层直接浸入水中或顶空萃取水样中的有机物，平衡后将针头取出，打入 GC 进样口使纤维涂层在高温下解析被吸附的嗅味物质，如图 3-2 所示。纤维涂层耐高温，具有很好的吸附与热脱附性能，能反复多次使用（50～200 次）。由于 SPME 所需水样少，操作时间较短，不用有机溶剂，无需浓缩且操作简单易行，目前已广泛用于食品、饮料和水中污染物的定量分析，其对 MIB 和 geosmin 的检出限可达到 1ng/L，远低于其嗅阈值浓度（Lloyd et al.，1998；McCallum et al.，1998；Watson et al.，1999；Lin et al.，2002）。

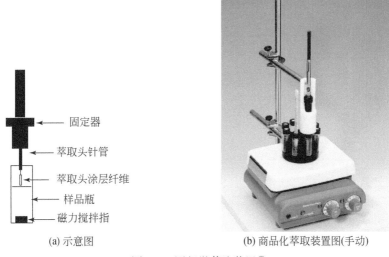

(a) 示意图　　　　　　　　　　(b) 商品化萃取装置图(手动)

图 3-2　固相微萃取装置①

SPME 的萃取效率受到多方面的影响，本节主要介绍如下。

1）SPME 操作方式

SPME 操作方式一般可分为淹没式直接萃取法、顶空萃取法、半透明萃取法 3 种（常子栋等，2019；朱俊彦等，2019）。图 3-3 给出了相应操作的示意图。SPME 的操作主要分两个步骤：①萃取过程，萃取头位于样品中或样品上方，目标待测物从样品基质中扩散，富集在萃取头上；②解析过程，将萃取头置于气相色谱气化室，经过富集的待测物脱附进入分析仪器进行检测。

---

① 引自化工仪器网。

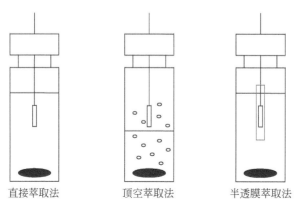

直接萃取法　　　　　顶空萃取法　　　　　半透膜萃取法

图 3-3　SPME 操作方式示意图

直接萃取法：是将萃取头直接浸入水样中，目标物直接由样品基质扩散到萃取相。为了增加萃取速度，通常需要一定程度的搅拌，以加速目标物穿过纤维外侧的液膜。针对气相样品，空气气流通常可以使其快速达到平衡；针对液相基质，通常可以采用样品的快速流动、纤维或样品瓶的快速移动，搅拌或者超声振荡等搅拌技术。

顶空萃取法：目标物在气相平衡中实现萃取，萃取体系包括固定相、顶空气相和液体样品三相。采用顶空萃取主要是保护纤维不受到非挥发性和高分子物质在基质中的影响（如腐殖质和蛋白质等），也可避免基质调节 pH 时对纤维产生影响。萃取时质量传递的动力学过程包括目标物从液相向气相的迁移，以及最终向纤维涂层的迁移，因此挥发性物质较半挥发性物质更容易萃取。由于温度决定了目标物的蒸气压，加热可加速萃取过程。一般来说，相同的搅拌条件下挥发性物质在顶空萃取的平衡时间要短于直接萃取，主要是因为：①大部分的目标物在萃取过程中存在于顶空部分；②样品基质和顶空之间有较大的表面积；③扩散常数在气相要高于液相中，约是 1000 倍。对半挥发性物质，通常可以通过有效的搅拌以及增加萃取温度的方式，提高顶空萃取的速度。

半透膜萃取法：纤维通过一个有选择性的薄膜与样品区隔开。使用薄膜的最主要目的是保护纤维在非常复杂基质的样品中不受到高分子物质的影响，然而该种萃取方式仅能萃取到较少的挥发性物质。由于目标物必须要首先扩散通过薄膜到达纤维，萃取过程要比直接萃取慢，可以采用薄的薄膜或增加萃取温度的方式减少萃取时间。

2）SPME 萃取头材质与选择

SPME 方法的原理是利用萃取头上的涂层对样品基质中的目标待测物进行萃取和富集（Arthur and Pawliszyn，1990）。萃取头对目标物的萃取效果受纤维材质的影响，通常对萃取纤维头的选择可按照相似相溶原理进行，根据待测物的极性不同可选择不同极性的纤维涂层来萃取，即极性涂层萃取极性化合物、非极性涂层萃取非极性化合物。目前商业化的萃取头主要由 Supelco 公司生产（Supelco，2020），萃取头材质与对应的目标物质如表 3-6 所示。

表 3-6 萃取头材质与对应的目标物质（可用于气相色谱分析）

萃取头种类	涂层厚度	涂层极性	涂层稳定性	分析对象
PDMS	100μm	非极性	非键合	小分子挥发性非极性物质
	30μm	非极性	非键合	半挥发性非极性物质
	7μm	非极性	键合	中极性和半挥发性非极性物质
PDMS/DVB	65μm	两性	部分交联	极性挥发性物质
	65μm	两性	高度交联	极性半挥发性物质
PA	85μm	极性	部分交联	极性半挥发性物质
CAR/PDMS	75μm	两性	部分交联	痕量挥发性有机物
	85μm	两性	部分交联	痕量挥发性有机物
CW/TPR	50μm	极性	部分交联	表面活性剂
CW/DVB	65μm	极性	部分交联	极性物质，尤其醇类
	70μm	极性	部分交联	极性物质，尤其醇类
DVB/CAR/PDMS	50/30μm	两性	高度交联	$C_3 \sim C_{20}$ 大范围分析

注：PDMS 为聚二甲基硅氧烷；CAR 为碳分子筛；PA 为聚丙烯酸酯；DVB 为二乙烯基苯；CW 为聚乙二醇；TPR 为分子模板树脂。

资料来源：Supelco，2020。

SPME 成功应用的关键取决于对不同的目标物要选择合适的萃取纤维材质。目标物在纤维上的萃取和脱附效率往往取决于以下因素（Arthur et al.，1990）：①目标物分子量大小；②目标物的沸点及蒸气压；③目标物和纤维的极性；④目标物和纤维的官能团；⑤目标物的浓度范围和检测器的种类。其中，DVB/CAR/PDMS、PDMS/DVB 和 CAR/PDMS 等萃取头使用较多，该方法已广泛应用于土霉味物质（MIB、geosmin、IBMP、IPMP 和 TCA）等嗅味物质的分析（McCallum et al.，1998；Watson et al.，1999；Lin et al.，2002）。

3. 其他前处理方法

1）搅拌棒吸附萃取

搅拌棒吸附萃取（SBSE）是近年来发展起来的一种更灵敏、简单、快速的提取技术，主要部件是一个玻璃包裹的磁搅拌子，玻璃表面涂有 0.5mm 厚的聚二甲基硅氧烷层（PDMS）（Nakamura et al.，2001；Benanou et al.，2004）。原理与 SPME 基本一致，近似地认为溶质在 PDMS 和水之间的分配系数（$K_{PDMS/w}$）与其醇-水分配系数（$K_{O/w}$）成比例，主要是基于相平衡而不是吸附。其萃取过程为：将适量的样品放于一样品瓶中，加入搅拌子，搅拌 30 ~ 120min；然后，将搅拌子插入玻璃解吸管，并将玻璃解吸管放入热解吸装置，于 200 ~ 300℃解吸后用 GC/MS 分析检测，目前已在土霉味类化合物的分析检测中进行了应用。萃取完成后，搅拌子在一周的储存期内，所有化合物均无损失，因而对水样进行相应的分析时，如无法立即进行色谱分析，可以将样品用搅拌子萃取后直接储存，从而避免将大量水样带到实验室，具有极大的方便性。另外，此方法通常比 SPME 具有更好的灵敏度和线性范围，检出限可达到 1ng/L 以下（Benanou et al.，2003）。

2）液液萃取

液液萃取（LLE）可将水中多种不同极性、挥发性和溶解性的有机物同时萃取出来，是一种非常传统的水样预处理方法。常用的有机溶剂为己烷、正戊烷等。该方法的主要缺点是溶剂用量大，但所需设备简单，花费较少，操作简便，分析周期较短，实际分析中仍有应用。以此为基础进一步发展了分散液液微萃取，相当于微型化的液液萃取技术，其原理是萃取剂在分散剂的作用下分散成细小有机液滴，从而形成水/分散剂/萃取剂乳浊液体系，进而对目标物进行提取。该方法仅需少量的溶剂，且大大加快了萃取速度。

Bao 等（1997）曾利用液液萃取的方法对 MIB、geosmin、苯甲醛、柠檬醛、2-甲基-3-庚酮等多种物质进行分析，萃取剂为正己烷，1-氯代辛烷和 1-氯代癸烷为内标，利用 GC/MS 进行定量分析，回收率和精确度满足要求，对 geosmin 和 MIB 的检出限达到 1ng/L。Shin 和 Ahn（2004）采用液液萃取对水样进行前处理，正戊烷作为萃取剂，富集 200 倍后进行 GC/MS 分析，内标物为氟苯，利用该方法实现水中多种嗅味物质的检测，对 MIB、geosmin、IPMP、IBMP 的检测限达到 0.1ng/L，相对标准偏差最高为 14.5%，其回收率较高。该方法的主要缺点是操作繁琐、费时，萃取时容易产生乳化而使分析结果偏低，由于嗅味物质为半挥发性或者挥发性物质，在萃取的过程中易发生不同程度的挥发现象，重现性较差，难以实现自动控制和现场分析，另外萃取过程中仍需要高纯度的有机溶剂，对环境造成污染。

3）固相萃取

固相萃取（SPE）是利用固体吸附剂将水样中的目标待测物吸附，使其与样品基体和干扰化合物分离，然后再用洗脱液洗脱或者热解吸，达到分离和富集化合物的目的。作为一种常用的预处理方法，固相萃取在嗅味物质的分析中也有一定的应用。Palmentier 和 Taguchi（2001）曾采用 Amebersorb 572 为吸附剂，二氯甲烷为洗脱剂，萃取水中 geosmin 和 MIB，采用 d_3-geosmin 和 d_3-MIB 同位素内标，GC/MS 联用分析，两种物质的检测限均为 2.0ng/L。

固相萃取的优点是处理过程中不需要大量互不相溶的溶剂，不会出现乳化现象，简化了处理过程，但由于嗅味物质多为挥发和半挥发性的物质，回收率和精确度相对较低，另外需要多步操作，富集效率受水样过柱速度等的影响较大，样品前处理时间较长，实际分析过程中的应用并不多。

3.2.2 气相色谱/质谱分析

气相色谱/质谱（GC/MS）是饮用水嗅味物质分析中较为常用的仪器。著者实验室前期研究中，已建立了针对水中多种常见嗅味物质的 GC/MS 分析方法，如土霉味物质（MIB、geosmin 等）、腥臭味/沼泽味物质（硫醚、硫醇）、醛类物质等（于建伟等，2007b；孙道林，2012；魏魏，2014；李霞，2015）。以下针对具体的分析条件及影响因素进行介绍。

1. 土霉味物质

对于水中典型的土霉味物质 MIB 和 geosmin，可采用顶空固相微萃取–气相色谱/质谱（SPME-GC/MS）的方法进行定量测定，利用内标法定量，MIB 和 geosmin 的检出限可达到 1.0ng/L（于建伟，2007）。具体分析条件如下。

（1）固相微萃取纤维头：纤维涂层材质为 DVB/CAR/PDMS 或 PDMS/DVB 的萃取头。新购萃取头使用前须按照说明书规定条件老化预处理；样品检测前，萃取头在气相色谱仪进样口 240℃下至少老化 5min。

（2）固相微萃取条件：可采用手动或自动的方式进行萃取处理，手动固相微萃取时，取 40mL 水样，固定磁力搅拌转速为 200～250r/min，加热温度为 65℃，萃取时间为 40min；自动固相微萃取时，取 20mL 水样，加热温度为 65℃，萃取时快速晃动 20min，顶空萃取 10min。

（3）气相色谱参考条件：HP-5ms 色谱柱；进样口温度 240℃；升温程序：起始温度 40℃，恒温 5min，以 8℃/min 升至 240℃，保持 5min，不分流进样。质谱参考条件：EI 源，电离电压 70eV；电子倍增电压：824V；柱头压 50kPa；GC/MS 接口温度 280℃；离子源温度：230℃；采用选择离子模式，MIB、geosmin 和内标 IPMP 的特征离子（m/z）分别为 95、107、108、112、111、125 和 124、94、151，其中定量离子（m/z）分别为 95、112 和 124。

另外，除 MIB 和 geosmin 外，上述条件可同时用于其他 3 种常见土霉味物质的测定，包括 IPMP、IBMP 和 2,4,6-TCA，定量可采用外标法。值得注意的是，采用 SPME 进行吸附时，水中的余氯会挥发到气相中，从而对萃取效果产生影响。图 3-4 给出了不同余氯浓度条件下，利用 DVB/CAR/PDMS 纤维分析 200ng/L MIB 与 geosmin 的结果（Lin et al.，2003）。与无氯条件下相比，不同余氯浓度条件下的检出结果明显下降，MIB 分析值减少 10%～50%，geosmin 减少 10%～74%；而用硫代硫酸钠进行脱氯处理后，测定结果与无氯条件下相当。因此对自来水等含氯水样，分析时应预先以硫代硫酸钠等脱氯剂进行脱氯处理。

2. 硫醇、硫醚类物质

对于水中硫醇、硫醚类嗅味物质的分析，著者建立了基于顶空固相微萃取–气相色谱/质谱的方法，可对水中 10 种典型硫醇、硫醚类物质进行同时测定（孙道林，2012）。优化确定的具体分析条件如下。

萃取头吸附涂层材料 CAR/PDMS（85μm）；水样体积 50mL，NaCl 与水样质量比 25%；萃取温度 40℃；萃取时间 30min。色谱柱 HP-5ms（60m×0.25mm×0.25μm），离子源温度 230℃，进样口温度 280℃，升温过程：35℃保持 5min，然后以 10℃/min 升至 110℃保持 2min，再以 20℃/min 升至 250℃并保持 1min。硫醇、硫醚类物质的定量离子如表 3-7 所示，采用外标法定量，检出限均在纳克每升浓度水平。

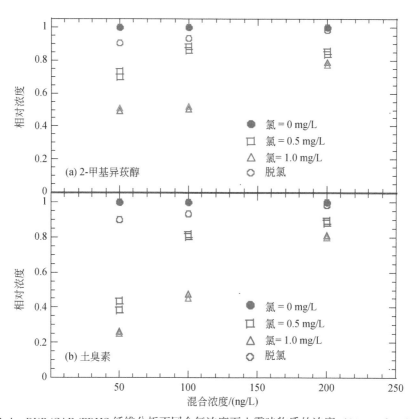

图 3-4　DVB/CAR/PDMS 纤维分析不同余氯浓度下土霉味物质的浓度（Lin et al.，2003）

表 3-7　硫醇硫醚类物质

编号	名称	保留时间/min	定量离子（m/z）	回收率/%
1	二甲基二硫醚	10.3 ~ 11.2	94	90
2	异丙基硫醚	11.5 ~ 12.0	118	83
3	二丙硫醚	13.8 ~ 14.2	89	110
4	二甲基三硫醚	15.8 ~ 15.96	126	109
5	正庚硫醇	16.65 ~ 16.85	70	90
6	二丁基硫醚	17.7 ~ 17.85	56	120
7	正辛硫醇	18.3 ~ 18.5	56	75
8	二异戊基硫醚	19.31 ~ 19.4	70	81
9	1-壬硫醇	19.58 ~ 19.68	41	112
10	十烷基硫醇	20.6 ~ 20.68	70	103

3. 典型鱼腥味物质

一些不饱和烯醛类物质是水中鱼腥味的主要来源之一，如前所述，已报道的典型物质包括 2,4-庚二烯醛、2,4-癸二烯醛和 2,4,7-癸三烯醛等（魏魏等，2014）。以往对于醛类的分析，多采用衍生化的方法进行，操作相对复杂。基于自动顶空固相微萃取–气相色谱/质谱的方法，可实现水中己醛、2-辛烯醛、壬醛、2,6-壬二烯醛、2,4-癸二烯醛、庚醛、2,4-庚二烯醛、苯甲醛和 β-环柠檬醛 9 种醛类物质的同时测定，具体测定条件如下。

固相微萃取头吸附涂层材料为 CAR/PDMS（85μm）；水样体积 12.5mL，NaCl 与水样质量比 25%；65℃条件下恒温振荡 10min，顶空萃取 20min，250℃进样口温度下解析 3min进入气相色谱进行分析；采用 DB-WAX（60m×0.25mm×0.25μm）色谱柱，离子源温度230℃，进样口温度 250℃，升温过程：40℃保持 3min，然后以 8℃/min 升至 240℃并保持5min；定量采用外标法。

在优化的前处理和分析条件下，相应物质的回收率为 86% ~ 115%，方法的检出限为1.6~17.5ng/L，均低于各种物质的嗅阈值浓度，且在测定浓度范围内具有良好的线性。

3.2.3 气相色谱–质谱/质谱分析法

20 世纪 70 年代初步出现了串联质谱技术（MS/MS），它从复杂的一级质谱中选择一个或几个特定的母离子进行二次分裂，对产生的子离子碎片进行检测得到二级质谱图。二级质谱图比一级质谱图要简单得多，最大限度地排除了基质干扰，提高了选择性和灵敏度。GC 与 MS/MS 的联用（GC-MS/MS）相当于在 GC/MS 的基础上增加子离子碎片信息，增强结构解析和定性能力。著者利用液液萃取结合 GC-MS/MS 建立了水中 95 种特征嗅味物质的同时定量分析方法（Wang et al.，2019；王春苗，2020）。

1. 前处理条件

嗅味物质包括 15 种硫醚、9 种醛、7 种吡嗪类物质、13 种苯类物质、7 种酚类物质、8 种环状缩醛类物质、2 种吲哚类物质、2 种噻唑、7 种醚类、5 种酮类、4 种酯类物质以及一些萜类、类萜物质和香料物质等，包含腥臭味、土霉味、化学品味、鱼腥味等各种嗅味特征，详见表 3-8。

取 500mL 水样（如有余氯，加入 0.5g/L 抗坏血酸）于 1L 分液漏斗，加 15g 氯化钠，加入 25μL 4 种内标使用液（苯甲醛-d_6、二硫代乙烷-d_6、邻苯甲酚-d_4、1,4-二氧六环-d_8），25mL 二氯甲烷，振荡器以 235r/min 的速度振荡 10min，静置分层 1h，取出有机相（二氯甲烷）收集于锥形瓶内，剩余水样再加 25mL 二氯甲烷进行二次萃取，将两次萃取液经无水硫酸钠脱水后，转入鸡心瓶旋转蒸发，再用 KD 浓缩管定容至 0.5mL，取 20μL 5 种氘代内标（4-氯甲苯-d_4、1,4-二氯苯-d_4、萘-d_8、苊-d_{10}、菲-d_{10}）混标加入样品，待测。

气相色谱–三重四级杆串联质谱（日本 Shimadzu 公司），载气为氦气，CID 气为氩气，采用 VF-624ms 色谱柱（60m×1.80μm×0.32mm），进样口温度 250℃，柱温程序见表 3-9，线速度 36.1cm/s，不分流，进样体积 1.0μL，检测器电压 0.98kV，离子源温度 230℃，色谱质谱接口温度 260℃，溶剂延迟时间 7.2min（用固相微萃取法时，1min），多离子反应监测方式（MRM）。

表 3-8 95 种典型嗅味物质

序号	名称	序号	名称	序号	名称
1	二乙基二硫醚	25	四甲基吡嗪	49	2,6-二甲基酚	73	香叶醇
2	二甲基二硫醚	26	吡嗪	50	2-氯酚	74	顺-3-己烯-1-醇
3	二异丙基二硫醚	27	2-异丙基-3-甲氧基吡嗪	51	吲哚	75	橙花醇
4	丙基二硫醚	28	2-异丁基-3-甲氧基吡嗪	52	3-甲基吲哚	76	噻唑
5	二乙基三硫醚	29	2,6-二甲基吡嗪	53	双(2-氯-1-甲基乙基)醚	77	2-乙酰基噻唑
6	二甲基三硫醚	30	2-乙基-5(6)-甲基吡嗪	54	桉树脑	78	1,4-二氧六环
7	丁基三硫醚	31	2,3,5-三甲基吡嗪	55	二苯基醚	79	1,3-二氧六环
8	二丙基三硫醚	32	乙基苯	56	乙基叔丁基醚	80	2-乙基-2-甲基-1,3-二氧戊环
9	戊基三硫醚	33	对二甲苯	57	4-溴苯-苯基醚	81	1,3-二氧戊环
10	二丁基三硫醚	34	1,4-二氯苯	58	甲基叔戊基醚	82	2,2-二甲基-1,3-二氧戊环
11	二戊基三硫醚	35	2,4,6-三氯苯甲醚	59	二氯乙醚	83	2-甲基-1,3-二氧戊环
12	二苯基二硫醚	36	五氯苯甲硫醚	60	丁酸丙酯	84	2-乙基-4-甲基-1,3-二氧戊环
13	二异丙基二硫醚	37	二氢化茚	61	乙酸冰片酯	85	2-乙基-5,5-三甲基-1,3-二氧六环
14	二异丙基二硫醚	38	异丙基苯	62	乙酸叶醇酯	86	甲基苯乙烯
15	异丙基二甲基丙硫醚	39	佳乐麝香	63	丁酸丁酯	87	环己烯
16	己醛	40	联苯	64	紫罗兰酮	88	苯乙烯
17	庚醛	41	2,4,6-三溴苯甲醚	65	1-戊烯-3-酮	89	柠檬烯
18	苯甲醛	42	2,3,4-三氯苯甲醚	66	环己酮	90	三甲基-1-环己烯
19	2,4-庚二烯醛	43	2,3,6-三氯苯甲醚	67	1-辛烯-3-酮	91	二环戊二烯
20	2-辛烯醛	44	硝基苯	68	樟脑	92	1-甲基萘
21	壬醛	45	2-甲基酚	69	2-甲基异莰醇	93	2-甲基苯并呋喃
22	癸醛	46	4-溴基酚	70	土臭素	94	吲哚磺香
23	2,4-癸二烯醛	47	3-甲基酚	71	芳樟醇	95	2-叔丁基苯酚
24	β-环柠檬醛	48	2-硝基酚	72	薄荷醇		

表3-9 气相色谱柱升温程序

速率/(℃/min)	最终温度/℃	保持时间/min
—	40.0	2.00
8	110.0	1.00
10	260.0	20.00

2. 方法质控结果

为了保证数据的可靠性,本方法共选择两类内标分别校正样品浓缩过程的不确定性及仪器测定时的不确定性。表3-10为95种嗅味物质优化后的多离子反应监测方法参数、精密度及准确度结果。由图表可见,经过内标修正后的相关性系数高达0.99,方法检出限在ng/L级别,方法回收率在67%~125%,嗅味化合物的线性浓度范围合理,构建的同时定量分析方法可以满足分析检测的要求。

表3-10 95种特征嗅味物质的多离子反应监测方法参数及质控结果(王春苗,2020)

名称	R^2	检出限/(ng/L)	回收率/%,$n=7$					
			加标浓度/(ng/L)	平均回收率	RSD	加标浓度/(ng/L)	平均回收率	RSD
二乙基硫醚	1	0.87	40	67	10	10	80	5
二甲基二硫醚	1	0.3	20	93	6	5	87	10
二异丙基硫醚	1	0.52	100	95	4	25	80	8
丙基硫醚	0.997	0.98	80	86	4	20	70	10
二乙基二硫醚	0.999	0.72	32	105	7	8	90	10
二甲基三硫醚	0.999	0.31	20	93	11	5	110	15
丁基硫醚	0.996	1.46	80	93	5	20	80	19
二丙基二硫醚	0.991	0.96	80	109	14	20	105	10
戊基硫醚	0.999	5.26	200	110	7	50	75	9
二丁基二硫醚	0.987	2.57	160	93	19	40	99	14
二戊基二硫醚	0.994	5.85	400	90	21	100	98	6
二苯硫醚	0.999	2.5	20	76	13	5	85	16
二异丙基二硫醚	0.997	1.21	100	74	20	25	96	5
二异丙基三硫醚	0.99	5.55	200	98	6	50	102	2
异丙基丙基硫醚	0.998	0.45	40	72	3	10	74	5
己醛	0.999	0.45	200	95	6	50	99	5
庚醛	1	2.64	160	112	5	40	113	16
苯甲醛	0.999	3.68	160	103	9	40	90	15
2,4-庚二烯醛	0.999	9.31	800	98	23	200	107	12

名称	R^2	检出限/(ng/L)	回收率/%，$n=7$					
			加标浓度/(ng/L)	平均回收率	RSD	加标浓度/(ng/L)	平均回收率	RSD
2-辛烯醛	0.998	7.17	400	74	15	100	88	8
壬醛	0.998	1.89	160	70	11	40	100	14
癸醛	0.998	10.6	1600	87	6	400	98	4
2,4-癸二烯醛	0.989	20.6	4000	89	21	1000	83	7
β-环柠檬醛	0.996	2.13	200	109	7	50	102	10
四甲基吡嗪	0.999	0.69	40	100	8	10	100	9
吡嗪	1	0.37	50	103	7	12.5	98	16
2-异丙基-3-甲氧基吡嗪	1	0.35	100	101	6	25	96	10
2-异丁基-3-甲氧基吡嗪	1	0.57	40	86	9	10	103	7
2,6-二甲基吡嗪	0.995	5	200	80	11	50	76	7
2-乙基-5（6）-甲基吡嗪	0.994	10	400	86	9	100	102	14
2,3,5-三甲基吡嗪	0.999	2.5	200	97	5	50	100	7
乙基苯	0.999	0.21	50	89.3	13.2	12.5	94.5	14.7
对二甲苯	0.999	0.28	50	90.2	14.3	12.5	91.2	17.9
1,4-二氯苯	1	0.5	50	78	23	12.5	109	10
2,4,6-三氯苯甲醚	1	0.45	40	93	5	10	93	2
五氯苯甲硫醚	0.993	0.31	20	72	8	5	69	7
二氢化茚	1	0.32	16	101	15	4	98	17
异丙基苯	0.997	1	20	75	10	5	93	7
佳乐麝香	0.993	25	200	93	11	50	105	9
联苯	0.99	1	20	85	11	5	92	13
2,4,6-三溴苯甲醚	0.998	10	200	96	5	50	100	7
2,3,4-三氯苯甲醚	0.999	2.5	80	76	9	20	77	9
2,3,6-三氯苯甲醚	0.994	1	80	70	6	20	82	17
硝基苯	0.992	5	80	88	5	20	107	6
2-甲基酚	1	2.32	200	93	6	50	91	2
4-溴基酚	0.999	8.52	1000	90	8	250	90	7
3-甲基酚	0.998	3.73	320	95	12	80	96	7
2-硝基酚	0.986	10.18	1200	81	9	300	94	17
2,6-二甲基酚	1	0.86	80	119	8	20	118	9
2-氯酚	0.999	1.24	80	89	10	20	90	8
吲哚	0.995	1.62	160	95	6	40	85	9

续表

名称	R^2	检出限 /(ng/L)	回收率/%，$n=7$					
			加标浓度 /(ng/L)	平均 回收率	RSD	加标浓度 /(ng/L)	平均 回收率	RSD
3-甲基吲哚	0.978	0.1	200	102	7	50	96	4
双（2-氯-1-甲基乙基）醚	1	6.08	600	111	9	150	94	9
桉树脑	1	0.44	32	101	6	8	94	10
二苯基醚	0.994	1	40	94	8	10	101	6
乙基叔丁基醚	0.995	1	100	83	8	25	101	9
4-溴苯基-苯基醚	0.993	10	400	93	22	100	100	7
甲基叔戊基醚	0.992	1	200	93	17	50	78	17
二氯乙醚	0.997	1	200	104	11	50	100	6
丁酸丙酯	1	0.52	40	96	10	10	104	13
乙酸冰片酯	0.993	2.5	200	110	15	50	96	5
乙酸叶醇酯	0.997	2.5	200	84	6	50	102	2
丁酸丁酯	0.992	2.5	40	100	3	10	77	5
紫罗兰酮	0.99	1.98	200	95	6	50	107	5
1-戊烯-3-酮	0.994	10	200	76	14	50	73	6
环己酮	0.994	5	200	98	13	50	85	10
1-辛烯-3-酮	0.997	5	200	84	10	50	78	8
樟脑	0.999	2.5	200	70	10	50	67	5
2-甲基异莰醇	0.995	0.63	20	97	6	5	98	10
土臭素	1	0.36	20	69	8	5	73	10
芳樟醇	0.989	5	80	80	7	20	88	10
薄荷醇	0.991	5	200	102	7	50	72	13
香叶醇	0.992	100	200	93	6	50	98	10
顺-3-己烯-1-醇	0.992	25	200	76	10	50	100	17
橙花醇	0.995	50	500	88	6	125	66	7
噻唑	1	0.41	40	69	10	10	76	17
2-乙酰基噻唑	0.993	5	200	96	10	50	107	10
1,4-二氧六环	1	4.7	200	97	7	50	88	18
1,3-二氧六环	0.997	12.8	200	68	9	50	67	10
2-乙基-2-甲基-1,3-二氧戊环	0.992	11	500	95	7	125	93	2
1,3-二氧戊环	0.994	13.7	200	82	12	50	110	7
2,2-二甲基-1,3-二氧戊环	0.996	8.7	200	91	13	50	68	6

名称	R^2	检出限/(ng/L)	回收率/%，$n=7$					
			加标浓度/(ng/L)	平均回收率	RSD	加标浓度/(ng/L)	平均回收率	RSD
2-甲基-1,3-二氧戊环	0.99	8.7	200	105	11	50	103	7
2-乙基-4-甲基-1,3-二氧戊环	0.994	4.7	200	93	10	50	98	9
2-乙基-5,5-二甲基-1,3-二氧六环	0.995	6	200	95	5	50	82	11
甲基苯乙烯	0.997	1	40	103	5	10	107	7
环己烯	0.999	5	200	96	5	50	97	17
苯乙烯	0.992	1	500	90	6	125	92	12
柠檬烯	0.99	1	200	68	5	50	67	15
三甲基-1-环己烯	0.994	1	500	73	6	125	91	19
二环戊二烯	0.997	10	200	90	8	50	90	7
1-甲基萘	0.999	1	40	98	18	10	65	18
2-甲基苯并呋喃	0.994	1	50	106	7	12.5	118	7
吐纳麝香	0.995	10	400	116	9	100	118	9
2-叔丁基苯酚	0.991	1	200	72	12	50	80	8

3.3　未知嗅味物质的鉴定方法

有效确定水中导致异味的具体物质，无论对于水质管理还是工艺控制均具有重要的意义。针对一些特定的已知嗅味物质，如 MIB、geosmin 等，可直接采用 GC/MS 等仪器进行检测。然而，水中导致嗅味问题的物质来源多样，在很多情况下，饮用水中的嗅味可能是多种化合物综合作用的结果。对于未知的嗅味物质，单纯依靠化学分析是无法从极其复杂多样的组分中确定识别出来的。水中嗅味物质的识别是一个比较有挑战性的工作，需要将化学分析与感官评价方法有机结合起来。

3.3.1　感官气相色谱/质谱法

感官气相色谱分析法（sensory GC，SGC），也称作气相色谱–嗅觉分析法（gas chromatography-olfactory，GC-O），基本原理见图 3-5。将一闻测杯（olfactory port）连在色谱仪的色谱柱后，使部分样品气体分流至闻测杯，通过人的鼻子对在不同时间流出 GC 的气体样品进行闻测，协助从大量的色谱峰中寻找相应的目标物质。该方法将嗅味的感官分析与仪器的响应值直接联系起来，对色谱柱分离出的不同嗅味物质分别进行评价，同时与质谱检测到的物质相比较做定性及定量分析。SGC 最早出现于 1971 年，开始在食品业及香水业得到广泛应用，后来开始用于水中低浓度嗅味物质的鉴定（Khiari et al.，1992，1997）。

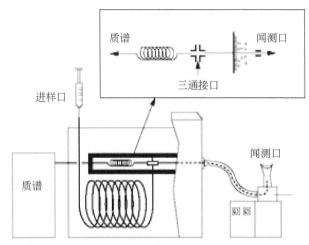

图 3-5 感官气相色谱分析原理示意图（Hochereau and Bruchet，2004）

SGC 是通过在色谱柱内对物质分离后再进行闻测，可以减少其他物质的遮蔽效应，因而可以将样品中存在的各种嗅味物质分离开。为验证方法的适用性，著者选定 14 种常见嗅味物质标样进行 SGC 分析（于建伟，2007），得到了相应的嗅味图和对应嗅味物质的嗅味特征，结果分别见图 3-6、表 3-11。可以看出嗅味物质的色谱峰和嗅味峰能够很好地匹配。

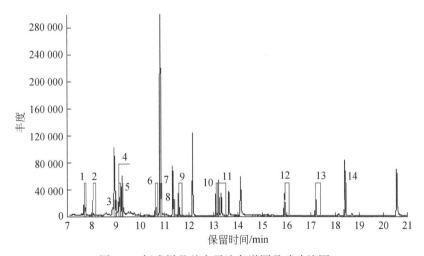

图 3-6 标准样品总离子流色谱图及嗅味峰图

表 3-11　SGC 分析确定的嗅味种类及致嗅物质

嗅味编号	异味描述	保留时间/min	分子式	英文名称	中文名称
1	草味，腥味	7.68	$C_7H_{14}O$	*n*-heptanal	正庚醛
2	臭味	8.04	$C_{10}H_{18}$	1,2,3,4,5-pentamethy-l-cyclopentene	五甲基环戊烯
3	香味	8.93	C_7H_6O	benzaldehyde	苯甲醛
4	腥臭味	9.12	$C_2H_6S_3$	dimethyl trisulfide（DMTS）	二甲基三硫醚
5	烂草味	9.25	$C_8H_{16}O$	1-octen-3-ol	1-辛烯-3-醇
6	花香味	10.61	C_8H_8O	phenylacetaldehyde	苯乙醛
7	农药味	10.81	$C_6H_{12}Cl_2$	bis（2-chloro-1-methylethyl）ether	双（2-氯-1-甲基乙基）醚
8	药味，溶剂味	11.33	$C_8H_{18}O_3$	ethyl diglyme（diethyl carbitol）	二乙二醇二乙醚
9	土霉味	11.57	$C_8H_{12}N_2O$	2-isopropyl-3-methoxy-pyrazine（IPMP）	2-异丙基-3-甲氧基吡嗪
10	烟草味，药味	13.09	$C_{10}H_{20}O$	DL-menthol	薄荷醇
11	药味，烂菜味	13.20	$C_9H_{14}N_2O$	2-isobutyl-3-methoxy-pyrazine（IBMP）	2-异丁基-3-甲氧基吡嗪
12	药味，霉味	15.89	$C_7H_5Cl_3O$	2,4,6-trichloroanisole（TCA）	三氯苯甲醚
13	土味	17.20	$C_{12}H_{22}O$	*tans*-1,10-dimethyl-*trans*-9-decalol（geosmin）	土臭素
14	花香味，草味	18.39	$C_{13}H_{20}O$	β-ionone	紫罗兰酮

有人利用 SGC 的方法，成功对水中的草味、腐烂蔬菜味及其致嗅物质进行了定性的分析（Khiari et al.，1992）。Anselme 等（1985）利用 SGC 对聚乙烯管使用过程中可能产生的嗅味进行了分析，明确了酚的添加剂 2-甲基-2,6-二叔丁基酚是产生塑料味的主要原因。值得注意的是，SGC 是对水样进行浓缩富集后进行分析，而水中有些嗅味物质的浓度在远低于其阈值浓度条件下也可能被检测出来，因此仍然需要与实际水样的感官分析相结合，确定水中的主要致嗅物质。

不同前处理方法对于水中嗅味物质的鉴定影响较大。著者曾对不同前处理方法结合 SGC 分析时的效果进行比较（孙道林，2012），针对具有一定嗅味问题的同一水样，选定 SDE、SPME、SPE 等浓缩富集方法，其中 SPME 采用了嗅味物质分析过程中常用的 3 种纤维萃取头，然后进行 SGC 分析，表 3-12 给出了结果。可以看出，SGC 分析共检测到 12 个嗅味峰，其中 SDE 得到 7 个嗅味峰；不同 SPME 涂层得到的嗅味峰存在差异，CW/PDMS 得到的嗅味峰最多，为 5 个，而 PDMS/DVB 得到的嗅味峰相对较少，仅为 3 个；以 HLB 和 C18 为填充材料的 SPE 处理得到的嗅味峰分别为 7 个和 6 个。三种前处理方法检测出的相同时间的嗅味峰只有 2 个，分别为 9.0~9.2min 的臭味峰和 14.6~15.0min 处的霉味峰。SDE 检测得到的保留时间靠后的嗅味峰较多，如 19.3~19.4min 处的霉味峰和 19.7~20.0min 处的霉酸味峰，仅在 SDE 方法中检出；SPME 和 SPE 检测得到的嗅味峰保留时间较靠前，12.3~12.6min 处的蘑菇香味峰仅在 SPE 方法中检出，而 SPME 中出现的嗅味峰均可在其他两种方法中找到（孙道林，2012）。

表 3-12　不同前处理得到的嗅味峰比较

嗅味峰		前处理方式					
类型	保留时间/min	SDE	PDMS/DVB	CW/PDMS	CAR/PDMS/DVB	HLB	C18
恶臭	6.9~7.1	−	−	+	+	+	−
药臭	7.8~8.3	−	−	−	−	+	+
臭	8.7~8.9	+	−	−	−	−	+
臭	9.0~9.2	+	+	+	+	+	+
微香	10.1~10.3	+	−	−	+	+	+
香	11.2~11.3	+	−	+	−	−	−
蘑菇香	12.3~12.6	−	−	−	−	+	−
酸臭	13.6~13.9	−	+	−	−	−	+
霉	14.6~15.0	+	+	+	+	+	−
臭	17.1~17.3	−	−	+	−	+	−
霉	19.3~19.4	+	−	−	−	−	−
霉酸	19.7~20.0	+	−	−	−	−	−
总计（嗅味峰个数）		7	3	5	4	7	6

　　几种前处理方法中，SDE 将液液萃取和蒸馏结合在一起，具体是把水样和萃取溶剂分别装在不同的烧瓶中加热，适合分析的化合物具有较宽的极性和挥发性范围，对不同挥发性的嗅味物质适用性较好。但是 SDE 法在萃取样品时经过长时间的加热，不可避免有一些热反应发生，会产生一些干扰组分。另外，此方法对那些沸点低于萃取溶剂（二氯甲烷）的易挥发物质不能分离，更多地萃取到具有较高沸点的物质。SPME 的萃取无需使用有机溶剂，能够尽可能减少嗅味物质的损失，但是由于水中嗅味物质挥发性不同，萃取头只能萃取高挥发性的物质，而且受萃取纤维极性差异的影响，对所富集的化合物具有一定的选择性。实验所考察的三种纤维中，CW/PDMS 的极性最强，萃取得到了最多的嗅味峰，而 PDMS/DVB 的极性较弱，得到的嗅味峰最少，说明所测定水样中存在较多极性较强的嗅味物质。固相萃取对于中等挥发性、亲水性的有机物具有较好的富集作用，填充材料 HLB 具有一定的极性，可以较好地萃取到水中极性嗅味物质，所以得到了较多的嗅味峰。因此，当采用 SGC 确定水中未知嗅味物质时，可尝试不同的前处理方法，以尽可能多地发现水中可能存在的致嗅物质。

　　利用该方法，著者团队对 2007 年无锡嗅味事件中的主要嗅味物质成功进行了鉴定（于建伟等，2007b；Yang et al.，2008）。事件发生期间饮用水中具有强烈的腥臭味，对污染水团、原水以及自来水进行了 SGC 分析，共得到 19 个嗅味峰，通过 NIST 谱库检索以及进一步的标样比对，不同嗅味峰处对应的嗅味物质包括大量的硫醚类化合物（二甲基硫醚、二甲基二硫醚、二甲基三硫醚、二甲基四硫醚等）以及少量的 MIB、2,4-庚二烯醛、2,4-癸二烯醛等藻类代谢物。结合 FPA 分析评价结果（腥臭味，强度 10 级），确认了导致此次嗅味事件的化合物是以二甲基三硫醚为主的硫醚类化合物，其中污染水团中二甲基三硫醚的浓度高达 11 000ng/L 以上，而 MIB 浓度尽管超过 100ng/L，但其产生的嗅味均被硫醚类化合物的嗅味所掩盖。

3.3.2　感官气相色谱联用全二维气相色谱用于嗅味物质的识别

　　尽管利用感官气相色谱/质谱在无锡嗅味事件中成功鉴定出关键致嗅物质，但通常情况下，嗅味物质含量要低得多，此时从复杂的背景物质中鉴定含量极低的致嗅物质难度就要大得多。通常产生嗅味的水源以地表水为主，地表水中存在各种有机组分，利用一维气相色谱分离时容易产生共流出峰的问题，导致嗅味物质无法检出。因此，感官气相色谱/质谱在饮用水嗅味物质鉴定上的能力还是非常有限。

　　近年来，仪器分析检测技术得到了快速的发展。二维气相色谱-质谱（GC/GC/MS）、全二维气相色谱-飞行时间质谱（GC×GC/TOFMS）等一些新型分析仪器开始应用到食品中风味物质的检测中（Adahchour et al., 2008）。与一维气相色谱相比，二维气相色谱技术具有更高的分离能力。然而，二维气相色谱分离技术的本质是样品在两根一维柱上依次分离，因此二维气相色谱也具有增加样品分析时间、实际操作复杂等缺点。全二维气相色谱技术实现了真正的二维分离，具有高分离能力、高分辨率、高灵敏度等优点，总体上提高了对风味（嗅味）物质的定性定量分析效果和效率，在香精香料、食品、饮料、酒水等行业的风味分析中逐步得到应用（Adahchour et al., 2003）。著者团队尝试将 GC×GC/TOFMS 与 SGC 结合，用于水中复杂嗅味物质的识别（Guo et al., 2016；郭庆园，2016）。

1. 识别方法介绍

　　该方法主要是利用 SGC 得到嗅味峰，同时在 GC×GC/TOFMS 上得到色谱峰和质谱峰。GC×GC/TOFMS 分析时，一个单一的一维色谱峰，可经过第二维色谱的再次分离，使得在一维上有重叠的组分，由于官能团极性大小不同而在二维上进一步分离。图 3-7 给出了某个样品的典型全二维色谱图，从图中可以看出 1050～1060s 保留时间段内在一维色谱分离

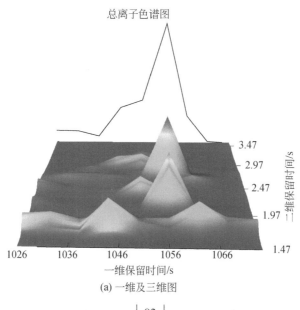

(a) 一维及三维图

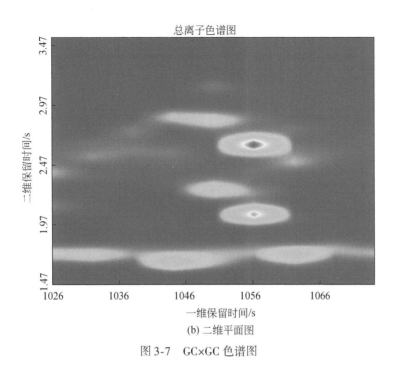

(b) 二维平面图

图 3-7　GC×GC 色谱图

中得到的 1 个色谱峰，在二维谱图中出现了 7 个斑点，可见在一维色谱上难以分离的物质在二维色谱上得到很好的分离。如表 3-13 所示，最终鉴定得到可能的 7 种物质。由此可见，对于一些复杂水质条件来说，GC×GC/TOFMS 可以提供远高于一维色谱的分辨率，可用于其组成成分的鉴定。

表 3-13　保留时间 1050~1060s 处经 GC×GC/TOFMS 鉴定出的物质

| 化合物名称 | | 时间/s | 相似度 | 反相似度 | S/N | 分子式 | CAS |
中文名称	英文名称						
2-甲基异莰醇	2-methylisoborneol	1050，2.27	800	807	5658.5	$C_{11}H_{20}O$	2371-42-8
萘	naphthalene	1050，2.85	963	963	11379	$C_{10}H_8$	91-20-3
4-氯-N-甲基苯胺	benzenamine，4-chloro-N-methyl-	1050，2.87	680	740	65.076	C_7H_8ClN	932-96-7
2-甲基-2H-苯并三唑	2H-benzotriazole，2-methyl-	1050，3.14	865	910	2710.6	$C_7H_7N_3$	16584-00-2
癸醛	decanal	1056，2.06	937	937	7604.5	$C_{10}H_{20}O$	112-31-2
2-甲基-1-苯基丙酮	1-propanone，2-methyl-1-phenyl-	1056，2.65	943	943	40441	$C_9H_8O_2$	769-78-8
4-硝基-1-甲基苯	benzene，1-methyl-4-nitro-	1056，2.87	912	912	682.73	$C_7H_7NO_2$	99-08-1

注：时间一列中第一个数是第一维色谱柱的保留时间，第二个数是第二维色谱柱的保留时间。

在嗅味物质的鉴定中，需要将 SGC 获得的嗅味峰与 GC×GC/TOFMS 上得到的色谱峰进行关联。为此，利用正构烷烃系列物进行了保留指数（retention indices，RI）的计算。图 3-8 给出了正构烷烃及几种特征嗅味物质在两套系统中保留时间的关系，可以看出相关物质在两个系统中的保留时间具有很高的相关性。据此可以按照以下的公式计算出任意物质的保留指数，从而可以将物质峰与嗅味峰对应起来（郭庆园，2016）。

$$\mathrm{RI} = \left[n + \frac{Rt(x) - Rt(n)}{Rt(n+1) - Rt(n)} \right] \times 100 \qquad (3\text{-}3)$$

式中，RI 为保留指数，$Rt(x)$ 是任一物质（x）的保留时间；$Rt(n)$ 和 $Rt(n+1)$ 是任一物质（x）前后相邻的正构烷烃 C_n 和 C_{n+1} 的保留时间。

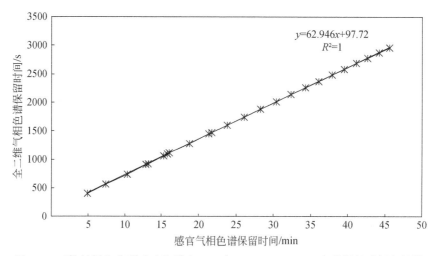

图 3-8　正构烷烃和典型嗅味物质在 SGC 与 GC×GC/TOFMS 中的保留时间相关性

感官气相色谱/质谱中嗅味物质的解析，主要通过谱库检索嗅味峰范围内的化合物实现（通常检索匹配度高于 50% 的化合物）。关联 GC×GC/TOFMS 与 SGC 识别嗅味物质时，首先计算嗅味峰的保留指数范围，进而检索 GC×GC/TOFMS 中对应保留指数范围内的化合物。主要通过仪器软件自带的自动解卷积以及自动识别、匹配的功能加以解析，具体可分为三个步骤：首先，根据相似度不小于 700 的原则对与嗅味峰相对应的 GC×GC/TOFMS 色谱峰进行物质筛查（Dalluge et al.，2003）；然后，针对筛查出的物质，按照有无嗅味以及嗅味类型是否与 SGC 给出的嗅味类型一致的原则，进一步缩小潜在嗅味物质的范围；最后，对于得到的疑似致嗅物质，购买嗅味标准样品进行进一步确认。在嗅味峰范围内嗅味物质较少或是没有的情况下，需要对嗅味峰范围内相似度小于 700 的"unknown"部分化合物进行人工解析。

2. 黄浦江水源水嗅味物质识别

黄浦江作为上海市的主要供水水源之一，长期以来一直因为嗅味问题而备受困扰和关注，对关键嗅味物质的鉴定也一直是人们关心的一个问题。著者团队从 2010 年开始，针对黄浦江的嗅味问题进行了系统化的研究。长期的监测结果表明其以腥臭味和土霉味为主

（孙道林，2012；Sun et al.，2013；Guo et al.，2016；郭庆园，2016）。

图 3-9 是水源水某次样品浓缩处理后经过感官气相色谱分析得到的包含嗅味峰的色谱图。可以看出，共得到了 13 个嗅味峰，其中包括土霉味和土味 2 个、腥臭味 2 个、不愉快气味 2 个、芳香味 3 个、烧焦味 1 个、黄瓜味 1 个、药水味 1 个、烟草味 1 个。同时可以看出部分色谱峰存在共流出现象，导致嗅味峰处的物质无法定性。通过感官气相色谱/质谱所能直接判定的可能物质包括嗅味峰 1 的环己酮（cyclohexanone）（57.6%），嗅味峰 2 的二乙基二硫醚（90.6%）。图 3-10 进一步列出了 GC×GC/TOFMS 分析得出的色谱图，相对于一维气相色谱，全二维气相色谱能够分离出非常多的物质。表 3-14 进一步给出

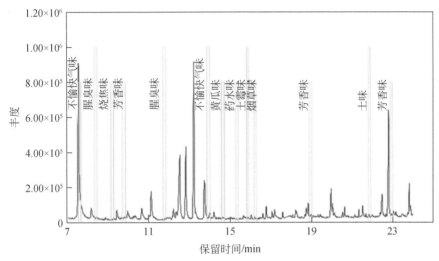

图 3-9　感官气相色谱分析色谱图——以某原水样品为例

黑线：色谱峰；绿线：检出嗅味峰

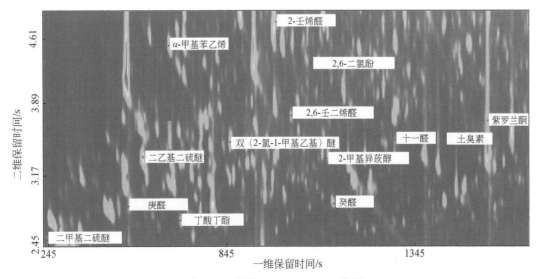

图 3-10　水样 GC×GC/TOFMS 分析

表 3-14　嗅味物质识别结果

	嗅味峰		嗅味化合物筛查（感官气相色谱/质谱）	可能性	嗅味化合物筛查（GC×GC/TOFMS）	相似度	嗅味化合物（标样确认）	保留指数	嗅味描述
	描述	保留指数							
一	腥臭味	355	—	—	二甲基二硫醚	926	二甲基二硫醚	743	腥臭味
1	不愉快气味	902~908	环己酮	57.6%	庚醛 环己酮 2-乙基-吡啶	926 822 883	庚醛	905	鱼腥味
2	腥臭味	931~939	二乙基二硫醚	90.6%	二乙基二硫醚 2,4-二甲基-吡啶 2-氯-吡啶 2-环己烯-1-酮	937 922 925 840	二乙基二硫醚	932	腥臭味
3	烧焦味	960~966	2,5-二甲基-2,5-己二醇 7-十三酮	<50%	α-甲基苯乙烯 3-乙基-吡啶 4-乙基-辛烯	920 847 778	α-甲基苯乙烯	962	刺鼻气味
4	芳香味	978~986	2-环己基哌啶 戊烯二酸	<50%	丁酸丁酯 1-辛烯-3-酮 1-辛烯-3-醇 苯胺	904 811 784 938	丁酸丁酯	981	花香味
5	腥臭味	1048~1052	1,8-壬二烯-3-醇 香芹醇	<50%	双(2-氯-1-甲基乙基)醚 5-十一烯 2-甲基-酚	914 800 868	双(2-氯-1-甲基乙基)醚	1049	腥臭味,农药味
6	不愉快气味	1123~1128	4-乙基-苯胺 5-乙基-2-甲基-吡啶 4-异丙基吡啶	<50%	2-壬烯醛 o-甲基异丙基苯 异佛尔酮	932 912 734	2-壬烯醛	1127	刺鼻气味,黄瓜味

续表

| | 嗅味峰 | | 嗅味化合物筛查
(感官气相色谱/质谱) | 可能性 | 嗅味化合物筛查
(GC×GC/TOFMS) | 相似度 | 嗅味化合物确认
(标样确认) | 保留指数 | 嗅味描述 |
	描述	保留指数							
7	黄瓜味	1152~1155	3,6-二甲基-辛-2-酮 5-十八烯醛	<50%	2,6-壬二烯醛 2,1,3-苯并噻二唑	902 894	2,6-壬二烯醛	1155	黄瓜味
8	化学品味	1173~1175	3,6-二甲基-辛-2-酮 5-十八烯醛	<50%	2-癸烯-1-醇 2,6-二氯-酚 苯甲酸乙基酯	849 761 817	2,6-二氯酚	1173	试剂药味
9	土霉味	1190~1196	叶酸 3,6-二甲基-辛-2-酮 5-十八烯醛	<50%	2-葵酮 2-甲基异莰醇	883 804	2-甲基异莰醇	1192	土霉味
10	烟草味	1205~1210	2-癸烯-1-醇 反-2-十一碳烯酸	<50%	葵醛 3-苯基-2-丙烯醛	919 776	葵醛	1206	烟草味
11	芳香味	1305~1309	3,6-二甲基-辛-2-酮 反-2-十六烯酸 4-十八烯醛	<50%	十一醛 2-甲基-喹噁啉	914 756	十一醛	1306	芳香味
12	土味	1419~1423	1,3-二甲基-萘 3,6-二甲基-辛-2-酮	<50%	土臭素 1,7-二甲基-萘	833 726	土臭素	1420	土味
13	芳香味	1468~1472	异戊酸叶酯 2-十六烷醇	<50%	紫罗兰酮 2-苯基-吡啶	895 755	紫罗兰酮	1470	芳香味

了结合全二维气相色谱分析进行嗅味物质筛查的结果。13 个嗅味峰经过谱库检索，结合文献报道的嗅味物质和嗅味特征比对，共筛出 36 个潜在嗅味物质。可以看出，由于一维气相色谱灵敏度较低和共流出现象严重，除嗅味峰 1 和 2 识别结果可能性大于 50% 外，其余识别出的潜在嗅味物质可能性均小于 50%，识别结果的可信度较低。而结合 GC×GC/TOFMS 解析嗅味峰筛出的潜在嗅味物质，具有较高的相似度和准确度。GC×GC/TOFMS 筛出的与土霉味和土味峰对应的致嗅物质分别是 MIB 和 geosmin，前期对该水源中嗅味的调查已经发现 MIB 是一种主要的土霉味致嗅物质，且证明支流中底栖藻席藻（Phormidium）的生长是 MIB 的重要来源（Sun et al., 2013）。

进一步利用标准品进行致嗅物质鉴定，发现 2 号和 5 号腥臭味嗅味峰对应的为二乙基二硫醚和双（2-氯-1-甲基乙基）醚。双（2-氯-1-甲基乙基）醚是工业合成过程中的副产物，通过工业排放进入水体中，报道最低只有 17ng/L，著者研究组测定为 197ng/L。针对全国各地的饮用水水源调查中也发现过双（2-氯-1-甲基乙基）醚的广泛存在，该物质被美国 EPA 列为优先控制污染物，其污染的广泛性值得关注（Steltenpohl et al., 2008）。3 号和 8 号嗅味峰为 α-甲基苯乙烯（α-methyl-styrene）和 2,6-二氯酚（2,6-dichloro-phenol）；甲基苯乙烯是一种具有刺激性气味的化合物（Schiffman et al., 2001），但是在饮用水中鲜有检出报道；酚类化合物是饮用水中常见的药水味嗅味物质，2,6-二氯酚嗅阈值浓度仅为 20ng/L（Young et al., 1996）。黄浦江沿岸多为人口密集区和工业区，其开放的水环境导致该水系非常容易被各种生活和工业污水污染，这类化合物的检出进一步证实了工业排放对水源的影响。另外，1 号、4 号、6 号、7 号、10 号、11 号、13 号嗅味峰分别为庚醛（heptanal）、丁酸丁酯（butyl butanoate）、2-壬烯醛（2-nonenal）、2,6-壬二烯醛（2,6-nonadienal）、癸醛（decanal）、十一醛（undecanal）、紫罗兰酮（ionone），这 7 种化合物的产生可能与藻类代谢有关（Watson, 2004）。

为证实识别结果的可靠性，采用该方法，对水源进行了为期 6 个月的样品采集和分析，结果见表 3-15。可以看出相关嗅味峰及嗅味物质在该水源中长期存在。

表 3-15　2014 年 7 月 ~ 12 月南方某河流原水嗅味物质识别分析结果（郭庆园，2016）

嗅味峰	RI	采样月份						嗅味物质
		7 月	8 月	9 月	10 月	11 月	12 月	
不愉快气味	902 ~ 908	+	+	+	+	+	+	庚醛
腥臭味	931 ~ 939	+	+	+	+	+	+	二乙基二硫醚
烧焦味	960 ~ 966	+	+	+	+	+	+	α-甲基苯乙烯
芳香味	978 ~ 986	+	+	+	–	–	+	丁酸丁酯
腥臭味	1048 ~ 1052	+	+	+	+	+	+	双（2-氯-1-甲基乙基）醚
不愉快气味	1123 ~ 1128	+	+	–	–	+	–	2-壬烯醛
黄瓜味	1152 ~ 1155	+	+	+	–	+	–	2,6-壬二烯醛
药水味	1173 ~ 1175	+	+	+	+	–	+	2,6-二氯酚

续表

嗅味峰	RI	采样月份						嗅味物质
		7 月	8 月	9 月	10 月	11 月	12 月	
土霉味	1190～1196	+	+	+	+	+	+	2-甲基异莰醇
烟草味	1205～1210	+	+	+	+	+	+	癸醛
芳香味	1305～1309	+	-	-	+	+	-	十一醛
土味	1419～1423	+	-	+	-	+	+	土臭素
芳香味	1468～1472	+	+	+	-	-	-	紫罗兰酮

注："+"表示检出嗅味峰；"-"表示未检出嗅味峰。

图 3-11 进一步列出了所识别到的相应嗅味物质的定量分析结果，其中土臭素、2-甲基异莰醇、二乙基二硫醚、二甲基二硫醚和双（2-氯-1-甲基乙基）醚的含量普遍高于各自的嗅阈值。上述土霉味、腥臭味物质分析结果与南方某河流原水嗅味感官评价结果（土霉味、腥臭味嗅味类型和强度）比较一致（郭庆园，2016）。

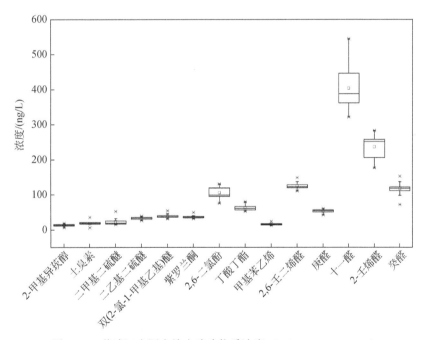

图 3-11 黄浦江水源水检出嗅味物质浓度（2014.04～2015.04）

3.3.3 不同嗅味物质对整体嗅味贡献的评价方法

当水中存在一种以上的嗅味物质时，需要确定各种嗅味物质对样品整体嗅味的贡献。目前，对嗅味物质贡献度评价的方法包括以下六种（van Ruth，2001）：稀释分析法

（dilution analysis）、检测频率法（frequency methods）、峰后强度法（posterior intensity methods）、时间-强度法（time-intensity methods）、调整频率法（modified frequency，MF）、嗅味活性值法（odor activity value，OAV）。其中前五种嗅味物质贡献度评价方法主要利用感官气相色谱技术的闻测评价实现，嗅味活性值法则是通过嗅味物质浓度与嗅阈值浓度的比值来比较不同物质的贡献大小，在食品行业风味物质贡献度分析评价研究中得到广泛的应用（Jelen et al.，2013；Lorjaroenphon and Cadwallader，2015）。然而，在饮用水领域，有关嗅味贡献评价的研究还不多见。以下对几种常用的方法进行介绍。

1）稀释分析法

稀释分析法主要是在感官气相色谱闻测评价时，不断地稀释浓缩后的样品，直至嗅味评价者无法闻测出嗅味为止。目前嗅味物质稀释分析法主要分为两种：Charm Analysis 和香味提取物稀释分析法（aroma extract dilution analysis，AEDA），其中 AEDA 分析法较为常用（Lorjaroenphon and Cadwallader，2015）。在此分析方法中，主要通过嗅味物质的稀释因子（FD 值）（无法闻测到嗅味时的最大稀释倍数）来评价嗅味物质的贡献度，嗅味物质的 FD 值越大，对样品嗅味的贡献度越高（Wu et al.，2014）。近年来，有人将静态顶空法替代萃取法，通过控制进样体积来替代稀释过程，并采用该方法对豆豉中的嗅味物质进行了识别、嗅味贡献评价分析，发现贡献度较大的嗅味物质为 2-乙酰基-1-吡咯啉（FD = 1024）、甲硫基丙醛（FD = 512）、二甲基三硫醚（FD = 512）等（Jelen et al.，2013）。

2）检测频率法

检测频率法是在感官气相色谱闻测评价时，利用一组专业的闻测评价人员进行闻测，通过累计检出次数组成嗅味峰。此种方法需要两个闻测杯，每一组闻测评价分析过程中两个闻测人员可同时进行闻测，一共 10 个人共进行 5 组闻测评价。食品行业中关键嗅味（风味）物质的评价多采用这种方法（Wu et al.，2014）。

3）时间-强度法

采用时间-嗅味强度法进行闻测评价时，每个闻测小组至少需要 4 人，闻测成员在闻测评价时直接记录嗅味峰的嗅味类型、嗅味强度和出峰时间。嗅味峰强度越大代表该物质对整体嗅味的贡献度越大。曾有研究采用 0 ~ 4 级定义法，建立了生活污水中典型嗅味物质的识别分析方法，0 代表无异味，1 代表轻度异味，2 代表中度异味，3 代表中度到重度异味，4 代表重度异味，最后发现了 16 种对样品整体嗅味具有主要贡献的嗅味物质（Agus et al.，2012）。还有研究采用 0 ~ 10 级法从亚热带草莓中筛查、识别出大约 29 种主要嗅味物质（Du et al.，2011）。1997 年，Khiari 等采用 0 ~ 5 级强度法识别、分析、评价了嗅味物质对饮用水中腐烂蔬菜味的贡献度，发现嗅味化合物二甲基二硫醚、二甲基三硫醚对水体中的腐烂蔬菜味贡献度较大（Khiari et al.，1997）。

4）调整频率法

调整频率法要求一组嗅味闻测者进行测试评价。测试评价过程中嗅味峰强度采用 7 级描述法，0 代表没有嗅味，并且可以使用 0.5、1.5、2.5 这样的数值对嗅味强度进行描述。曾有研究采用这一方法对茶中的嗅味物质进行了筛查、识别、分析（Marquez et al.，2013）。调整频率的具体计算方法为

$$MF = F(\%) \times I(\%) \tag{3-4}$$

式中，$F(\%)$ 代表嗅味峰的检出频率，$I(\%)$ 代表嗅味峰平均强度与最高强度的百分比。

上述几种方法都是基于感官气相色谱法进行评价，但实际上常规的感官气相色谱法使用的是一维气相色谱分离技术，对于嗅味物质的分离效果并不理想，尤其是饮用水嗅味物质浓度一般都很低，除了 MIB 等一些典型嗅味物质外，很难得到具体的嗅味物质信息。因此，用这些方法进行饮用水嗅味贡献评价比较困难。

5）嗅味活性值法

嗅味活性值计算公式为

嗅味活性值（OAV）= 嗅味物质浓度（C）/嗅味物质嗅阈值浓度（OTC）

OAV≥1 表示该嗅味物质可能是对样品整体嗅味有较大贡献的物质，OAV 值越大表明该物质对样品整体嗅味的贡献越大。采用嗅味活性值法评价嗅味物质的贡献度，具有简单明了、较为方便的优点，该方法已在评价食品行业关键风味物质中得到了广泛的应用（Pang et al.，2012b；Pino and Febles，2013）。

著者针对黄浦江水源中识别出的嗅味物质，采用 OAV 方法进行了嗅味贡献的评价和排序。如图 3-12 所示，对样品嗅味贡献的大小依次为土臭素、双（2-氯-1-甲基乙基）醚、二乙基二硫醚、2-甲基异莰醇、二甲基二硫醚、壬醛、苯甲醛、癸醛、吡啶、己醛、庚醛、吡嗪、四甲基吡嗪、1,4-二氯苯、2-硝基酚、噻唑、乙基苯、对二甲苯。贡献较大的典型腥臭味物质有双（2-氯-1-甲基乙基）醚、二乙基二硫醚、二甲基二硫醚，贡献较大的典型土霉味物质有土臭素和 2-甲基异莰醇（郭庆园，2016）。

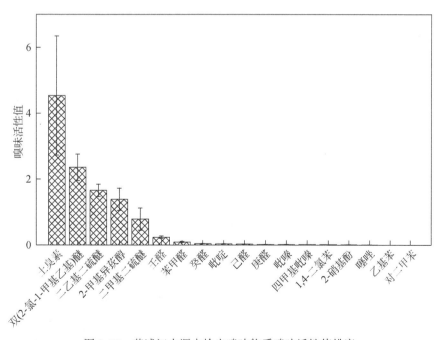

图 3-12　黄浦江水源水检出嗅味物质嗅味活性值排序

对于上述结果，我们进行了嗅味重构实验，也就是以超纯水或样品无嗅水（活性炭过滤）为基质，加入主要嗅味物质进行复配，采用 FPA 对复配样品嗅味特征（嗅味类型和强度）进行评价；最后，通过比较复配样品与实际水样的感官评价结果，确认各种嗅味物质的贡献。该方法在食品风味物质分析领域得到了广泛应用（Pang et al., 2012a）。

如图 3-13（a）所示，嗅味重构实验结果表明，只用三种典型腥臭味物质双（2-氯-1-甲基乙基）醚、二乙基二硫醚、二甲基二硫醚复配时，复配水样的腥臭味评价结果与水源水结果相差较大；加入 2-甲基异莰醇、土臭素后，复配水样的腥臭味嗅味强度有明显增强，特别是在 7～10 月 2-甲基异莰醇、土臭素浓度较高时，复配水样的腥臭味嗅味强度与水源水腥臭味评价结果较为接近，这种结果说明土霉味物质对腥臭味存在一定的协同增强效应。加入其他微量存在的嗅味物质后，腥臭味嗅味强度也有一定的增强，但增幅不大，表明其他嗅味活性值较小的嗅味物质对腥臭味也有微弱的贡献。该嗅味重构实验结果表明，双（2-氯-1-甲基乙基）醚、二乙基二硫醚、二甲基二硫醚应该是水源水中主要的腥臭味物质，土霉味嗅味物质 2-甲基异莰醇、土臭素具有协同作用，水源水中检出的其他类别嗅味物质可能也会对腥臭味具有一定的贡献。值得指出的是，水质仍然可能存在未知的嗅味物质（Guo et al., 2016，2019）。

此外，我们还用嗅味重构法对黄浦江水源的土霉味贡献物质进行了评价。如图 3-13（b）所示，嗅味重构实验结果表明，腥臭味嗅味物质和其他嗅味物质对重新配制水样的土霉味评价结果影响不大，两种典型土霉味物质 2-甲基异莰醇、土臭素复配水样的土霉味嗅味评价结果和水源水实际情况较为接近，由此确认 2-甲基异莰醇、土臭素是水源水中主要的土霉味物质（Guo et al., 2016，2019）。

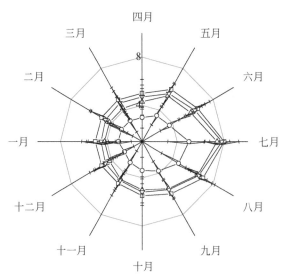

—□— 原水
—○— 双(2-氯-1-甲基乙基)醚&二乙基二硫醚&二甲基二硫醚
—△— 双(2-氯-1-甲基乙基)醚&二乙基二硫醚&二甲基二硫醚&2-甲基异莰醇&土臭素
—▽— 双(2-氯-1-甲基乙基)醚&二乙基二硫醚&二甲基二硫醚&2-甲基异莰醇&土臭素&其他嗅味物质

(a) 腥臭味确认结果

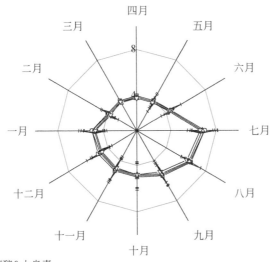

—□— 原水
—○— 2-甲基异莰醇&土臭素
—△— 2-甲基异莰醇&土臭素&双(2-氯-1-甲基乙基)醚&二乙基二硫醚&二甲基二硫醚
—▽— 2-甲基异莰醇&土臭素&双(2-氯-1-甲基乙基)醚&二乙基二硫醚&二甲基二硫醚&其他嗅味物质

(b) 土霉味确认结果

图 3-13　主要嗅味物质确认结果

上述结果进一步证明了水中嗅味问题的复杂性，土霉味物质土臭素和 2-甲基异莰醇对腥臭味具有明显的协同（增强）效应。在此嗅味协同效应作用下，双（2-氯-1-甲基乙基）醚、二甲基二硫醚、二乙基二硫醚应该是该水源中的关键腥臭味物质。

3.4　产嗅藻及产嗅基因的定量分析方法

水中藻类种类繁多，藻类是饮用水水质分析中比较重要但又是难度较大的一个指标。对水中存在的各种藻类进行鉴定识别需要长期的经验积累，费时费力，而从中识别出主要产嗅藻更是难度非常大。迄今为止，我国还没有一个通行的藻类计数标准方法或推荐方法，各检测单位采用的方法差异大，其结果可比性可靠性也存在问题，因此有必要建立和推广一个比较科学可行的方法体系。近年来，随着分子生物学的发展，人们也开发出了对产嗅基因进行定量的分子生物学方法，用于快速评估藻的产嗅潜力，可以起到一定的预警作用。本节重点针对藻类鉴定与计数方法进行总结，同时也对产嗅藻的分子生物学方法进行针对性的介绍。

3.4.1　藻类显微镜分析方法

1. 显微镜配置

藻细胞的计数与鉴定主要依靠显微镜完成。一般来说，普通光学显微镜即可满足藻类计数中大部分需求。普通光学显微镜的结构由 3 套系统组成：光学系统、照明系统和机械系统（图 3-14）。聚光器、物镜、目镜属于光学系统，是决定显微镜成像质量的最关键部分。光源和反射镜属于照明系统。

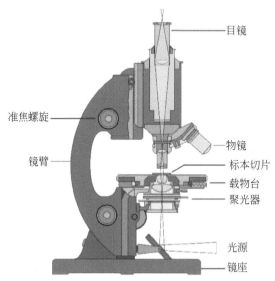

图 3-14　普通光学显微镜组件示意图（引自 https://flexbooks.ck12.org/）

物镜（objective）是光学显微镜中是最重要的部件，其性能参数与成像质量的关系最密切（Peres，2013）。普通光学显微镜的质量和水平，主要通过物镜的效能来体现。物镜镜身上的铭文显示了该物镜的主要光学性能参数，主要包括放大倍率与镜口率等。这两个参数共同决定该物镜能以多大的放大倍数清晰观察物象，镜口率越大，通过单位面积的光线信息越多，物象的细节就越清晰。聚光器的作用是将发散的光聚集到标本，产生与物镜相适应的光束，形成明亮均匀的视场。聚光器作用不可忽视，它与光阑配合调节，关系到成像的分辨率、对比度、景深和亮度。光阑控制着显微镜入射光路的性质，分为视场光阑（field diaphragm）和孔径光阑（aperture diaphragm）。视场光阑在普通光学显微镜通常位于底座光源出口，调节视场的照明范围，控制视野；孔径光阑一般与聚光器连在一起，须根据不同物镜的实际数值孔径进行调节。光阑的作用是控制光路，而非调节亮度；亮度应通过调节光源来实现。目镜（eyepiece）位于光路的末端，用于最后一级放大，供人眼观察（Conrady，2013）。目镜只起放大作用，对提高显微镜的分辨率无贡献。有的目镜中有内置的测微标尺或指针，可方便地进行测量和示教。因此，显微镜的总放大倍率与物镜放大倍率、中间镜放大倍率及目镜放大倍率有关。

为提高成像效果，有条件可以配备微分干涉（differential and interference contrast，DIC）、荧光、相差模式以及 CCD 图像采集系统；配备 10× 或 16× 目镜；物镜可包括：5×（可选）、10×、20×、40×（长工作距离，LWD）、60×（长工作距离，LWD，可选）、100×；目镜标尺 10×10 网格和 100 刻度直线或十字标尺。

2. 藻类样品采集与保存

根据目的不同，藻类采集所需的装置也不同。对于浮游藻类样品，一般使用浮游生物网富集活藻样品，可用于藻种鉴定与分离；使用普通容器采集水样可用于藻细胞的定量计数等目的。由于水体可能出现密度分层现象，当水深较大出现层化现象时，应分层采集水样。一般地，在水下 15~50cm 采集表层水样，另根据温跃层深度采集温跃层与恒温层样品。底栖藻是一种附着生长在底部生物或非生物表面的藻类，由于很难将其与底泥或者别的生物质分离，其采样较为困难，目前还没有形成统一的可行方法。美国 EPA 推荐采用 Hester-Dendy 底栖生物采样器和 Wildco 底栖生物采样器（图 3-15）。前者由连成一串的方形或者圆形的薄板组成，将其放置于水库一段时间，底栖藻类便会附着生长在其上面，最后通过刷子刷下来用于定性和定量。后者是由标准的玻璃片组成的生物附着床，并且玻璃片是可以拆卸和重复使用的，也是美国最广泛使用的一种。

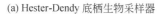

(a) Hester-Dendy 底栖生物采样器　　　　　　　(b) Wildco 底栖生物采样器

图 3-15　两种常用的底栖生物采样器（Letovsky et al.，2012）

藻类样品采集时通常用 GPS 等工具定位，并记录水质和气象水文参数，包括水温、pH、浊度、叶绿素、透明度、气温、天气等。对于需要镜检计数的藻类样品，最好现场加入鲁戈氏液（Lugol's solution）进行固定，或短时间内避光保存，回到实验室后尽快加入鲁戈氏液固定；对于需要进一步分离培养的藻类，则不能加入固定液以免藻细胞死亡，同时取样瓶中应保留一定的空间，最好是采用带有透气孔的细胞培养瓶存储。鲁戈氏液配制方法如下：80g 碘化钾溶于 800mL 纯水中，待完全溶解后加入 40g 碘晶体，溶解后再加入 80mL 冰醋酸，装入不透明的聚乙烯瓶或棕色玻璃中，密封保存（DeCourcy，1927）。鲁戈氏液的用量一般介于 0.6%~1.0%（体积比），可根据藻密度适当调整，太少会使得藻气囊破坏不充分，不能充分沉淀，太多则干扰显微观察。理论上加入鲁戈氏液固定后的藻样品可长期低温保存 1~5 年，但此过程中其生物体积可能会有变化。

3. 藻类的鉴定

形态学观察是目前普遍使用的藻类快速鉴定方法。藻类的形态学分类主要是在显微镜下观察藻细胞形态与大小、有无鞭毛与色素体、表面平整情况、群体或个体胶被形态和群体中细胞个数等特征，最终确定藻种时往往需要与藻类标准图谱、权威网络藻类图片数据库等进行比对。然而藻的种类繁多，而且许多种属的藻类形态差异细微，只有长期从事该工作的专业人员才有可能比较准确地进行藻种鉴定。《中国淡水藻类——系统、分类及生态》为国内比较权威的藻类系统分类的著作（胡鸿钧和魏印心，2006），同时可参考一些国外的专著，如 *Algae of the Western Great Lakes Area：Exclusive of Desmids and Diatoms* （Prescott，1951）；*A key to the identification of the more common algae found in British fresh waters* （Bellinger，1974）。随着越来越多的分子信息和超微结构应用到蓝藻分类中，蓝藻分类系统发生了很大的变化，目前国际上认可度较高的为 2014 年 Komárek 等提出的分类方法（Komárek et al.，2014）。此外，国际上维护较好的藻类分类及图片数据库为 algaebase（http://www.algaebase.com），著者团队也开发了相应的 R 软件包用于藻类名称及图片快速筛查（http://drwater.net）。

4. 藻细胞显微计数

对于已加入鲁戈氏液进行固定的样品，混合均匀后加入沉降容器（体积 100 ~ 2000mL），一般静置沉降24 ~ 72h。沉降充分后用虹吸等方法吸取上清液或采用分液漏斗采集下层富集藻液。所剩浓缩液体积一般为初始体积 1/20 ~ 1/10，浓缩液混匀后倒出或者从分液漏斗的底部阀门取出，再用少量上清液洗容器壁，将洗脱液与浓缩液合并精确测量体积，低温避光保存在小瓶或离心管中待检。

膜过滤法是另一种藻类样品的浓缩方法，通常采用孔径 0.45 ~ 5μm 的聚碳酸酯膜或醋酸纤维膜对水样进行过滤浓缩，滤膜的孔径可根据藻的类型进行选择，如微囊藻可采用 0.45μm 孔径的膜，鱼腥藻可采用 5μm 孔径的膜。过滤时，取一定体积（10mL ~ 1L）未加鲁戈氏液的水样真空抽滤，注意真空压力不能太大，以免膜破裂或破坏藻细胞。过滤后用镊子夹取膜放入 10mL 离心管或小烧杯中，用 5 ~ 10mL 水冲洗，并充分振荡让藻细胞从膜上脱落，样品马上进行镜检或加入几滴鲁戈氏液后低温避光保存待检。膜过滤法可节省时间，提高浓缩倍数，但由于能截留大部分颗粒物，有时干扰较大。另外，一些很难用沉淀法进行富集的藻，如团藻等，可采用膜过滤法。

对于部分具有气囊的蓝藻种属，利用鲁戈氏液固定的方法很难将其彻底破坏而使得藻细胞沉降，可利用高压设备破坏气囊。高压破坏装置一般由高压容器、压力表、高压氮气瓶等组成。把含藻水样放入高压容器中，微囊藻加压到 500kPa，鱼腥藻加压到 300kPa（Brookes et al.，1994），环境样品可加压到 1MPa，保持 1min，能破坏大部分蓝藻细胞的气囊。另外，也可把样品放入一个坚固的配以橡皮塞的玻璃瓶中，用锤子敲击橡皮塞，压缩空气形成高压，如此反复几次，也能使气囊破坏（Hötzel and Groome，1999）。

对于能聚集成团的藻细胞，如丝状藻中的颤藻、席藻等能缠绕成团，微囊藻等能聚集成几百微米到几毫米肉眼可见的团块，可用研磨法、超声法、加热法等将其分散。对于比较松散的单细胞藻团块，如微囊藻可采用煮沸加热法分散，将样品水浴加热到80℃保持5min，再漩涡振荡30s能分散绝大部分微囊藻团块（Humphries and Widjaja，1979）。研磨法利用研磨管，其由玻璃管套和紧密吻合的聚四氟乙烯研磨棒组成，经过几次研磨后能分散大部分团块。超声法用于分散紧密的团块或者带鞘的丝状藻缠绕体，在200~600W功率下脉冲超声5s~1min，能分散大部分藻聚集体（Bernard et al.，2004）。

藻细胞的显微计数主要借助计数板（框）在显微镜下观察完成。通常可采用国产的藻类计数框，样品体积为0.1mL，含共100个1mm×1mm网格；也可采用Sedgewick Rafter的玻璃计数板，其为金属边框，样品体积1mL，含1000个1mm×1mm网格，水样厚度同为1mm，更利于显微镜下的观察，但通常需要配备长工作距离物镜才可使用。在样品正式开始计数前，一般先在低倍物镜下整体浏览全计数板中样品，了解主要藻类种属与密度及藻细胞在计数板中的分布情况。藻密度太低和太高都不适合计数，比较适合的密度应在$1×10^5~1×10^7$cells/mL，太高则需要稀释，太低则需要进一步富集；若藻细胞在计数板中分布不均匀则需要重新点样。计数时针对不同藻类的形态特征，需要选择不同的计数策略，具体简述如下：

（1）分散的单细胞藻或少量成规则聚集的藻细胞，可在合适的物镜倍数下（能看清细胞的最小物镜倍数）直接计数。

（2）长链状或丝状藻细胞，选用直尺或十字标尺，先在高倍下选取不少于30条藻丝，测量其总长度和细胞数，计算出单位长度的平均细胞数，或评价细胞大小，然后在低倍下以标尺为参照物，估算每条藻丝的长度，最后将总长度换算成细胞数。

（3）螺旋状藻细胞，先在高倍下观察得到每个螺旋的平均细胞数，然后在低倍下观察视野中每个个体的螺旋体数，最后换算成细胞数。

（4）多细胞组成的较大藻个体，很难分辨细胞时，可直接报告个体数，但要在记录和报告时注明；若还有大的藻团块则需要进一步分散后再进行显微计数。

一般很难做到对整个计数板进行显微观察计数，当藻分布比较均匀时，可以选择其中的几行或几列进行计数，但选择多少行列才能满足要求应根据优势藻类型和藻密度来决定。对于分散的单细胞藻或个体，其一般符合Poisson分布，对于丝状藻，其分布一般符合Sichel分布，当都取95%置信区间时，其随机计数误差（CE，counting error）计算如下：

$$CE(\pm\%) = \frac{200}{\sqrt{N}} \tag{3-5}$$

式中，N为计数时的总细胞（个体）数。

据此可以列出一个计数误差表，以明晰在计数时应该完成的计数量（表3-16）。可见，要使计数误差小于10%，一般要求计数量达到300，要到达5%的误差，计数量要1000左右，因此推荐总计数量介于300~1000。系统误差可通过细致的操作和仪器校准来降低，在计数时应尽量规范操作。具体可能导致系统误差的有：样品沉淀浓缩不充分，会使结果偏小；取样和制样前没有充分混匀；制样后计数板沉降时间不够，导致藻细胞不处于计数时的焦平面，会使结果偏小；样品保存时间过长会导致细胞损失；计数板、沉淀容器、显微标尺等未校准；样品藻密度过高，导致细胞重叠，使结果偏小；不正确的加样方法，使得计数框内样品体积过大或藻细胞分布不均；错误把藻细胞当成颗粒物杂质或把杂质作为藻细胞计数；错误判断细胞分界；以及其他不正确的仪器操作方式等。

表3-16　藻类计数中总计数个体数与随机误差关系表

总计数个体数（N）	单细胞误差/±%	丝状藻误差/±%
1	200.00	141.42
10	63.25	44.72
100	20.00	14.14
200	14.14	10.00
300	11.55	8.16
500	8.94	6.32
1000	6.32	4.47
10000	2.00	1.41

结果记录时，推荐采用 cells/mL 或万 cells/L 的计数方式。由于藻类的形态大小差异巨大，若用个体报告，当优势藻类型变化时，藻密度一样的情况下，其生物量差异巨大；在藻细胞密度报告的基础上，可估算其生物体积后报告藻的生物体积数据。生物体积的计算较为繁琐，需要参照不同藻类种属的形态特征，测量其平均的体积参数，得出平均细胞或个体体积，然后得出每个种属藻的生物体积，具体计算方法可参考 Hillebrand 等的文献（Hillebrand et al., 1999），该论文给出了主要的藻细胞（个体）形态类型所包含的种属及其生物体积计算公式。

3.4.2　藻细胞的其他计数方法

1. 图像分析法

图像分析法是显微计数法的衍生和发展，主要是在获取样品显微图像的基础上，利用专门图像分析软件，对藻类进行鉴定和细胞计数。1989 年 Brown 等开发了利用图像分析进行藻类细胞计数和形态学描述的软件（Brown et al., 1989）；1996 年 Walsby 和 Avery 开发了针对难以显微计数的丝状蓝藻的图像分析技术，能自动获取藻丝长度信息，并能一定程度对缠绕弯曲进行校正（Walsby and Avery, 1996）；2004 年 Ishikawa 等开发了对蓝藻水华中团块微囊藻图像分析的方法（Walsby and Avery, 1996）；2007 年 Hauer 和 Jirka 开发了对平板培养藻计数的图像分析法（Hauer and Jirka, 2007）；此外也有人用荧光图像和激光散射进行藻类分析的。图像分析法市场上已经有仪器销售，比较简单快速，但技术还处于发展阶段，目前仍不能完全取代显微计数法。

2. 库尔特原理法

库尔特原理是让颗粒物通过毛细管而检测其电脉冲或光学信号而进行分析的方法，在藻分析中主要为流式细胞法和 CASY 细胞分析仪法。CASY 利用电脉冲信号，比较简单廉价，在藻分析中有应用（Kardinaal et al., 2007；Tonk et al., 2009），但没有专门的资料报告其具体如何分析藻。流式细胞法在分析单细胞藻中得到了比较广泛的应用（Cunningham and Leftley, 1986；Marie et al., 2005），并可利用藻的自荧光和荧光染料探针等进行特定藻种和细胞学分析。但该方法仪器耗材成本高，只用于实验室研究，还不能用于复杂环境样品和丝状或成团块的藻分析。

3. 叶绿素替代法

藻为光自养生物，细胞中都含有色素，能进行光合作用，色素主要包括叶绿素、藻胆色素、类胡萝卜素、叶黄素等，但只有叶绿素 a 在所有种类的藻细胞中都存在，因此可通过检测叶绿素 a 来表征藻的生物量。该方法简单易行，已经成为水质管理的一项重要指标。但由于不同种属的藻及同一种藻不同生理时期的叶绿素 a 含量不一样，导致叶绿素不能准确地表征藻的生物量（Jones and Lee, 1982）。叶绿素 a 的测定多采用丙酮萃取-分光光度法，由于其容易分解，很难获得稳定的标准样品，其浓度一般根据特定波长的吸光度通过经验公式换算所得，不同方法计算公式有差异，结果也不完全一致。

3.4.3 基于分子生物学的藻类种群动态分析方法

分子生物学方法为近年得到快速发展的一种方法，已经在生物学各个领域的研究与应用中发挥了极其重要的作用。常用的方法包括原位荧光杂交（fluorescence in-situ hybridization，FISH）法、实时定量聚合酶链式反应法（real-time quantitative polymerase chain reaction，real-time qPCR）法、基因芯片法以及高通量分子测序法。其中定量 PCR 法应用较多，但主要限于产毒的微囊藻、节球藻、长孢藻（鱼腥藻）等；基因芯片也开始用于藻分析，如 2008 年 Rantala 等开发了检测产肝毒素、微囊藻毒素和节球藻毒素等蓝藻的基因芯片（Rantala et al., 2008）。在以上方法中，利用实时荧光定量 PCR 法对水体中特定藻类生物量、嗅味物质产生潜力等进行定量分析的方法近年来受到关注。该方法相对于传统方法具有快速、简单等优点，而且具有在野外现场进行操作的可能性。此外，高通量测序是近年来得到迅速发展的分子生物技术，该技术使得核酸测序的单碱基成本与第一代测序技术相比急剧下降，可将样品中所有的基因序列按照一定长度随机截取并准确测出，后期通过软件进行基因序列拼接，以及与已有生物信息数据库比对可获得样品中的生物种群信息及其相对丰度。

1. 原位荧光杂交技术

在聚合酶链式反应（polymerase chain reaction，PCR）技术发明之前的主要研究方法是分子杂交及同源性分析方法，可在 DNA 与 DNA、RNA 与 RNA 或 DNA 与 RNA 之间进行。原位荧光杂交技术的原理是利用荧光染料标记的特异寡核苷酸（DNA 或 RNA）片段作为探针与单链核酸序列互补配对，然后使用荧光显微镜在染色体、细胞核或切片组织中直接观察目标序列的分布情况。原位荧光杂交技术具有快速、原位等优点，是微生物生态学领域研究的强有力工具，被广泛应用于特定环境微生物种属的行为研究中。由于受到探针种类的限制，该技术不适用于对群落结构和群落多样性等特征的描述，且环境样品自身的荧光背景也会干扰分析结果。此外，原位荧光杂交技术不能达到 100% 杂交，当应用较短的 cDNA 探针时效率会下降。

2. 聚合酶链式反应

PCR 是 1985 年由美国科学家 Mullis 发明的一种可在体外快速扩增特定目标基因或 DNA 片段的技术。PCR 技术的发明使得目标基因或环境样品中的微量微生物基因能在实验室条件下大量扩增，为这些目标基因或环境样品中微量微生物种群的研究提供了保障。该技术是利用 DNA 在体外 95℃ 高温时变性会变成单链，低温（经常是 60℃ 左右）时引物与单链按碱基互补配对的原则结合，再调温度至 DNA 聚合酶最适反应温度（72℃ 左右），DNA 聚合酶沿着磷酸到五碳糖（5′-3′）的方向合成互补链。基于聚合酶制造的 PCR 仪实际就是一个温控设备，能在变性温度、复性温度、延伸温度之间很好地进行控制。所谓实时荧光定量 PCR（real-time qPCR）技术，是指在 PCR 反应体系中加入荧光基团，利用荧光信号积累实时监测整个 PCR 进程，最后通过标准曲线对未知模板进行定量分析的方法（Jung et al., 2000）。

根据需要可以采用不同的引物扩增不同的基因片段，所用的 PCR 程序也有差异，根据其引物 T_m 值、产物长度、样品状态进行优化选择，具体的信息见表 3-17。藻类包括原核的蓝藻和真核的其他藻类，在生物学上属于不同的界。原核蓝藻采用的引物一般在 16S rDNA 中选择，如目标长度约 1400bp 的 27F/1492R 细菌通用引物，或者蓝藻特异区 v3-v4 区引物 Cya-F/Cya-R 或者 357F/784R。前者引物片段较长，包含更多的物种遗传信息，可用于精确定种，后者基于 v3-v4 可变区的基因序列，目标长度相对较短，可满足定量 PCR 等方法的要求。针对真核藻类的分子生物学方法的建立和应用还有待于真核藻类基因序列数据库的发展。有学者通过扩增真核藻类质体 23S rDNA 序列设计通用引物 p23SrV_f1/p23SrV_r1 进行真核藻类种群分析（Sherwood and Presting, 2006）。此外，若目标仅为真核藻类中的特定藻类如甲藻，则可以设计甲藻 18S rDNA 特异的引物如 Dino 18N1/Gym18（-）和 ITS 区的扩增引物 LH2/Dlam。

表 3-17　藻类常用引物及 PCR 条件

基因名	引物	退火温度/℃	延伸时间/s	参考文献
细菌全长 16S rDNA	27F-AGAGTTTGATYMTGGCTCAG	55	90	(Suzuki et al., 1996)
	1492 R-GGTTACCTTGTTACGACTT			

续表

基因名	引物	退火温度/℃	延伸时间/s	参考文献
蓝藻特异区 16s rDNA	Cyaf-GGGGAATYTTCCGCAATGGG	59	60	(Nübel et al., 1997)
	Cyar-GACTACWGGGGTATCTAATCCCW			
真核藻类 23S rDNA	p23SrV_f1-GGACAGAAAGACCCTATGAA	50	30	(Sherwood et al., 2006)
	p23SrV_r1-TCAGCCTGTTATCCCTAGAG			
甲藻 18S rDNA	Dino18N1-TGTCTCAAAGATTAAGCCATG	50	30	(庄丽等, 2001)
	Gym18（−）-ACTTcTCCTTCCTCTAAGTGA			
甲藻 ITS	LH2-AGGTGAACCTGCGGAAGGATC	50	30	(庄丽等, 2001)
	Dlam-CCTGcAGTCGACA（TG）ATGCTTAA（AG）TTCAGC（AG）GG			

3. 分子克隆

克隆（clone）是指通过无性繁殖过程所产生的与亲代完全相同的子代群体。分子克隆（molecular cloning）是指由一个祖先分子复制生成的和祖先分子完全相同的分子群，发生在基因水平上的分子克隆称基因克隆（DNA 克隆）（Watson et al., 2007）。其基本原理是：将编码某一多肽或蛋白质的基因（外源基因）组装到细菌质粒（质粒是细菌染色体外的双链环状 DNA 分子）中，再将这种质粒（重组质粒）转入大肠杆菌体内，这样重组质粒就随大肠杆菌的增殖而复制，从而表达出外源基因编码的相应多肽或蛋白质。由于质粒具有不相容性，即同一类群的不同质粒常不能在同一菌株内稳定共存，当细胞分裂时就会分别进入到不同的子代细胞中，所以来源于一个菌株的质粒是一个分子克隆，而随质粒复制出的外源基因也就是一个分子克隆。分子克隆一般包含 4 个主要步骤，包括：①质粒 DNA 的制备；②DNA 插入片段的制备；③连接反应；④重组质粒的转化。针对藻类的研究中，可根据不同的目的采用不同的引物（参照表 3-17）获得扩增的 PCR 产物，并进行切胶回收后插入质粒载体中，之后转化到大肠杆菌感受态细胞中，并涂布到加入了半乳糖苷（IPTG 和 X-gal）的固体平板上，最后通过蓝白斑筛选出转化了质粒的白色菌落。将菌落热解后用质粒特异引物 M13F 和 M13R 对插入质粒载体的片段进行扩增。最后通过测序技术测定一定数量的不同的菌落 DNA 序列信息，并与数据库比对进而获得样品中的生物种群信息。

4. 高通量测序

DNA 测序技术在生命科学研究中被看作是重要的研究手段。经过几十年的高速发展，该技术被广泛地应用于现代生命科学的各个研究领域。1977 年 Maxam 和 Gilbert 等发明的化学降解法和 Sanger 等发明的双脱氧核苷酸末端终止法为代表被称为第一代测序技术（Maxam and Gilbert, 1977），该方法成本高昂，严重限制了其应用。为了加快测序的进度，减少消耗，人类基因组计划改进了传统的 Sanger 测序法并将单个碱基的测序费用降低了约

99%。随着计算机科学的发展和人类对于基因认知的长足进步，高通量测序技术在 21 世纪得到了广泛的应用（Koboldt et al.，2013）。这些技术由于从测序速度到获得的数据量来看都远远超过 Sanger 法，因此成为近年来的主流测序技术。其中的代表为罗氏公司 454 技术，具有读长较长但通量较小的特点；Illumina 公司 Solexa 测序是现代 hiseq 测序的前身，通量较高；还有 ABI 公司的 SoliD 技术等。越来越多的生物信息研究者跟随着技术的变革开发了大量的计算机软件来应对日益增长的生物信息处理需求。随着新技术的变革，不仅生物基因组的研究变得更为快捷，大范围的基因组和宏基因组研究也成为可能。

高通量 DNA 测序技术的发展也带来了使用 16S rRNA 进行微生物群落分析的新进展（Pinto and Raskin，2012），用于分析蓝藻种群的群体结构。高通量 DNA 测序技术大幅加快了对蓝藻群落结构分析的速度（Schuster，2008）。新一代测序技术在高灵活性，短测试周期，低成本和可重复性方面显示出明显的优势（Gilad et al.，2009）。从总体上看，高通量测序研究主要有如下步骤：DNA 提取、文库构建、上机测序、原始序列预处理及质控、生物信息学分析。在蓝藻研究中，整体流程也遵循如上过程，但是在每个步骤中都需要进行相应的调整。尤其是在生物信息学分析过程中，不同的分析手段会直接影响得到的结果，不同研究尺度下需要选择的方法也有差异。

3.4.4　基于定量 PCR 技术的致嗅产物定量分析方法

传统镜检法，是从藻类细胞表观形态上分析鉴别藻种，藻类的鉴定识别需要理论基础与丰富经验。目前我国还没有一个通行的藻类计数标准方法或推荐方法，尤其是群体型与丝状体型藻类计数难度与误差较大，检测结果可比性较差。尽管已经基本确认，大部分水源地中 geosmin 和 MIB 由蓝藻产生，但由于这些产嗅蓝藻种类较多，形态相近，不同藻种具有不同的产嗅特征，甚至同一藻种在不同外部环境条件下也存在产嗅差异。传统方法主要依赖显微镜镜检通过藻细胞形态进行藻种计数，由于从细胞形态上无法区分产嗅丝状藻种与非产嗅丝状藻种，因此无法特异性检测水体中的产嗅藻。此外，显微镜镜检前处理消耗大量水样、样品运送保存繁琐、耗时长，检测效率低，准确度与精确度较低（Su et al.，2013）。致嗅物质可用 GC/MS 仪器分析方法，但因仪器昂贵、对操作人员要求高，且日常运行维护成本高，大部分水源管理机构不具备该条件，且该方法只能测定水样中已产生的致嗅物质浓度，无法提前预警，也不能鉴别产生来源。因此，有必要构建一种能特异性检测水体嗅味产生潜力的方法。基于定量 PCR 方法检测水体中的致嗅基因是传统方法的重要补充，这里将分别对两种典型土霉味物质做相关介绍。

1. geosmin 的定量 PCR 分析

Giglio 等（2008）最初在蓝藻（*Nostocpunctiforme* PCC73102）中发现 geosmin 的代谢途径以及合成基因（npun02003620），在此基础上基于 geosmin 合成基因开发定量 PCR 的方法（Su et al.，2013；Tsao et al.，2014）。著者分别根据长孢藻（鱼腥藻）中的 *rpoC*$_1$ 基因与 geosmin 合成基因设计了两对特异性引物，分别为与长孢藻细胞密度对应的 AN03（5′-

TGTGGCTCATGTTTGGTATCTC-3′）和 AN06（5′-CCAATACCCACTTCCACACC-3′），以及针对 geosmin 合成基因的 173AF（5′-TGTGAGTACCCAAGAGG-3′）与 173AR（5′-CTGC-CAATCCTGAAGTCCTTT-3′）。通过 11 株纯藻确认了引物的特异性（Su et al., 2013）。为验证定量 PCR 方法检测结果的可靠性，对比分析了基于定量 PCR 方法的 $rpoC_1$ 基因的拷贝数与基于显微镜计数的长孢藻细胞密度，发现两者具有较强相关性［图 3-16（a）］，而且通过对比基于定量 PCR 方法测得的 geosmin 合成基因拷贝数与基于 GC/MS 分析方法测得的 geosmin 物质浓度，发现两者之间同样存在较好的相关性［图 3-16（b）］，说明这两个定量 PCR 方法可分别准确、快速地测定水体中的长孢藻细胞密度与 geosmin 基因浓度，进而评估水体中发生 geosmin 嗅味问题的风险。利用类似的原理，Tsao 等（2014）也设计了针对卷曲长孢藻的特异性引物，并在此基础上构建了基于定量 PCR 的卷曲长孢藻监测技术。

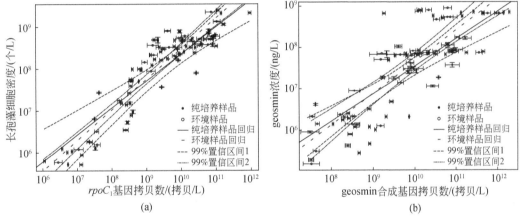

图 3-16 （a）$rpoC_1$ 基因拷贝数（ρ_p）与长孢藻细胞密度（ρ_m）相关性分析；（b）geosmin 合成基因拷贝数（γ_p）与胞内 geosmin 浓度（γ_g）的相关性分析

2. MIB 的定量 PCR 分析

类似地，也有研究人员开发出基于定量 PCR 方法的致嗅物质 MIB 的分析方法。王中杰等（Wang et al., 2011）设计了基于蓝藻中 MIB 合成基因的引物（SAMF2：GAVTTC-CTSVTGGRCCACCTCG 与 SAMR1：TCSACGTACATGSTSGACTCGT），开发了采用定量 PCR 检测 MIB 的方法。图 3-17 为纯培养体系（左）与环境样品（右）中 MIB 物质浓度与 MIB 功能基因拷贝数之间的相关性，可以看出采用定量 PCR 方法具有一定的可行性。

随着越来越多的产 MIB 蓝藻中的 MIB 功能基因序列被测定，著者发现原有文献中的 MIB 引物无法检测出新的产 MIB 藻种。为此基于更新后的 MIB 基因序列数据资料，重新设计了针对 MIB 功能基因的定量 PCR 引物（MIBQSF4：GACAGCTTCTACACCTCCATGA；MIBQSR4：CAATCTGTAGCACCATGTTGAC）。将所设计的引物与 NCBI 中已有 MIB 基因数据库进行 BLAST 分析比对验证引物可行性与特异性，并采用普通 PCR 法测试相关引物，

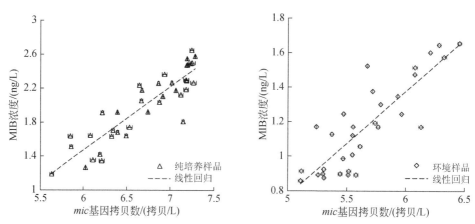

图 3-17　基于定量 PCR 方法检测样品中致嗅物 MIB 的浓度

使用琼脂糖凝胶电泳方法检验了引物的特异性。2019 年利用该方法评估了我国某水库 MIB 嗅味发生期间的 MIB 致嗅基因浓度，发现与基于仪器分析的结果具有较好的相关性，也获得了 MIB 致嗅基因在水库中空间分布规律，支撑此次嗅味问题的产嗅藻分析与嗅味发生风险评估（图 3-18）。由于定量 PCR 具有较高的灵敏度，在产嗅藻生长初期就能将其检测出来，因此可以用于水库中产嗅藻的预警。

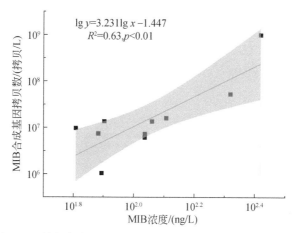

图 3-18　某水库嗅味发生期 MIB 浓度与 MIB 合成基因相关性

参 考 文 献

常子栋，李红亮，杨佳，等 .2019. 固相微萃取技术在环境污染物检测领域的应用 . 资源节约与环保，（2）：64-65.

郭庆园 .2016. 南方某河流型水源腥臭味物质识别与控制研究 . 北京：中国科学院博士学位论文 .

国家环境保护总局编委会 .2002. 水和废水监测分析方法 .4 版 . 北京：中国环境科学出版社 .

胡鸿钧，魏印心 .2006. 中国淡水藻类——系统、分类及生态 . 北京：科学出版社 .

李霞 .2015. 低温期黄河水源中致嗅原因解析 . 北京：中国科学院硕士学位论文 .

孙道林. 2012. 饮用水嗅味评价与致嗅物质识别研究. 北京：中国科学院博士学位论文.

王春苗. 2020. 我国重点流域水源及饮用水中嗅味解析. 北京：中国科学院博士学位论文.

魏魏, 郭庆园, 赵云云, 等. 2014. 顶空固相微萃取–气质联用法测定水中7种致嗅物质. 中国给水排水, 30（18）：131-135.

魏魏. 2014. 饮用水中鱼腥味物质的检测方法建立及活性炭吸附研究. 北京：中国科学院硕士学位论文.

于建伟. 2007. 饮用水中嗅味物质的识别和活性炭吸附研究. 北京：中国科学院博士学位论文.

于建伟, 郭召海, 杨敏, 等. 2007a. 嗅味层次分析法对饮用水中嗅味的识别. 中国给水排水, （8）：79-83.

于建伟, 李宗来, 曹楠, 等. 2007b. 无锡市饮用水嗅味突发事件致嗅原因及潜在问题分析. 环境科学学报, （11）：1771-1777.

朱俊彦, 李良忠, 朱晓辉, 等. 2019. 固相微萃取技术在环境监测分析中的应用进展. 中国环境监测, 35（3）：8-18.

庄丽, 陈月, 李钦, 等. 2001. 赤潮叉角藻18SrDNA和ITS区序列测定与分析. 海洋与湖沼, 2：148-154.

2170 Analysis Flavor Analysis. 2017. Standard methods for the examination of water and wastewater. DOI：102105/ SMWW. 2882. 021.

Adahchour M, van Stee L L P, Beens J, et al. 2003. Comprehensive two-dimensional gas chromatography with time-of-flight mass spectrometric detection for the trace analysis of flavour compounds in food. Journal of Chromatography A, 1019（1-2）：157-172.

Adahchour M, Beens J, Brinkman U A T. 2008. Recent developments in the application of comprehensive two-dimensional gas chromatography. Journal of Chromatography A, 1186（1-2）：67-108.

Agus E, Zhang L F, Sedlak D L. 2012. A framework for identifying characteristic odor compounds in municipal wastewater effluent. Water Research, 46（18）：5970-5980.

Anselme C, Nguyen K, Bruchet A, et al. 1985. Characterization of low molecular weight products desorbed from polyethylene tubings. Science of the Total Environment, 47：371-384.

APHA. 2012. Standard Methods for the Examination of Water and Wastewater. 22 Edition. Washington DC：American Public Health Association（APHA）.

Arthur C L, Pawliszyn J. 1990. Solid phase microextraction with thermal desorption using fused silica optical fibers. Analytical Chemistry, 62（19）：2145-2148.

Bae B U, Kim Y I, Dugas D W, et al. 2002. Demonstration of new sensory methods for drinking water taste-and-odor control. Water Science & Technology Water Supply, 2（5）：241-247.

Bao M L, Barbieri K, Burrini D, et al. 1997. Determination of trace levels of taste and odor compounds in water by microextraction and gas chromatography-ion-trap detection-mass spectrometry. Water Research, 31（7）：1719-1727.

Bellinger E. 1974. A key to the identification of the more common algae found in British freshwaters. Water Treatment and Examination, 23：76-131.

Benanou D, Acobas F, de Roubin M R, et al. 2003. Analysis of off-flavors in the aquatic environment by stir bar sorptive extraction-thermal desorption-capillary GC/MS/olfactometry. Analytical and Bioanalytical Chemistry, 376（1）：69-77.

Benanou D, Acobas F, de Roubin M R. 2004. Optimization of stir bar sorptive extraction applied to the determination of odorous compounds in drinking water. Water Science and Technology：A Journal of the International Association on Water Pollution Research, 49（9）：161-170.

Bernard C，Monis P，Baker P. 2004. Disaggregation of colonies of *Microcystis* (Cyanobacteria)：Efficiency of two techniques assessed using an image analysis system. Journal of Applied Phycology，16 (2)：117-125.

Booth S D J. 2011. Diagnosing taste and odor problems：Source water and treatment field guide. American Water Works Association.

Borén H，Grimvall A，Palmborg J，et al. 1985. Optimization of the open stripping system for the analysis of trace oranics in water. Journal of Chromatography A，348：67-78.

Brookes J，Ganf G，Burch M. 1994. Separation of forms of *Microcystis* from Anabaena in mixed populations by the application of pressure. Australian Journal of Marine and Freshwater Research，45 (5)：863-868.

Brown L，Gargantini I，Brown D J，et al. 1989. Computer-based image analysis for the automated counting and morphological description of microalgae in culture. Journal of Applied Phycology，1 (3)：211-225.

Chamber L，Duffy M L. 2002. Analysis of Geosmin and 2-methylisoborneol by Purge-and Trap. New Orleans，LA：Pittsburgh Conference on Analytical Chemistry and Applied Spectroscopy.

Conrady A E. 2013. Applied Optics and Optical Design，Part One. New York：Courier Corporation.

Cunningham A，Leftley J W. 1986. Application of flow cytometry to algal physiology and phytoplankton ecology. FEMS Microbiology Reviews，1 (3-4)：159-164.

Dalluge J，Beens J，Brinkman U A T. 2003. Comprehensive two-dimensional gas chromatography：A powerful and versatile analytical tool. Journal of Chromatography A，1000 (1-2)：69-108.

DeCourcy J L. 1927. The use of Lugol's solution in exophthalmic goitre：An explanation for the beneficial results of pre-operative medication. Annals of Surgery，86 (6)：871.

Dietrich A M. 2009. The sense of smell：Contributions of orthonasal and retronasal perception applied to metallic flavor of drinking water. Journal of Water Supply：Research and Technology-Aqua，58 (8)：562-570.

Dietrich A M，Whelton A J，Hoehn R C，et al. 2004. The attribute rating test for sensory analysis. Water Science & Technology A Journal of the International Association on Water Pollution Research，49 (9)：61-67.

Du X，Plotto A，Baldwin E，et al. 2011. Evaluation of volatiles from two subtropical strawberry cultivars using GC-olfactometry，GC-MS odor activity values，and sensory analysis. Journal of Agricultural & Food Chemistry，59 (23)：12569-12577.

Giglio S，Jiang J，Saint C P S，et al. 2008. Isolation and characterization of the gene associated with geosmin production in Cyanobacteria. Environmental Science & Technology，42 (21)：8027-8032.

Gilad Y，Pritchard J K，Thornton K. 2009. Characterizingnatural variation using next-generation sequencing technologies. Trends in Genetics，25 (10)：463-471.

Guo Q，Yu J，Yang K，et al. 2016. Identification of complex septic odorants in Huangpu River source water by combining the data from gas chromatography-olfactometry and comprehensive two-dimensional gas chromatography using retention indices. Science of the Total Environment，556：36-44.

Guo Q，Yu J，Su M，et al. 2019. Synergistic effect of musty odorants on septic odor：Verification in Huangpu River source water. Science of the Total Environment，653：1186-1191.

Hauer T，Jirka L. 2007. Image analysis-A simple method of algal culture growth assessment. Journal of Applied Phycology，19：599-601.

Hillebrand H，Dürselen C D，Kirschtel D，et al. 1999. Biovolume calculation for pelagic and benthic microalgae. Journal of Phycology，35 (2)：403-424.

Hochereau C，Bruchet A. 2004. Design and application of a GC-SNIFF/MS system for solving taste and odour episodes in drinking water. Water Science & Technology，49 (9)：81-87.

Hu H, Mylon S E, Benoit G. 2007. Volatile organic sulfur compounds in a stratified lake. Chemosphere, 67 (5): 911-919.

Humphries S E, Widjaja F. 1979. A simple method for separating cells of *Microcystis aeruginosa* for counting. British Phycological Journal, 14 (4): 313-316.

Hötzel G, Croome R. 1999. A Phytoplankton Methods Manual for Australian Freshwaters. Land and Water Resources Research and Development Corporation.

ASTM 2004. ASTM E679-04: Standard practice for determination of odor and taste thresholds by a forced-choice ascending concentration series method of limits. E679-04: 1-7.

Jaeger S R, De Silva H N, Lawless H T. 2014. Detection thresholds of 10 odor-active compounds naturally occurring in food using a replicated forced-choice ascending method of limits. Journal of Sensory Studies, 29 (1): 43-55.

Jelen H, Majcher M, Ginja L, et al. 2013. Determination of compounds responsible for tempeh aroma. Food Chemistry, 141 (1): 459-465.

Jones R, Lee G F. 1982. Recent advances in assessing impact of phosphorus loads on eutrophication-related water quality. Water Research, 16 (5): 503-515.

Jung R, Soondrum K, Neumaier M. 2000. Quantitative PCR. Clinical Chemistry and Laboratory Medicine (CCLM), 38 (9): 833.

Kardinaal W E A, Tonk L, Janse I, et al. 2007. Competition for light between toxic and nontoxic strains of the harmful cyanobacterium *Microcystis*. Applied and Environmental Microbiology, 73 (9): 2939-2946.

Khiari D, Brenner L, Burlingame G A, et al. 1992. Sensory gas chromatography for evaluation of taste and odor events in drinking water. Water Science & Technology, 25 (2): 97-104.

Khiari D, Barrett S E, Suffet I H. 1997. Sensory GC analysis of decaying vegetation and septic odors. American Water Works Association, 89 (4): 150-161.

Kiene R P, Malloy K D, Taylor B F. 1990. Sulfur-containing amino acids as precursors of thiols in anoxic coastal sediments. Applied & Environmental Microbiology, 56 (1): 156-161.

Koboldt D C, Steinberg K M, Larson D E, et al. 2013. The next-generation sequencing revolution and its impact on genomics. Cell, 155 (1): 27-38.

Komárek J, Anagnostidis K. 2000. Süßwasserflora von Mitteleuropa: Chroococcales. Germany: Spektrum, Akad. Verl.

Krasner S W, Means E G. 1986. Returning recently covered reservoirs to service: Health and aesthetic considerations. Journal American Water Works Association, 78 (3): 94-100.

Letovsky E, Myers I E, Canepa A, et al. 2012. Differences between kick sampling techniques and short-term Hester-Dendy sampling for stream macroinvertebrates. BIOS, 83 (2): 47-55, 49.

Lin T F, Wong J Y, Kao H P. 2002. Correlation of musty odor and 2-MIB in two drinking water treatment plants in South Taiwan. Science of the Total Environment, 289 (1-3): 225-235.

Lin T, Liu C L, Yang F C, et al. 2003. Effect of residual chlorine on the analysis of geosmin, 2-MIB and MTBE in drinking water using the SPME technique. Water Research, 37 (1): 21-26.

Lloyd S W, Lea J M, Zimba P V, et al. 1998. Rapid analysis of geosmin and 2-methylisoborneol in water using solid phase micro extraction procedures. Water Research, 32 (7): 2140-2146.

Lorjaroenphon Y, Cadwallader K R. 2015. Characterization of typical potent odorants in cola-flavored carbonated beverages by aroma extract dilution analysis. Journal of Agricultural & Food Chemistry, 63 (3): 769-775.

Marie D，Simon N，Vaulot D. 2005. Phytoplankton cell counting by flow cytometry. Algal Culturing Techniques：253-267.

Marquez V，Martinez N，Guerra M，et al. 2013. Characterization of aroma-impact compounds in yerba mate （*Ilex paraguariensis*） using GC-olfactometry and GC-MS. Food Research International，53 （2）：808-815.

Maxam A M，Gilbert W. 1977. A new method for sequencing DNA. Proceeding of the National Academy of Sciences of the United States of America，74 （2）：560-564.

McCallum R，Pendleton P，Schumann R，et al. 1998. Determination of geosmin and 2-methylisoborneol in water using solid-phase microextraction and gas chromatography-chemical ionisation/electron impact ionisation-ion-trap mass spectrometry. Analyst，123 （10）：2155-2160.

Nakamura S，Nakamura N，Ito S. 2001. Determination of 2-methylisoborneol and geosmin in water by gas chromatography-mass spectrometry using stir bar sorptive extraction. Journal of Separation Science，24 （8）：674-677.

Nübel U，Garcia-pichel F，Muyzer G. 1997. PCR primers to amplify 16S rRNA genes from Cyanobacteria. Applied and Environmental Microbiology，63 （8）：3327-3332.

Palmentier J P，Taguchi V Y. 2001. The determination of six taste and odour compounds in water using Ambersorb 572 and high resolution mass spectrometry. Analyst，126 （6）：840-845.

Pang X，Chen D，Hu X，et al. 2012a. Verification of aroma profiles of Jiashi muskmelon juice characterized by odor activity value and gas chromatography-olfactometry/detection frequency analysis：Aroma reconstitution experiments and omission tests. Journal of Agricultural & Food Chemistry，60 （42）：10426-10432.

Pang X，Guo X，Qin Z，et al. 2012b. Identification of aroma-active compounds in Jiashi muskmelon juice by GC-O-MS and OAV calculation. Journal of Agricultural & Food Chemistry，60 （17）：4179-4185.

Peres M R. 2013. The Focal Encyclopedia of Photography. New York：Routledge.

Pino J A，Febles Y. 2013. Odour-active compounds in banana fruit cv. Giant Cavendish. Food Chemistry，141 （2）：795-801.

Pinto A J，Xi C，Raskin L. 2012. Bacterial community structure in the drinking water microbiome is governed by filtration processes. Environmental Science & Technology，46 （16）：8851-8859.

Prescott G W. 1951. Algae of the Western Great Lakes Area：Exclusive of Desmids and Diatoms. Bloomfield Hills：Cranbrook Institute of Science.

Rantala A，Rizzi E，Castiglioni B，et al. 2008. Identification of hepatotoxin-producing cyanobacteria by DNA-chip. Environmental Microbiology，10 （3）：653-664.

Salemi A，Lacorte S，Bagheri H，et al. 2006. Automated trace determination of earthy-musty odorous compounds in water samples by on-line purge-and-trap-gas chromatography-mass spectrometry. Journal of Chromatography A，1136 （2）：170-175.

Schiffman S S，Bennett J L，Raymer J H. 2001. Quantification of odors and odorants from swine operations in North Carolina. Agricultural and Forest Meteorology，108 （3）：213-240.

Schuster S C. 2008. Next-generation sequencing transforms today's biology. Nature Methods，5 （1）：16-18.

Sherwood A，Presting G. 2006. Universal primers amplify a plastid marker for biodiversity assessment of eukaryotic algae and cyanobacteria. Journal of Phycology，42：23.

Shin H S，Ahn H S. 2004. Simple，rapid，and sensitive determination of odorous compounds in water by GC-MS. Chromatographia，59 （1-2）：107-113.

Steltenpohl P，Graczova E. 2008. Vapor-liquid equilibria of selected components in propylene oxide production. Journal of Chemical and Engineering Data，53 （7）：1579-1582.

Su M, Gaget V, Giglio S, et al. 2013. Establishment of quantitative PCR methods for the quantification of geosmin-producing potential and *Anabaena* sp. in freshwater systems. Water Research, 47 (10): 3444-3454.

Suffet I H, Mallevialle J L, Kawczynski E. 1995. Advances in Taste-and-Odor Treatment and Control. Denver: American Water Works Association.

Suffet I H, Schweitze L, Khiari D. 2004. Olfactory and chemical analysis of taste and odor episodes in drinking water supplies. Reviews in Environmental Science & Bio/technology, 3 (1): 3-13.

Sun D, Yu J, An W, et al. 2013. Identification of causative compounds and microorganisms for musty odor occurrence in the Huangpu River, China. Journal of Environmental Sciences, 25 (3): 460-465.

Supelco. 2020. Solid Phase Microextraction (SPME). https://wwwsigmaaldrichcom/analytical-chromatography/sample-preparation/spmehtml [2020-6-6].

Suzuki M T, Giovannoni S J. 1996. Bias caused by template annealing in the amplification of mixtures of 16S rRNA genes by PCR. Applied and Environmental Microbiology, 62 (2): 625-630.

Tonk L, Welker M, Huisman J, et al. 2009. Production of cyanopeptolins, anabaenopeptins, and microcystins by the harmful cyanobacteria *Anabaena* 90and *Microcystis* PCC 7806. Harmful Algae, 8 (2): 219-224.

Tsao H W, Michinaka A, Yen H K, et al. 2014. Monitoring of geosmin producing *Anabaena circinalis* using quantitative PCR. Water Research, 49 (0): 416-425.

van Ruth S M. 2001. Methods for gas chromatography-olfactometry: A review. Biomolecular Engineering, 17 (4-5): 121-128.

Walsby A E, Avery A. 1996. Measurement of filamentous cyanobacteria by image analysis. Journal of Microbiological Methods, 26 (1-2): 11-20.

Wang C, Yu J, Guo Q, et al. 2019. Simultaneous quantification of fifty-one odor-causing compounds in drinking water using gas chromatography-triple quadrupole tandem mass spectrometry. Journal of Environmental Sciences, 79: 100-110.

Wang Z, Xu Y, Shao J, et al. 2011. Genes associated with 2-methylisoborneol biosynthesis in cyanobacteria: Isolation, characterization, and expression in response to light. Plos One, 6 (4): E18665.

Watson J D, Myers R M, Caudy A A, et al. 2007. Recombinant DNA: Genes and Genomes—A Short Course. Macmillan.

Watson S B. 2004. Aquatic taste and odor: A primary signal of drinking-water integrity. Journal of Toxicology and Environmental Health, Part A, 67 (20-22): 1779-1795.

Watson S B, Brownlee B, Satchwill T, et al. 1999. The use of solid phase microextraction (SPME) to monitor for major organoleptic compounds produced by chrysophytes in surface waters. Water Science & Technology, 40 (6): 251-256.

Wu W, Tao N P, Gu S Q. 2014. Characterization of the key odor-active compounds in steamed meat of Coilia ectenesfrom Yangtze River by GC-MS-O. European Food Research & Technology, 238 (2): 237-245.

Yagi M, Kajino M, Matsuo U, et al. 1983. Odor problems in Lake Biwa. Water Science & Technology, 15 (6-7): 311-321.

Yang M, Yu J, Li Z, et al. 2008. Taihu Lake not to blame for Wuxi's woes. Science, 319 (5860): 158.

Young C C, Suffet I H. 1999. Development of a standard method—Analysis of compounds causing tastes and odors in drinking water. Water Science and Technology, 40 (6): 279-285.

Young W F, Horth H, Crane R, et al. 1996. Taste and odour threshold concentrations of potential potable water contaminants. Water Research, 30 (2): 331-340.

第4章 典型产嗅藻的环境行为与产嗅特征

湖库型水体中藻的生长是一个自然现象。但是，近年来高强度的人类活动导致氮磷等营养元素的大量排放，使得越来越多的水体呈现富营养化趋势，太湖、巢湖、滇池等一些大型湖泊频繁暴发蓝藻水华的现象引起全社会的高度关注。但是，水体富营养化及由此导致的蓝藻水华问题与饮用水发生藻源嗅味并不是同一个问题。一些典型的产2-甲基异莰醇（MIB）的藻，如颤藻、浮丝藻等，在富营养化水体中往往难以成为优势藻。相反，一些深水/底栖型产嗅藻，由于其具备从水体底部获取营养盐的能力，在一些营养盐不是很充足的水体中反而呈现出竞争优势。这也就是为什么嗅味问题在一些水体富营养化程度不高、水质相对较好的水源地也经常出现的一个重要原因。

除了蓝藻门中一些产土霉味 MIB 和土臭素（geosmin）的丝状藻以外，一些硅藻和金藻门中还有一些可以产生鱼腥味物质的真核藻。鱼腥味问题过去关注得比较少，通常这类产嗅藻生长在低温、甚至冰封期，相关的嗅味问题也主要发生在北方，尤其是黄河流域。第2章中已对主要的藻源嗅味物质进行了介绍，本章将重点介绍典型产嗅藻的产嗅特征与环境行为。

4.1 典型土霉味产嗅藻及其产嗅机制——产 MIB 藻

4.1.1 主要产 MIB 藻

如表 4-1 所示，目前文献报告的产 MIB 藻主要为丝状蓝藻。Komarek 等（2014）重新整理了蓝藻分类学体系，是目前分类学上普遍接受的分类系统。与之前的分类系统相比，新的分类系统对丝状蓝藻的分类做了重大调整，特别是将颤藻目中具气囊结构的种归入微鞘藻科（Microcoleaceae），分为束毛藻属（*Trichodesmium*）、常丝藻属（*Tychonema*）、浮丝藻属（*Planktothrix*）与拟浮丝藻属（*Planktothricoides*）等。因此，本次更新对产 MIB 藻的统计有较大影响。由于之前的文献大多采用旧分类系统取名，在针对各藻属的描述中将列出更新前后名称的变化，并分别进行统计说明。

表 4-1 产 MIB 藻属汇总

目	科	属（新分类名）	藻种数	报道数	参考文献
颤藻目	微鞘藻科	*Kamptonema*	1	1	（Baker et al., 2001）
		拟浮丝藻属	1	1	（Wang et al., 2011）
		浮丝藻属	2	3	（Martin et al., 1988；Su et al., 2015；Suurnäkki et al., 2015）
	颤藻科	*Limnoraphis*	1	1	（Tabachek et al., 1976）
		鞘丝藻属	1	1	（Izaguirre et al., 1995）
		颤藻属	6	13	（Izaguirre et al., 1983；Negoro et al., 1988；Persson, 1988；Tsuchiya et al., 1988；Izaguirre et al., 1995；Zhong et al., 2011；Suurnäkki et al., 2015）
		席藻属	2	2	（Persson, 1988；van der Ploeg et al., 1995）
聚球藻目	细鞘丝藻科	细鞘丝藻属	1	4	（Negoro et al., 1988；Persson, 1988；Tsuchiya et al., 1988）
	Prochlorotrichaceae	*Nodosilinea*	1	1	（Wang et al., 2015b）
	假鱼腥藻科	假鱼腥藻属	2	5	（Tsuchiya et al., 1988；Izaguirre et al., 1998；Izaguirre et al., 1999；Wang et al., 2011）
	聚球藻科	聚球藻属	1	1	（Persson, 1988）
	Synechococcales familia incertae sedis	贾丝藻属	1	1	（Tsuchiya et al., 1988）
念珠藻目	束丝藻科	长孢藻属	1	1	（Kim et al., 2015）
	Hapalosiphonaceae	侧生藻属	1	1	（Wu et al., 1988）
宽球藻目	蓝枝藻科	蓝枝藻属	1	1	（Izaguirre et al., 1995）

　　根据统计结果，产 MIB 的藻种主要为蓝藻门的颤藻目（Oscillatoriales）与聚球藻目（Synechococcales）。颤藻目中主要颤藻科和微鞘藻科中 7 个藻属可产 MIB，前者包括 *Limnoraphis*（尚无中文名，下同）、鞘丝藻属（*Lyngbya*）、颤藻属（*Oscillatoria*）、席藻属（*Phormidium*），后者包括 *Kamptonema*、拟浮丝藻属（*Planktothricoides*）与浮丝藻属（*Planktothrix*）；聚球藻目中有细鞘丝藻属（*Leptolyngbya*）、*Nodosilinea*、假鱼腥藻属（*Pseudanabaena*）、聚球藻属（*Synechococcus*）与贾丝藻属（*Jaaginema*）。此外，念珠藻目（Nostocales）与宽球藻目（Pleurocapsales）中共 3 个藻种也具有产嗅潜力。

　　中国、美国、加拿大、巴西、澳大利亚、日本、挪威、瑞士等国家的水库和湖泊中均检测到 MIB 产嗅藻种。20 世纪 80 年代开始，美国学者 Izaguirre 先后在马修斯湖（Lake Mathews）和卡斯泰克湖（Lake Castaic）中发现产 MIB 的颤藻、席藻和假鱼腥藻（Izaguirre et al., 1982）。Martin 等（1991）在密西西比某池塘中采集到一株产 MIB 的颤藻；加拿大多次报道了 Great Lakes 中的嗅味问题（Watson et al., 2001b）；日本 20 世纪末在 Lake Kasumigaura 中发现导致水体土霉味的 3 种蓝藻，包括颤藻、席藻与鞘丝藻

（Sugiura et al., 1998）；澳大利亚近年来在 Murry River 发现产生 MIB 的假鱼腥藻（Gaget et al., 2017）；在瑞士也有关于 Lake Zurich 中丝状蓝藻产生土霉味问题的报道（Durrer et al., 1999）。我国相关研究起步较晚，但近年来有关嗅味的报道急剧增加。最早在 2000~2003 年，台湾风神水库检测出了 MIB 物质（Tung et al., 2008），随后在 2003~2005 年间密云水库报道出现 MIB 嗅味问题（Su et al., 2015）。近十年来，我国关于水源地嗅味问题的报道层出不穷：2010 年在湖北熊河水库分离出了导致土霉味问题发生的假鱼腥藻（Zhang et al., 2016）；天津市水源地于桥水库在不同年份暴发了不同鱼腥藻或假鱼腥藻的嗅味问题；2016 年 8 月，大连碧流河水库出现 MIB 嗅味问题（卜思瑶，2018）；同期，深圳多座水源水库（西丽水库、石岩水库、深圳水库）出现不同程度的 MIB 问题（仲鑫等，2015）。著者团队通过克隆分析的方法发现黄浦江水源中存在产 MIB 的席藻（Sun et al., 2014），并从北京密云水库、上海青草沙水库、珠海凤凰山水库分别分离出产 MIB 的浮丝藻（Su et al., 2015）、假鱼腥藻（2019 年）、拟浮丝藻（2019 年）。

1. 颤藻属

颤藻属（*Oscillatoria*），属于蓝藻纲（Cyanophyceae）颤藻目（Oscillatoriales）颤藻科（Oscillatoriaceae），是一种丝状蓝藻。1988 年，Anagnostidis 和 Komárek 针对该属做了重新命名分类，原颤藻属的大部分浮游种被归入浮丝藻属（*Planktothrix*），其他种分别被归入到颤藻目下的湖丝藻属（*Limnothrix*）、席藻属（*Phormidium*）以及新的颤藻属（*Oscillatoria*）。颤藻属现有 304 种（www.algaebase.org），主要为无伪空泡的底栖种类。细胞形态为不分枝的丝状蓝藻，呈丝状体单生或结成团，无异形细胞（heterocyst），无厚壁孢子（akinete）。丝状体能颤动、滚动或滑动式运动，并因此得名。颤藻属能形成藻垫层（scum），适合在浅滩底泥或石头上附着生长。图 4-1 为显微镜下实景照片。

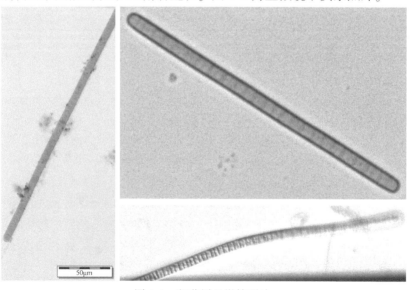

图 4-1 颤藻属显微镜照片
2019 年著者团队分离自珠海南屏水库

颤藻属是 MIB 的重要产生来源。如表4-2 所示，截至目前，关于颤藻导致的 MIB 现象已报道共计41 次。由于部分颤藻属命名更新，有关新的颤藻属的报道有 13 次；其中，有关弯曲颤藻（*Oscillatoria curviceps*）（Izaguirre et al.，1983；Persson，1988；Izaguirre et al.，2007）的报道有 4 次，均来自美国加利福尼亚州水源钻石谷湖（Diamond Vallery Lake）。泥生颤藻（*Oscillatoria limosa*）与纤细颤藻（*Oscillatoria tenuis*）均有 3 次报道，前者来自美国钻石谷湖与银木湖（Silverwood Lake）等，后者除美国外，还存在于日本琵琶湖（Lake Biwa）以及加拿大马尼托巴省的盐湖中。此外，还有 *Oscillatoria kawamurae*（Zhong et al.，2011）与纤细颤藻变种（*Oscillatoria tenuis v. levis*）（Izaguirre et al.，1983）具有产MIB 能力，来自中国武汉及美国等地。有研究在颤藻培养液中测得 MIB 浓度为58ng/mL左右，藻细胞内的浓度为 75～94ng/mL（Martin et al.，1991）；另有研究测得不同生长周期培养液中 MIB 浓度在 36～445ng/mL（Izaguirre et al.，1998）。

表4-2 颤藻属中产 MIB 藻种汇总

现用拉丁名	现用中文名	文献原名	生境	地点	参考文献
Oscillatoria curviceps	弯曲颤藻	*Oscillatoria cf. curviceps*	B	美国加利福尼亚州钻石谷湖，2002～2003 年	（Izaguirre et al.，2007）
		Oscillatoria cf. curviceps	B	钻石谷湖底泥中，2004 年	（Izaguirre et al.，2007）
		Oscillatoria cf. curviceps	B	美国加利福尼亚州	（Persson，1988）
		Oscillatoria curviceps	B	美国加利福尼亚州某供水系统底泥	（Izaguirre et al.，1983）
Oscillatoria limosa	泥生颤藻	*Oscillatoria limosa*	B	美国加利福尼亚某水源水库	（Izaguirre et al.，1983）
			B	美国银木湖	（Izaguirre et al.，1995）
			B	美国加利福尼亚州钻石谷湖，2002～2003 年	（Izaguirre et al.，2007）
Oscillatoria tenuis	纤细颤藻	*Oscillatoria tenuis*	B	日本琵琶湖	（Nakashima et al.，1992）
			B	东京某供水系统，1969 年	（Negoro et al.，1988）
			B	美国加利福尼亚州	（Izaguirre et al.，2007）
Oscillatoria tenuis v. levis	纤细颤藻变种	*Oscillatoria tenuis v. levis*	B	美国加利福尼亚州供水系统底泥	（Izaguirre et al.，1983）
Oscillatoria kawamurae	—	*Oscillatoria kawamurae*	PL	武汉某鱼塘	（Zhong et al.，2011）
Oscillatoria sp.	颤藻	*Oscillatoria sp.*		美国加利福尼亚州	（Izaguirre et al.，2007）
		Oscillatoria sp. 327/2	B	芬兰某淡水水体	（Suurnäkki et al.，2015）
		Oscillatoria sp.		日本某冷却水水体	（Tsuchiya et al.，1988）

注：B 表示底栖型；PL 表示浮游型；"—"表示尚无中文名；下同。

2. 席藻属

席藻属（*Phormidium*），属于蓝藻纲（Cyanophyceae）颤藻目（Oscillatoriales）颤藻科（Oscillatoriaceae），与颤藻属相同，也是一种丝状蓝藻。植物体呈胶状或皮状，由许多藻丝组成，着生或漂浮，丝体不分枝，直或弯曲；藻丝具鞘，有时略硬，彼此粘连，有时部分融合，薄，无色，不分层，藻丝能动，圆柱形，横壁收缢或不收缢，末端细胞头状或不呈头状，细胞内不具气囊；繁殖形成藻殖段。席藻与颤藻具有相近的生态位，通常在浅滩底部附着生长。席藻属原有 418 种（www. algaebase. org），新分类系统中共收录了 213 种（www. algaebase. org）。图 4-2 为显微镜下实景照片。

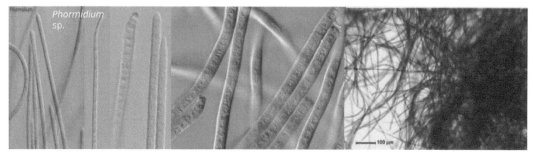

图 4-2　席藻属显微镜照片

图片来源于 http://fmp. conncoll. edu/

席藻属也是 MIB 的重要产生来源。如表 4-3 所示，截至目前，关于席藻导致的 MIB 现象已报道共计 11 次，但由于分类系统更新，新席藻属中有 2 次报道，*Phormidium breve*（Izaguirre et al., 2007）与 *Phormidium chalybeum*（van der Ploeg et al., 1995）各有 1 次报道，分别来自挪威与美国密西西比的鱼塘。此外，在澳大利亚密彭佳水库（Myponga Reservoir）以及美国加利福尼亚州马修斯湖中有未定种的席藻报道。关于席藻产 MIB 能力报道较少，著者团队与澳大利亚南澳水务合作测定了密彭佳水库分离出的席藻在实验培养条件下的产 MIB 能力约为 5pg/cell（Li et al., 2012）。

表 4-3　席藻属中产 MIB 藻种汇总

现用拉丁名	现用中文名	文献原名	生境	地点	参考文献
Phormidium breve	—	*Oscillatoria brevis NIVA CYA 7*	B	挪威某藻种库	（Izaguirre et al., 2007）
Phormidium calcicola	—		B	美国加利福尼亚州	（Rashash et al., 1995）
Phormidium chalybeum	—	*Oscillatoria chalybea*	B	美国密西西比某鱼塘	（van der Ploeg et al., 1995）
Phormidium sp.	席藻	*Phormidium* sp. LM689	B	澳大利亚密彭佳水库	（Li et al., 2012）
Phormidium sp.	席藻	*Phormidium* sp. LM689	B	美国加利福尼亚州马修斯湖	（Zimmerman et al., 1995）

3. 浮丝藻属

浮丝藻属（*Planktothrix*），属于蓝藻纲（Cyanophyceae）颤藻目（Oscillatoriales）微鞘藻科（Microcoleaceae），又名浮颤藻属。该属原属于颤藻属（*Oscillatoria*），1998 年 Anagnostidis 和 Komarek 基于其大部分种类具有均匀分布的伪空泡、呈全浮游性习性的特点，将其从颤藻属中分离出来归入本属。2002 年，Suda 等基于分子系统关系对分类特征做了描述和再修订，进一步将不含伪空泡的种类排除在浮丝藻属之外（Suda et al.，2002）。因此，该属与其他颤藻目的物种一样，没有异形细胞与厚壁孢子（林燊等，2008），而独特之处在于其含有伪空泡，是浮游型蓝藻（Komárek，2003），倾向在水体亚表层和深层生长。目前，该属共收录 304 个种（https://www.algaebase.org/），模式种是阿氏浮丝藻（*Planktothrix agardhii*），是水华蓝藻的重要类群（林燊等，2008）。Sivonen 和 Pomati 等的研究表明浮丝藻能够产生藻毒素（Chorus et al.，1999）。图 4-3 为显微镜下实景照片。

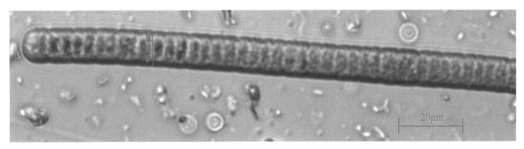

图 4-3　显微镜下浮丝藻属照片

2011 年拍摄自密云水库鲁戈氏液固定后样品

浮丝藻属也是重要的 MIB 产生来源。如表 4-4 所示，截至目前关于浮丝藻导致的 MIB 问题已报道共计 3 次，其中阿氏浮丝藻（*Planktothrix agardhii*）（Martin et al.，1988）有 1 次报道，分离自美国密西西比的鱼塘。此外，在我国密云水库以及芬兰的一个水池均检测到未定种的浮丝藻。根据著者在密云水库的长期调查数据，浮丝藻的产 MIB 能力约为 85fg/cell（Su et al.，2015）。

表 4-4　浮丝藻属中产 MIB 藻种汇总

现用拉丁名	现用中文名	文献原名	生境	地点	参考文献
Planktothrix agardhii	阿氏浮丝藻	*Oscillatoria agardhii*	B	美国密西西比某鱼塘，5~10 月	（Martin et al.，1988）
Planktothrix sp.	浮丝藻	*Planktothrix* sp.	PL	北京密云水库	（Su et al.，2015）
		Planktothrix sp. 328	PL	芬兰某水池	（Suurnäkki et al.，2015）

4. 拟浮丝藻属

拟浮丝藻属（*Planktothricoides*），属于蓝藻纲（Cyanophyceae）颤藻目（Oscillatoriales）微鞘藻科（Microcoleaceae），是 1988 年由 Komarek 对颤藻属重新划分后出现的新属。拟浮丝藻属是 Suda 等 2002 年根据形态、脂肪酸成分和 16S rDNA 序列等多种特征将其从浮丝藻属（*Planktothrix*）分离出来的，并以拉氏拟浮丝藻（*Planktothricoides raciborski*）作为模式种的新属（Suda et al.，2002），拉氏拟浮丝藻的确立经历了拉氏颤藻（*Oscilatoria raciborski*）、拉氏浮丝藻（*Planktothrix raciborski*），后独立成为拟浮丝藻属的模式种，最后于 2014 年再次分类更新时将其归入微鞘藻科（Suda et al.，2002）。目前该属除拉氏拟浮丝藻，新加入了 *Planktothricoides*。拟浮丝藻是一种淡水水体常见的水华性蓝藻类群，藻体丝状，藻细胞具气囊，周生于细胞周围，藻丝末端尖细狭窄，偏向一侧（吴忠兴等，2008）。该属能在适宜天气成水华，吴忠兴等调查发现我国多个地区湖泊、水库中均有拟浮丝藻长期存在，甚至暴发水华（吴忠兴等，2008）。图 4-4 为显微镜下实景照片。

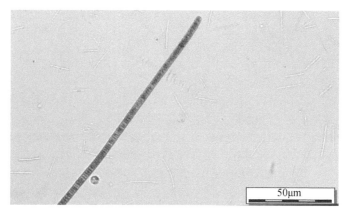

图 4-4　显微镜下拟浮丝藻属照片
2019 年著者团队分离自珠海凤凰山水库

近年来发现拟浮丝藻属可代谢产生 MIB 物质。2011 年王中杰等在武汉东湖分离到一株拉氏浮丝藻（*Planktothricoides raciborskii*），并发现具备产 MIB 能力（Wang et al.，2011）；著者团队 2019 年在珠海某水源水库也分离到一株产 MIB 的拟浮丝藻。

5. 假鱼腥藻属

假鱼腥藻属（*Pseudanabaena*），属于蓝藻纲（Cyanophyceae）聚球藻目（Synechococcales）假鱼腥藻科（Pseudanabaenaceae），又名伪鱼腥藻。目前在 Algaebase 中收录 304 个种（https://www.algaebase.org/）。该属为丝状蓝藻，丝体单生或者聚团，能产生黏液形成藻垫层，通常为直线型或轻微波浪形弯曲，不具胶鞘。一般藻丝不太长，宽度为 0.8～3.0μm，圆柱形，原生质体均匀，不具气囊（https://www.algaebase.org/）。值得注意的是，该藻含有浮游类、附着类及底栖类，适合生长在贫营养、中营养及轻微富营养化水体中，是常见的淡水水华藻种。图 4-5 为显微镜下实景照片。

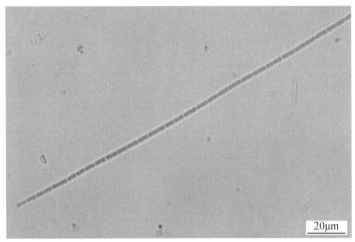

图 4-5　显微镜下假鱼腥藻属照片

2016 年著者团队分离自上海青草沙水库

假鱼腥藻同样也是常见的产 MIB 藻种，共计有 5 次报道（表 4-5）。1998 年 Izaguirre 在美国加利福尼亚州卡斯泰克湖首次发现能产生 MIB 的假鱼腥藻（Izaguirre et al., 1998）；2003 年日本学者 Kakimoto 等发现高温（30℃）有利于假鱼腥藻产 MIB 功能基因（*gppmt*, *mibs*）的表达（Kakimoto et al., 2014）；2011 年 Giglio 等以卡斯泰克湖的假鱼腥藻为研究对象，确认了蓝藻中 MIB 的生物合成过程（Giglio et al., 2011）。在国内关于假鱼腥藻产嗅的报道较晚，2011 年 Wang 等研究了蓝藻中 MIB 生物合成途径（Wang et al., 2011）；2015 年 Wang 和 Li 探讨了不同光照、温度条件下假鱼腥藻产嗅能力（Wang and Li, 2015）。近年来，我国多个饮用水水源地出现了由于假鱼腥藻暴发导致的 MIB 土霉味问题，如长江下游及东太湖区的某些饮用水水源（东太湖地区、部分上海水源）、天津于桥水库等。

表 4-5　假鱼腥藻属中产 MIB 藻种汇总

现用拉丁名	现用中文名	文献原名	生境	地点	参考文献
Pseudanabaena limnetica	湖泊假鱼腥藻	*Pseudanabaena limnetica*	PL	美国卡斯泰克湖	（Giglio et al., 2011）
		Pseudanabaena limnetica	PL	美国卡斯泰克湖，1993 年秋	（Izaguirre et al., 1998）
		Oscillatoria limnetica	PL	日本琵琶湖，1952 年	（Tsuchiya et al., 1988）
Pseudanabaena galeata	洋假鱼腥藻	*Pseudanabaena galeata*	PL	日本多个湖库	（Kakimoto et al., 2014）

续表

现用拉丁名	现用中文名	文献原名	生境	地点	参考文献
Pseudanabaena sp.	假鱼腥藻	*Pseudanabaena* sp.	PL	美国加利福尼亚州圣维森特水库（San Vicente Reservoir）	（Izaguirre et al., 1999）
		Pseudanabaena sp.	PL	美国加利福尼亚州斯金纳湖（Lake Skinner）	（Izaguirre et al., 1999）
		Pseudanabaena sp. Dqh15	PL	浙江东钱湖	（Wang et al., 2011; Wang and Li, 2015）

6. 细鞘丝藻属

细鞘丝藻属（*Leptolyngbya*），属于蓝藻纲（Cyanophyceae）聚球藻目（Synechococcales）细鞘丝藻科（Leptolyngbyaceae），也是一种丝状蓝藻，于 1988 年被 Anagnostidis 和 Komarek 首次命名成立（Izaguirre et al., 1999），后经几次分类系统更新，现收编了多个席藻藻种，目前在 Algaebase 中收录了 138 个种（https://www.algaebase.org/）。该属藻丝体较长，单生或盘绕成簇和薄垫（有时直径可达几厘米），弓形，波浪状或强烈盘绕，0.5～3.2μm 宽，薄而结实，鞘通常无色，在顶端呈开放状。图 4-6 为显微镜下实景照片。

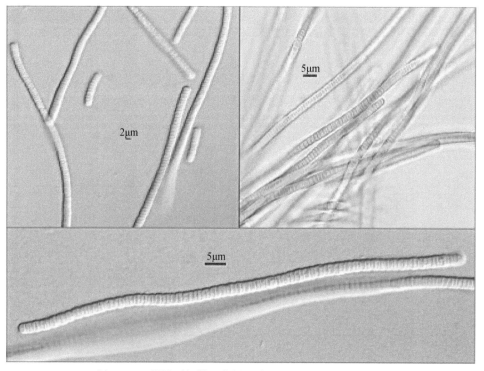

图 4-6　显微镜下细鞘丝藻属照片（Mugnai et al., 2018）

尽管细鞘丝藻属的研究不多，但关于其产 MIB 的报道共有 4 次（表 4-6），且均为纤细鞘丝藻（*Leptolyngbya tenuis*）（Nakashima et al., 1992；Negoro et al., 1988；Persson，1988；Tsuchiya et al., 1988），其原名为 *Phormidium tenue*，在日本东京及日本琵琶湖发生过多次。

表 4-6　细鞘丝藻属中产 MIB 藻种汇总

现用拉丁名	现用中文名	文献原名	生境	地点	参考文献
Leptolyngbya tenuis	纤细鞘丝藻	*Phormidium tenue*	B	日本琵琶湖	（Nakashima et al., 1992）
		Phormidium tenue	B	日本东京	（Negoro et al., 1988；Persson，1988）
		Phormidium tenue NIVA CYA 92	B	挪威某藻种库	（Persson，1988）
		Phormidium tenue	B	日本东京某水库	（Tsuchiya et al., 1988）

7. 其他

除以上主要种属以外，文献至少还报道了 6 个产 MIB 的种，包括 *Dolichospermum smithii*（Kim et al., 2015）、薛生侧生藻（*Fischerella muscicola*）（Wu et al., 1988）、*Kamptonema formosum*（Baker et al., 2001）、*Limnoraphis cryptovaginata*（Tabachek et al., 1976）、*Nodosilinea bijugata*（Wang et al., 2015b）与贾丝藻（*Jaaginema geminatum*）（Tsuchiya et al., 1988），如表 4-7 所示。在加拿大马尼托巴省的盐湖中，除前述的阿氏浮丝藻（*Planktothrix agardhii*，表 4-4）以外，还分离出了 3 株产 MIB 藻种。另外，人们还从美国加利福尼亚州引水渠中分离出鞘丝藻属（*Lyngbya*）及蓝枝藻属（*Hyella*）藻种，分别从湖北与台湾分离的 *Nodosilinea bijugata* 与薛生侧生藻也发现可以产 MIB（Wu et al., 1988；Wang et al., 2015b）。这些藻种部分是由于分类系统更新由颤藻目下原颤藻属/席藻属改名而来，也有一些是基于调查统计得到的结论，如 2015 年 Milovanović 等首次在鱼腥藻属及念珠藻属中检测到 MIB，但需进一步验证（Milovanović et al., 2015）。

表 4-7　其他产 MIB 藻种汇总

现用拉丁名	现用中文名	文献原名	生境	地点	参考文献
Dolichospermum smithii	—	*Anabaena smithii*	PL	韩国大田大清坝（Daecheong Dam）	（Kim et al., 2015）
Fischerella muscicola	薛生侧生藻	*Fischerella muscicola*	S	台湾某鱼塘	（Wu et al., 1988）

续表

现用拉丁名	现用中文名	文献原名	生境	地点	参考文献
Kamptonema formosum	—	*Phormidium* aff. *formosum*	B	澳大利亚上帕斯维尔水库（Upper Paskeville Dam）	（Baker et al.，2001）
Limnoraphis cryptovaginata	—	*Lyngbya cryptovaginata*	PL	加拿大马尼托巴省某盐湖	（Tabachek et al.，1976）
Lyngbya sp.	鞘丝藻	*Lyngbya* sp.	B	美国加利福尼亚州某引水渠，1991～1992 年	（Milovanović et al.，2015）
Hyella sp.	蓝枝藻	*Hyella* sp.	B	美国加利福尼亚州某引水样品，1992 年	（Milovanović et al.，2015）
Nodosilinea bijugata	—	*Leptolyngbya bijugata*	E	湖北某河流	（Wang et al.，2015b）
Synechococcus sp.	聚球藻	*Synechococcus* sp.	PL	美国加利福尼亚州	（Persson，1988）
Jaaginema geminatum	贾丝藻	*Oscillatoria geminata*	B	日本皇宫内某水体	（Tsuchiya et al.，1988）

4.1.2 MIB 的生成机制

MIB 和 geosmin 均为挥发性的萜类化合物（Izaguirre et al.，1999），分别属于单萜和倍半萜，其嗅阈值浓度为 4～16ng/L。这两种物质最初均在放线菌中发现（Gerber et al.，1965），但后来证明在大部分地表水源地中更多与蓝藻相关（Tabachek et al.，1976；Izaguirre et al.，2004）。

1981 年，由 Bentley 和 Meganathan 采用同位素标记技术针对链霉菌属开展实验研究，发现 MIB 是单萜类化合物，geosmin 是不规则的倍半萜化合物（Bentley et al.，1981）。现已在放线菌和黏细菌等原核生物中追溯到 3 条 geosmin 和 MIB 生物合成途径，包括 2-甲基赤藓糖醇-4-磷酸（2-methylerythritol-4-phosphate，MEP）途径（Seto et al.，1996）、甲羟戊酸（mevalonate，MVA）途径（Bentley et al.，1981）和 L-亮氨酸（L-leucine）途径（Dickschat et al.，2005）。可以看出，3 种途径均可生成异戊烯基焦磷酸（isopentenyl diphosphate，IPP），随后经相同路径产生 MIB 或 geosmin。

Cerber 在 1969 年就从放线菌中提取出 MIB，但其生物合成途径直至 2008 年才被揭示出来（Komatsu et al.，2008）。经上述 3 种途径生成的香叶基焦磷酸（GPP）是单萜类的前驱体，为 MIB 提供主要的碳原子架构。另外，通过碳同位素标记实验（［methyl-^{13}C］me-thionine）发现，蛋氨酸可为 GPP 甲基化生成 MIB 提供所需的甲基基团，甲基化的 GPP（methyl-GPP）是 MIB 环化酶的底物（Dickschat et al.，2007）（图 4-7）。

微生物合成 MIB 的详细机理首先在天蓝色链霉菌［*Streptomyces coeli-color* A3（2）］中

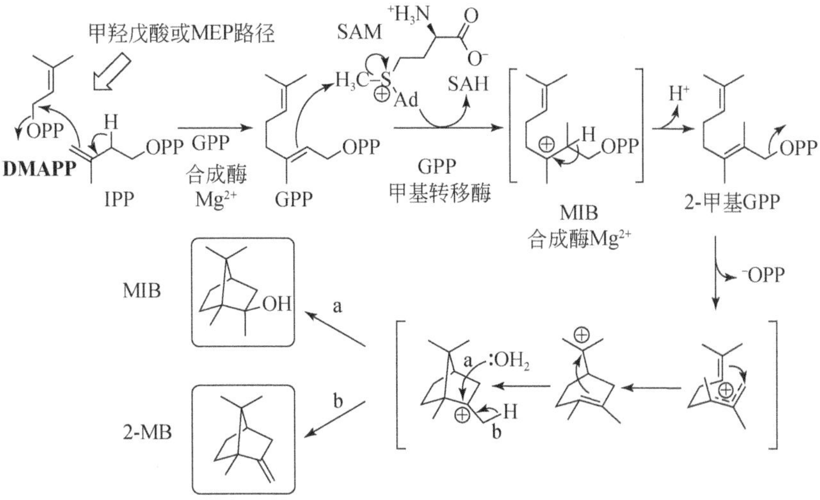

图 4-7　MIB 生物合成途径（Komatsu et al.，2008）

DMAPP 为二甲烯丙基焦磷酸；IPP 为异戊烯基焦磷酸；GPP 为牛儿基二磷酸

被揭示出来。SCO7701 蛋白质是 SAM 依赖性（SAM-dependent）甲基转移酶，该酶能够催化 GPP 甲基化生成 2-甲基 GPP（Wang et al.，2008）。之后，在 7 株放线菌中识别出了构成 MIB 合成酶操纵子的两个基因（Komatsu et al.，2008）。目前已在 2 株假鱼腥藻和 1 株拟浮丝藻中找到了负责 MIB 生物合成的两个关键酶（GPPMT 和 MIBS）基因，由此推测MIB 在蓝藻中的合成途径与放线菌基本相似（Giglio et al.，2011），并在此基础上开发出了针对部分丝状产 MIB 蓝藻［如颤藻属（Suurnäkki et al.，2015）、浮丝藻属（Suurnäkki et al.，2015）、假鱼腥藻属（Chiu et al.，2016）、拟浮丝藻属（Te et al.，2017）等］的MIB 合成酶基因的定量 PCR 方法。

4.2　典型土霉味产嗅藻及其产嗅机制——产 geosmin 藻

4.2.1　主要产 geosmin 藻

表 4-8 汇总了全球范围内由于 geosmin 导致的水体土霉味报道，共计 73 次，报道分别来自美国、澳大利亚、瑞士、俄罗斯、韩国、日本以及我国多个城市与地区。geosmin 主要由蓝藻中念珠藻目（Nostocales）、颤藻目（Oscillatoriales）与聚球藻目（Synechococcales）共计 10 个科的 21 个属产生。其中，念珠藻目藻种产 geosmin 记录次数为 29 次，颤藻目藻种记录 40 次，共占总记录的 95%。此外，聚球藻目中 4 个藻种有产geosmin 的报道记录。

表 4-8 产 geosmin 藻属汇总

目	科	属	藻种数	报道数	参考文献
念珠藻目	束丝藻科	束丝藻属	3	6	（Jüttner et al., 1986；Hayes et al., 1989a；Durrer et al., 1999；Kutovaya et al., 2014；Kim et al., 2015；Suurnäkki et al., 2015）
		长孢藻属	7	13	（Negoro et al., 1988；Persson, 1988；Bowmer et al., 1992；Izaguirre et al., 2007；Li et al., 2010；Rhew et al., 2013；Kutovaya et al., 2014；Kim et al., 2015；Wang and Li, 2015）
	眉藻科	眉藻属	1	2	（Kutovaya et al., 2014；Suurnäkki et al., 2015）
	Hapalosiphonaceae	侧生藻属	1	1	（Wu et al., 1988）
	念珠藻科	鱼腥藻属	3	4	（Persson, 1988；van der Ploeg et al., 1991；Rashash et al., 1995；Durrer et al., 1999）
		柱孢藻属	1	1	（Suurnäkki et al., 2015）
		念珠藻属	2	2	（Suurnäkki et al., 2015）
颤藻目	Coleofasciculaceae	盖丝藻属	1	4	（Tabachek et al., 1976；Persson, 1988；Sugiura et al., 1998；Kutovaya et al., 2014）
	微鞘藻科	Kamptonema	2	2	（Tabachek et al., 1976；Persson, 1988）
		微鞘藻属	1	1	（Izaguirre et al., 1995）
		浮丝藻属	4	9	（Suurnäkki et al., 2015）
		束藻属	1	1	（Tabachek et al., 1976）
		Symplocastrum	1	1	（Kikuchi et al., 1973）
		常丝藻属	1	3	（Berglind et al., 1983；Persson, 1988）
	颤藻科	鞘丝藻属	2	2	（Tabachek et al., 1976）
		颤藻属	4	10	（Tabachek et al., 1976；Persson, 1988；Durrer et al., 1999；吴忠兴等, 2008；Giglio et al., 2011；Zhong et al., 2011；Suurnäkki et al., 2015）
		席藻属	6	7	（Persson, 1988；Izaguirre et al., 1995；Sugiura et al., 1998；Kutovaya et al., 2014）
聚球藻目	腔球藻科	腔球藻属	1	1	（Godo et al., 2011）
	细鞘丝藻科	莱包藻属	1	1	（Schrader et al., 1993）
		细鞘丝藻属	1	1	（Sugiura et al., 1998）
	Prochlorotrichaceae	Nodosilinea	1	1	（Wang et al., 2015b）

这里将介绍几种常见的产 geosmin 藻属。

1. 长孢藻属

长孢藻属（*Dolichospermum*），属于蓝藻纲（Cyanophyceae）念珠藻目（Nostocales）束丝藻科（Aphanizomenonaceae），最早由 Wacklin 等（2009）采用现代分类学方法重新评估了鱼腥藻属成员后成立的新属名，主要包括原有鱼腥藻属（*Anabaena*）中具有气囊的浮游种。根据 Algaebase 网站中的描述，该属目前收录了 50 个藻种，其中 46 个种名已经成为标准现用名。该属的形态特征为单一丝状体或形成特殊群体，自由漂浮，藻丝体为黄绿色或浅绿色，呈线性或稍微弯曲或不规则螺旋形弯曲，藻丝等宽或末端稍细，有的具有胶鞘。营养细胞具有气囊，为球形、扁球形或桶形，细胞横壁处收缢。异形细胞为球形、近球形或卵形。孢子为球形、近球形、桶形、柱形或肾形，一个或几个成串，紧靠异形细胞或位于异形细胞之间。该属主要生活在湖泊、河流、池塘等各种淡水水体中。由于其具有气囊，可以调节细胞的浮力从而水体中上下自由移动获取光源。在条件适宜的时候（多为夏秋季节），长孢藻属可以大量繁殖，并聚集在水面上形成水华，同时向水体中释放各种藻毒素和致嗅物质（杨丽等，2009）。图 4-8 为显微镜下实景照片。

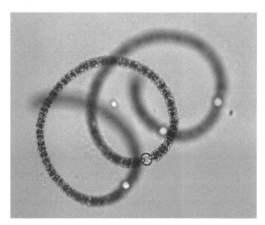

图 4-8　显微镜下长孢藻属照片（2017 年拍摄自天津于桥水库样品）

关于长孢藻属产 geosmin 的报道和记录非常多，如表 4-9 所示。其中卷曲长孢藻（*Dolichospermum circinale*）（Bowmer et al., 1992；Izaguirre et al., 2007；Li et al., 2012；Keonhee et al., 2014；Tsao et al., 2014）、*Dolichospermum crassum*（Keonhee et al., 2014；Kutovaya et al., 2014）、雷万长孢藻（*Dolichospermum macrosporum*）（Miwa et al., 1988；Negoro et al., 1988；Nakashima et al., 1992；Kim et al., 2015）、乌克兰长孢藻（*Dolichospermum mucosum*）（Kutovaya et al., 2014；Wang and Li, 2015；Wang et al., 2015a）与螺旋长孢藻（*Dolichospermum spiroides*）（Li et al., 2010；于建伟等，2011；Rhew et al., 2013）均有多次报道。卷曲长孢藻（*Dolichospermum circnale*）主要在澳大利亚的多个水源地中检出，也给当地饮用水带来较大影响；2000 年 5 月在美国加利福尼亚州的钻石谷湖也发现该藻种产 geosmin。在我国秦皇岛洋河水库以及韩国北汉河，检测到了螺旋长孢藻（*Dolichospermum spiroides*），该藻种 2007 年导致洋河水库水体中 geosmin 高达 7000ng/L，

水厂不得不采取应急水处理措施（Li et al., 2010）；乌克兰长孢藻（*Dolichospermum mucosum*）在我国云南滇池以及日本相模湖有产 geosmin 的报道记录（Kutovaya et al., 2014；Wang and Li, 2015；Wang et al., 2015a），雷万长孢藻（*Dolichospermum macrosporum*）主要在日本琵琶湖与韩国大田大清坝水库检出（Miwa et al., 1988；Negoro et al., 1988；Nakashima et al., 1992；Kim et al., 2015）。

表 4-9　长孢藻属中产 geosmin 藻种汇总

现用拉丁名	现用中文名	文献原名	生境	地点	参考文献
Dolichospermum circinale	卷曲长孢藻	*Anabaena circinalis* (*MDFRC 852E*)	PL	澳大利亚马兰比吉河（Murrumbidgee River），1990 年	（Bowmer et al., 1992）
		Anabaena circinalis	PL	美国加利福尼亚州钻石谷湖，2000 年 5 月	（Izaguirre et al., 2007）
		Anabaena circinalis	PL	韩国北汉河	（Keonhee et al., 2014）
		Anabaena circinalis (*AWQC ANA318*)	PL	澳大利亚密彭佳水库	（Li et al., 2012；Tsao et al., 2014）
Dolichospermum crassum	—	*Anabaena crassa*	PL	韩国北汉河	（Keonhee et al., 2014）
		Anabaena lemmermannii	PL	加拿大安大略湖（Ontario Lake）	（Gill, 2006）
		Anabaena lemmermannii GI CA799	PL	美国卡斯塔奇湖，1991 年	（Kutovaya et al., 2014）
		Anabaena lemmermannii LO 006-02	PL	加拿大安大略湖西区，2006 年	（Kutovaya et al., 2014）
Dolichospermum mucosum	乌克兰长孢藻	*Anabaena ucrainica NIES 825*	PL	日本相模湖（Lake Sagami Kanagaea），1991 年	（Kutovaya et al., 2014）
		Anabaena ucrainica NIES 826	PL	日本相模湖，1991 年	（Kutovaya et al., 2014）
		Anabaena ucrainica CHAB 1432	PL	云南滇池	（Wang and Li, 2015）
		Anabaena ucrainica CHAB 2155	PL	云南滇池	（Wang et al., 2015a）
Dolichospermum macrosporum	雷万长孢藻	*Anabaena macrospora*	PL	韩国大田大清坝	（Miwa et al., 1988；Kim et al., 2015）
			PL	日本琵琶湖	（Miwa et al., 1988）
			PL	日本琵琶湖	（Nakashima et al., 1992）
			PL	日本琵琶湖	（Negoro et al., 1988）

续表

现用拉丁名	现用中文名	文献原名	生境	地点	参考文献
Dolichospermum spiroides	螺旋长孢藻	*Anabaena spiroides*	PL	秦皇岛洋河水库	（Li et al., 2010）
			PL	韩国北汉河	（Rhew et al., 2013）
			PL	秦皇岛洋河水库	（于建伟等，2011）
Dolichospermum solitarium	单生长孢藻	*Anabaena solitaria*	PL	日本东京	（Persson，1988）
Dolichospermum sp.	长孢藻	*Anabaena* sp. *SAG 28. 79*	PL	巴基斯坦某土壤样品，1978 年	（Kutovaya et al., 2014）

2. 鱼腥藻属

鱼腥藻属（*Anabaena*），属于蓝藻纲（Cyanophyceae）念珠藻目（Nostocales）念珠藻科（Nostocaceae），是最早由 Bory 在 1822 年以类颤鱼腥藻（*Anabaena oscillatorides* Bory）为模式种创建的含异形细胞的一种丝状蓝藻。直到 2009 年之前，该属收录近 336 个种（https://www. algaebase. org/）。如前所述，Wacklin 等（Wacklin et al., 2009）采用现代分类学方法将浮游型的鱼腥藻移出成立新属长孢藻（*Dolichospermum*），目前主要保留了附着生长的藻种，在 Algaebase 网站中汇总了 151 个现已公认的藻种。该属与长孢藻属描述基本相同，主要区别是鱼腥藻属不具有气囊。

鱼腥藻属原本是 geosmin 的最主要产生来源，由于分类系统改名，导致大量产 geosmin 的鱼腥藻种归入长孢藻属。目前基于文献共发现有 4 次报道（表4-10），但其中有 1 个未定种（Persson，1988），可能为浮游型鱼腥藻种即长孢藻。其他产 geosmin 鱼腥藻种分别为柔细鱼腥藻（*Anabaena gracilis*）（Durrer et al., 1999）与 *Anabaena laxa*（Rashash et al., 1995），其报道主要来自德国与美国。

表 4-10 鱼腥藻属中产 geosmin 藻种汇总

现用拉丁名	现用中文名	文献原名	生境	地点	参考文献
Anabaena gracilis	柔细鱼腥藻	*Anabaena gracile SAG 31. 79*	B	德国某藻种库	（Durrer et al., 1999）
Anabaena laxa	—	*Anabaena laxa*	B	美国加利福尼亚州	（Rashash et al., 1995）
Anabaena sp.	鱼腥藻	*Anabaena* sp.	PL/B	美国加利福尼亚州	（Persson，1988）
			B	美国阿拉巴马州某鱼塘	（van der Ploeg et al., 1991）

3. 席藻属

席藻属（*Phormidium*）不仅可以产生 MIB，也是 geosmin 的主要来源。目前，国际上已有 12 次报道；其中，*Phormidium breve*（Persson，1988；Naes et al., 1988，1989；

Nakashima and Yagi，1992；Utkilen and Frøshaug，1992）有 5 次报道，*Phormidium allorgei*（Sugiura et al.，1998）、*Phormidium inundatum*（Persson，1988）、*Phormidium uncinatum*（Sugiura et al.，1998）与 *Phormidium viscosum*（Sugiura et al.，1998）均有过 1 次报道（表 4-11），主要来自日本（相模湖）、挪威、美国加利福尼亚州。此外，还有两个未定种席藻分别分离自美国银木湖与马修斯湖，均具有产 geosmin 潜力。其中，*Phormidium breve*（Persson，1988）与 *Phormidium calcicola*（Rashash et al.，1995）可同时产生 MIB与 geosmin。

表 4-11　席藻属中产 geosmin 藻种汇总

现用拉丁名	现用中文名	文献原名	生境	地点	参考文献
Phormidium breve	—	*Oscillatoria brevis* NIVA CYA 7	B	模拟实验样品	（Naes et al.，1988，1989；Nakashima et al.，1992）
			B	挪威某藻种库	（Persson，1988）
			B	挪威某水体	（Utkilen et al.，1992）
Phormidium inundatum	—	*Phormidium inundatum*	B	美国加利福尼亚州	（Persson，1988）
Phormidium calcicola	—	*Phormidium calcicola*	B	美国加利福尼亚州	（Rashash et al.，1995）
Phormidium allorgei	—	*Lyngbya allorgei*	B	日本相模湖	（Sugiura et al.，1998）
Phormidium uncinatum	—	*Phormidium uncinatum*	B	日本相模湖	（Sugiura et al.，1998）
Phormidium viscosum	—	*Phormidium viscosum*	B	日本相模湖	（Sugiura et al.，1998）
Phormidium sp.	席藻	*Phormidium* sp.	B	美国银木湖	（Izaguirre et al.，1995）
		Phormidium LM788	B	美国马修斯湖，1998 年	（Kutovaya et al.，2014）

4. 浮丝藻属

浮丝藻属（*Planktothrix*）除了可产 MIB 外，也可代谢产生 geosmin。目前共有 9 次报道，其中阿氏浮丝藻（*Planktothrix agardhii*）（Tabachek et al.，1976；Berglind et al.，1983；Durrer et al.，1999）为报道最多的藻种，共计 4 次，包括挪威与加拿大（马尼托巴省的盐湖）都有报道（表 4-12）；*Planktothrix mougeotii*（Durrer et al.，1999）与 *Planktothrix prolifica*（Tabachek et al.，1976）各有 1 次报道，同样来自上述两地。此外，有 3 个未定种的浮丝藻导致的水体 geosmin 嗅味问题，包括美加边界五大湖区（Kutovaya et al.，2014）与芬兰的某淡水水体及水池中。Suurnäkki 等通过分子生物学发现从芬兰水池分离得到的浮丝藻能同时产 MIB 与 geosmin（Suurnäkki et al.，2015）。

表 4-12 浮丝藻属中产 geosmin 藻种汇总

现用拉丁名	现用中文名	文献原名	生境	地点	参考文献
Planktothrix agardhii	阿氏浮丝藻	*Oscillatoria agardhii NIVA CYA 12 &18*	PL	挪威 Lake Steinsfjorden, 1978 年	(Berglind et al., 1983)
		Oscillatoria agardhii Gom. CYA 12	PL	挪威 Lake Arungen, 1965 年	(Berglind et al., 1983)
		Planktothrix agardhii NIVA-CYA 12	PL	挪威某藻种库	(Durrer et al., 1999)
		Oscillatoria agardhii (strain specific VOC production)	PL	加拿大马尼托巴省的盐湖	(Tabachek et al., 1976)
Planktothrix mougeotii	*Planktothrix mougeotii*	*Planktothrix mougeotii NIVA-CYA 88*	PL	挪威某藻种库	(Durrer et al., 1999)
Planktothrix prolifica	*Planktothrix prolifica*	*Oscillatoria prolific*	B	加拿大马尼托巴省的盐湖	(Tabachek et al., 1976)
Planktothrix sp.	浮丝藻	*Planktothrix EC LE 011-05*	PL	美国 Lake Erie, 2011 年	(Kutovaya et al., 2014)
		Planktothrix sp. 18	PL	芬兰某淡水水体	(Suurnäkki et al., 2015)
		Planktothrix sp. 328	PL	芬兰某水池	(Suurnäkki et al., 2015)

5. 颤藻属

颤藻属（*Oscillatoria*）同样具备同时产 MIB 和 geosmin 的能力。目前，关于颤藻属产 geosmin 的报道共有 10 次（表 4-13），已知至少有 3 个藻种可产 geosmin，包括泥生颤藻（*Oscillatoria limosa*）（Durrer et al., 1999；Giglio et al., 2011），相关报道来自瑞士 Lake Constance、加拿大 Great Lake 以及美国加利福尼亚州。此外，还有报道发现了某些未定种颤藻具有产 geosmin 能力。

表 4-13 颤藻属中产 geosmin 藻种汇总

现用拉丁名	现用中文名	文献原名	生境	地点	参考文献
Oscillatoria limosa	泥生颤藻	*Oscillatoria limosa Lim. Station*	B	瑞士 Lake Constance	(Durrer et al., 1999)
		Oscillatoria limosa LBD 305b	B	加拿大 Great Lake	(Giglio et al., 2011)

现用拉丁名	现用中文名	文献原名	生境	地点	参考文献
Oscillatoria simplicissima	*Oscillatoria simplicissima*	*Oscillatoria simplicissima*	B	美国加利福尼亚州	（Persson，1988）
Oscillatoria tenuis	纤细颤藻	*Oscillatoria tenuis*	B	加拿大马尼托巴省某盐湖	（Tabachek et al.，1976）
Oscillatoria sp.	颤藻	*Oscillatoria* sp.	B/PL	澳大利亚密彭佳水库，Murray 河	（Hayes and Burch，1989a）
		Oscillatoria sp.		美国加利福尼亚州	（Persson，1988）
		Oscillatoria sp. 193	B	芬兰某淡水水体	（Suurnäkki et al.，2015）
		Oscillatoria sp. 327/2	B	芬兰某淡水水体	（Suurnäkki et al.，2015）
		Oscillatoria sp. PCC 6506	B	芬兰	（Suurnäkki et al.，2015）
		Oscillatoria sp.	B	武汉某鱼塘	（Zhong et al.，2011）

6. 束丝藻属

束丝藻属（*Aphanizomenon*），属于蓝藻纲（Cyanophyceae）念珠藻目（Nostocales）束丝藻科（Aphanizomenonaceae），是一种在淡水生活的浮游丝状藻类，是除微囊藻之外的又一类常见优势种群，在国内外很多富营养化水体中都有报道（Adelman et al.，1982；Dias et al.，2002；Cirés et al.，2016）。束丝藻属藻丝单生、直或略弯曲，具气囊，能自由漂浮；每根藻丝通常 1~3 个异形细胞，异形细胞卵形、圆柱状，有时球形（吴忠兴等，2009，2012）。该属目前收录 19 个种，此外还有 12 种为曾用名，现已基于新分类系统移出束丝藻属。水华束丝藻（*Aphanizomenon flos-aquae*）、柔细束丝藻（*Aphanizomenon gracile*）和依沙束丝藻是我国淡水水体常见的三种束丝藻种类（吴忠兴等，2012）。

有关束丝藻属产 geosmin 的报道共有 6 次（表 4-14），包括 2 个藻种和 1 个未定种。其中，水华束丝藻（*Aphanizomenon flos-aquae*）（Hayes et al.，1989a；Durrer et al.，1999；Kim et al.，2015）共有 3 次报道，来自捷克、澳大利亚密彭佳水库与韩国大田大清坝水库；柔细束丝藻（*Aphanizomenon gracile*）（Jüttner et al.，1986；Kutovaya et al.，2014）共有 2 次报道，分别来自德国 Federsee 湖与 Plußsee 湖。此外，还有一株分离自芬兰某淡水水体中的未定种（Suurnäkki et al.，2015）。

表 4-14　束丝藻属中产 geosmin 藻种汇总

现用拉丁名	现用中文名	文献原名	生境	位置	参考文献
Aphanizomenon flos-aquae	水华束丝藻	Aphanizomenon flos-aquae CCAO FBA 218	PL	捷克藻种库	（Durrer et al., 1999）
		Aphanizomenon flos-aquae	PL	澳大利亚密彭佳水库，Murray 河	（Hayes et al., 1989a）
		Aphanizomenon flos-aquae	PL	韩国大田大清坝水库	（Kim et al., 2015）
Aphanizomenon gracile	柔细束丝藻	Aphanizomenon gracile	PL	德国 Federsee 湖	（Jüttner et al., 1986）
	柔细束丝藻	Aphanizomenon gracile SAG 31-79	PL	德国 Plußsee 湖，1982 年	（Kutovaya et al., 2014）
Aphanizomenon sp.	束丝藻属	Aphanizomenon PMC9501	PL	芬兰淡水	（Suurnäkki et al., 2015）

4.2.2　geosmin 的生成机制

针对 geosmin 的合成途径研究相对较早，发现不同微生物的生物合成途径存在差异。早期针对链霉菌中 geosmin 生物合成途径的研究较多，发现链霉菌在对数生长时主要使用 MEP 途径，而在稳定生长期时更倾向使用 MVA 途径（Seto et al., 1996）。后来的研究发现 geosmin 更容易由 MEP 途径产生（Seto et al., 1998），是许多细菌生物合成 geosmin 和 MIB 的主要途径（Rodríguez-concepción et al., 2002）。对古菌的研究发现，*Caldariella acidophilus* 和 *Halobacterium cutirubrum* 可产合成 geosmin 的前体物类异戊二烯，但至今尚未发现产 geosmin 的古菌物种（Lange et al., 2000）。有研究发现黏细菌——黄色黏球菌（*Myxococcus xanthus*）和橘色标记菌（*Stigmatella aurantica*）除主要使用 MVA 途径合成类异戊二烯及 geosmin 外，还存在由 L-亮氨酸开始的辅助途径（Dickschat et al., 2005）。已经在蓝藻模式生物集胞藻（*Synechocystis* sp. strain PCC6803）中发现编码 MEP 途径的基因（*dxs*、*dxr*、*mect*、*cmek* 与 *mecs*）（Kuzuyama, 2002）。

近 20 年来，得益于分子生物学方法的快速发展，针对蓝藻及放线菌中 geosmin 与 MIB 的生物合成机制有了更加深入的认识。法呢焦磷酸（farnesyl diphosphate，FPP，C_{15}）是环状倍半萜烯的直接前体物（Jüttner et al., 2007），也是 geosmin 合成途径中区别于 MIB 的特异性步骤（图 4-9），相关研究较多。2003 年，两个独立的研究同时从天蓝链霉菌中挖掘出决定 geosmin 生物合成的倍半萜烯合成酶基因——*SCO6073*（*cyc2*），发现 geosmin 合成酶是一个含有两个结构域的蛋白质（Gust et al., 2003）。2006 年 Cane 的研究团队在后续研究中首次发现，geosmin 不是之前所认为的一种多步合成反应的产物，而是由 *SCO6073* 基因编码的一种具有两种不同功能的合成酶直接催化 FPP 转化而来，在该合成酶的 N-末端和 C-末端分别存在两个独立的功能活性位点，即 N-末端活性位点负责 geosmin

合成反应的前半部分——FPP 向菌酸烯（germacradienol）的转变，之后，所产生的菌酸烯会被传送到 C-末端活性位点，从而完成 geosmin 的合成（Cane et al., 2006）（图 4-9）。由 FPP 形成 geosmin 的生物合成过程可看出，线状的合成前体 FPP 是先经由环化反应生成环状的中间体菌酸烯，再经由分裂–重排反应才生成环状的最终产物 geosmin。

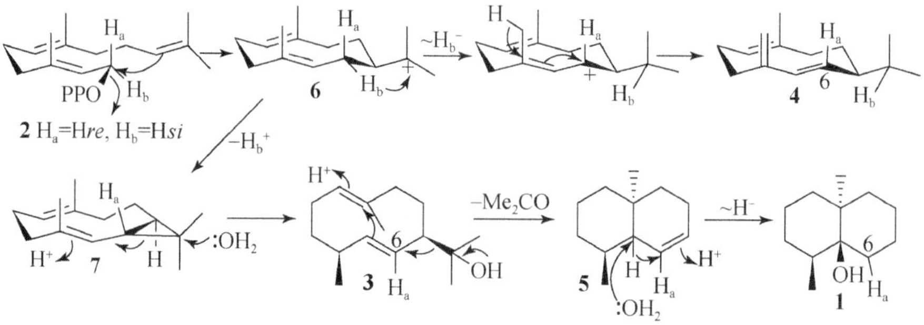

图 4-9　法呢焦磷酸（FPP, 2）形成 geosmin（1）的环化机制，germacradienol（3），germacrene D（4）与 octalin（5）

在以上工作的基础上，研究者逐渐将研究重心转向蓝藻，Ludwig 等在水源水库分离的丝状蓝藻席藻（*Phormidium* sp.）中找到了与链霉菌属 geosmin 合成基因 *SCO6073*（*cyc2*）和 *SAV2163*（*GeoA*）高度相似的基因 *GeoA1* 和 *GeoA2*，并发现 *GeoA1* 与 *GeoA2* 共同构成一个操纵子（Ludwig et al., 2007）。2008 年 Giglio 等在另一株模式蓝藻念珠藻（*Nostoc punctiforme PCC 73102*）中发现了长为 1893bp 的 *npun02003620* 基因片段，与 *SCO6073*（*cyc2*）及 *SAV2163*（*GeoA*）基因片段的 DNA 序列有较高的相似度（Giglio et al., 2008）。这表明蓝藻中 FPP 向 geosmin 转化的生物合成过程可能与放线菌相似。

4.3　典型鱼腥味产嗅藻生长及产嗅特征

4.3.1　鱼腥味问题及主要产嗅藻类

饮用水中的鱼腥味问题主要是与水源水中一些低温藻类的大量生长有关。如早期报道的美国密西根湖早春季节的鱼腥味事件，主要是与针杆藻有关（Persson, 1983）；加拿大 Glenmore 湖 1999～2000 年冬季冰封期产生强烈的鱼腥味，与锥囊藻的暴发有关（Watson et al., 2001）；日本琵琶湖 1977～1994 年多次产生的鱼腥味问题，可能是由辐尾藻引起（须藤隆一，2004）；我国呼和浩特市金海水库 2011～2012 年冬季的鱼腥味问题主要与锥囊藻、小环藻和直链藻有关（Zhao et al., 2013）。目前记录可以产生鱼腥味的藻类主要来自 3 个藻门，包括金藻门、隐藻门与硅藻门（表 4-15）。

表 4-15　主要产鱼腥味藻类汇总

门	藻属	拉丁名	参考文献
金藻门	锥囊藻属	*Dinobryon*	（Rashash，1995）
	黄群藻属	*Synura*	（Jüttner，1981；Hayes et al.，1989b；Schroeder et al.，2009）
	辐尾藻属	*Uroglena*	（须藤隆一，2004）
	棕鞭藻属	*Ochromonas*	（Herrmann et al.，1977；Remias et al.，2013）
	鱼鳞藻属	*Mallomonas*	（Watson，2010）
	Poterioochromonas 属	*Poterioochromonas*	（Watson，2010）
隐藻门	隐藻属	*Cryptomonas*	（Watson，2010）
硅藻门	针杆藻属	*Synedra*	（Li et al.，2016）
	星杆藻属	*Asterionella*	（Li et al.，2016）
	直链藻属	*Melosira*	（Li et al.，2016）
	小环藻属	*Cyclotella*	（Li et al.，2016）
	脆杆藻属	*Fragilaria*	（Wendel et al.，1996）

1. 金藻门

金藻是自然水体中较为特殊的浮游生物，由于一些种类具有色素体或者具有特殊的同化产物（如金藻昆布糖），反映出某些植物性营养的特征；另外，多数金藻具有两条鞭毛，能够运动，有些种类没有叶绿体，营专性异养生活；还有些金藻的营养方式随环境条件的变化而变化，既可自养生长又可异养生长，属于混合营养生物。金藻大多数生长在温度较低的清洁水体中，常在冬季、早春和晚秋生长旺盛，使水体产生鱼腥味，较为常见的有锥囊藻和黄群藻（胡鸿钧等，2006）。

锥囊藻（*Dinobryon*）是一种兼性营养的藻类，细胞形态如图 4-10 所示，既能通过光合作用进行自养，也能通过捕食细菌进行异养，因此锥囊藻能够适应贫营养的条件成为优势藻种（Caron et al.，1993；Unrein et al.，2010）。如在贫营养湖 Derbent 水库中，一年四季中锥囊藻都是该水库的优势藻种，占到总生物量的 47%～88%（Tas et al.，2010）。锥囊藻在低温冰封期也会大量生长，Watson 等报道加拿大 Glenmore 湖在 1999～2000 年冰封期严重的鱼腥味问题主要是由于锥囊藻释放的 2,4-庚二烯醛（2,4-heptadienal）、2,4-癸二烯醛（2,4-decadienal）和 2,4,7-癸三烯醛（2,4,7-decatrienal）引起的（Watson et al.，2001）。我国内蒙古金海水库冬季冰封期，也曾出现因为锥囊藻大量生长引起的鱼腥味问题（Zhao et al.，2013）。文献记录的可以产生鱼腥味的锥囊藻有两种 *Dinobryon cylindricum* 和 *Dinobryon divergens*。Rashash（1995）对 *Dinobryon cylindricum* 的产嗅规律进行了研究，发现 *Dinobryon cylindricum* 产生的嗅味物质主要为 2,4,7-癸三烯醛，并且在生长期内大部分嗅味物质是留在细胞内的。

黄群藻（*Synura*）细胞形态如图 4-11 所示，其大量生长可引起水华，但相较于蓝藻

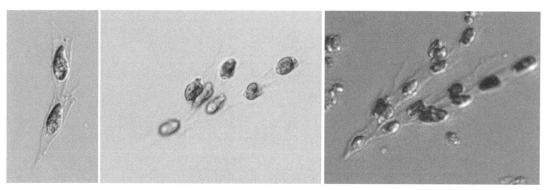

图 4-10　锥囊藻属形态特征

图片来源于研究组镜检：2016～2017 年呼和浩特市金海调蓄水库

要少见，且常发生于晚秋和初冬比较寒冷的月份（Hayes et al.，1989），较常见的为 *Synura petersenii* 和 *Synura uvella* 两种藻。黄群藻可产生强烈的嗅味，每毫升中 5～10 个藻细胞聚集体就能够产生可以感知的嗅味，主要以黄瓜味和鱼腥味为主，引起嗅味的物质主要为 2,6-壬二烯醛（2,6-nonadienal）、2,4-庚二烯醛、2,4-癸二烯醛和 2,4,7-癸三烯醛，其中，2,6-壬二烯醛为 *Synura petersenii* 的特征产物（Jüttner，1981；Hayes et al.，1989b；Schroeder et al.，2009）。Rashash（1995）对 *Synura petersenii* 的产嗅规律进行了研究，发现 *Synura petersenii* 在初始培养阶段显示的是"甜瓜味–黄瓜味"（2,6-壬二烯醛），但后期主要以"鱼腥味"（2,4,7-癸三烯醛）为主。

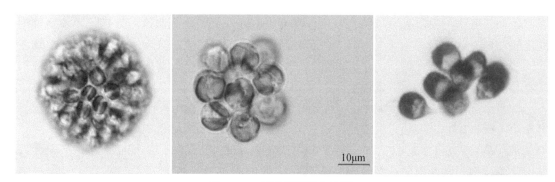

图 4-11　黄群藻属形态特征

图片来源于研究组镜检：2016～2017 年呼和浩特市金海调蓄水库

除锥囊藻和黄群藻外，也有其他类金藻被报道可以产生鱼腥味，如对日本琵琶湖的多次调查发现，湖水中的鱼腥味可能是由美国辐尾藻（*Uroglena americana*，图 4-12）代谢产生的 2,4-庚二烯醛、2,4-癸二烯醛引起的（须藤隆一，2004）。有研究显示棕鞭藻（*Ochromonas danica*，图 4-13）可以产生乙醇胺和三甲胺，引发水体中的鱼腥味，一些棕鞭藻类还可以在雪融地区生存，形成黄色的泥浆雪，并在干后产生强烈的鱼腥味（Herrmann et al.，1977；Remias et al.，2013）。此外，金藻门中的鱼鳞藻属（*Mallomonas papillosa*，图 4-14）和 *Poterioochromonas* 属（*Poterioochromonas malhamensis*）（图 4-15）也有报道能够产生鱼腥味，引起鱼腥味的物质主要为 2,4- 癸二烯醛和 2,4,7- 癸三烯醛（Watson，2010）。

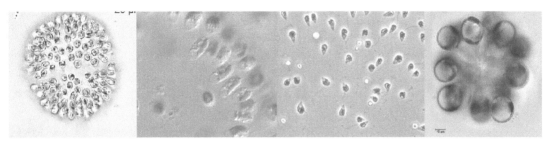

图 4-12　辐尾藻属形态特征

图片来源：https://www.algaebase.org/

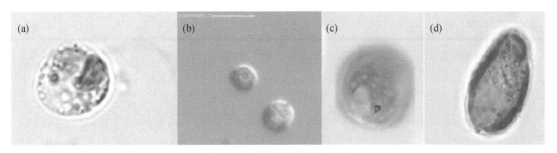

图 4-13　棕鞭藻属形态特征

图片来源：（a）研究组镜检——2017 年呼和浩特市金海调蓄水库；（b）CCAP 网站；（c）、（d）www.algaebase.org

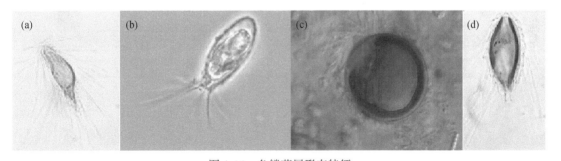

图 4-14　鱼鳞藻属形态特征

图片来源：（a）研究组镜检——2016 年南水北调河北段；（b）～（d）www.algaebase.org

2. 隐藻门

隐藻也是一种兼性营养的藻类，但以光合自养为主，吞噬营养为辅（Jansson et al.，1996），可以产生鱼腥味的主要是隐藻属（*Cryptomonas*，图 4-16）。虽然隐藻以光合自养为主，但在冰封期的低光照水体中仍能大量繁殖，如欧洲冬季藻类生长调查中发现，在冰雪覆盖期藻类生长以隐藻与冠盘藻为主。在波兰的三个中营养湖库冬季薄冰覆盖时藻类最高浓度可以达到 5×10^6 cells/L，优势藻种主要以鞭毛藻为主，包括隐藻门中的隐藻属，金

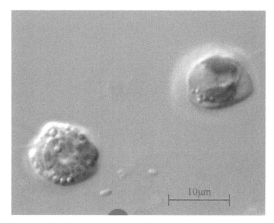

图 4-15　*Poterioochromonas* 属形态特征
图片来源：CCAP 网站

藻门中的鱼鳞藻属和锥囊藻属（Pasztaleniec et al., 2008）。由于隐藻具有鞭毛，能够游动，多分布在水体上层，因此能够更好地利用冰层下方的光照资源，随着冰封时间的增加，隐藻会更加具有竞争优势，逐渐成为优势藻种。此外，有研究对我国引黄水库在冬季低温期的鱼腥味问题进行了调查，发现银川水库的鱼腥味是由包括隐藻在内的多种藻类共同引起的（Li et al., 2016）。文献记录的可以产生鱼腥味的隐藻有 *Cryptomonas ovata* 和 *Cryptomonas rostratiformis* 两种，引发鱼腥味的物质可能为戊醛（pentanal）、庚醛（heptanal）和 2,4-癸二烯醛（Watson, 2010）。

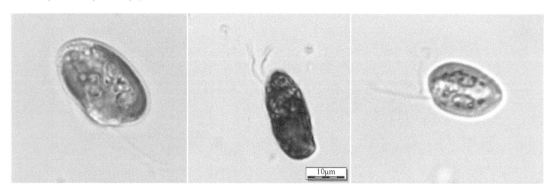

图 4-16　隐藻属形态特征
图片来源于研究组镜检：2016～2017 年呼和浩特市金海调蓄水库

3. 硅藻门

硅藻能够适应低温低光照条件，从而在春秋季节大量生长，如 1983 年密歇根湖春秋雨季发生的鱼腥味事件主要是由硅藻门的针杆藻（*Synedra*，图 4-17）引起的（Persson, 1983）。我国银川、呼和浩特、郑州、东营、济南等地的引黄水库在冬季低温期产生的鱼腥味问题，可能与针杆藻属、星杆藻属（*Asterionella*，图 4-18）、直链藻属（*Melosira*，

图 4-19）和小环藻属（*Cyclotella*，图 4-20）有关（Li et al., 2016）。Wendel 等（1996）研究发现直链藻属和脆杆藻属（*Fragilaria*）产生的鱼腥味物质主要为 2,4,7-癸三烯醛、2,4-庚二烯醛、2,4-辛二烯醛（2,4-octadienal）等。

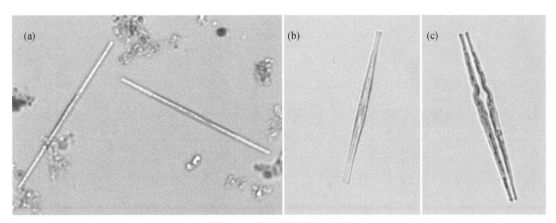

图 4-17　针杆藻属形态特征

图片来源于研究组镜检：（a）、（b）2016~2017 年呼和浩特市金海调蓄水库；（c）2017 年银川水洞沟水库

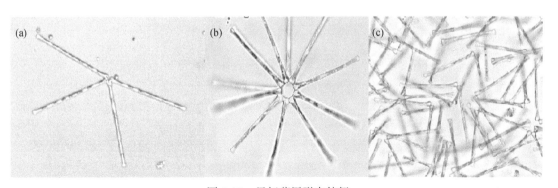

图 4-18　星杆藻属形态特征

图片来源：（a）研究组镜检——2016 年呼和浩特市金海调蓄水库；（b）、（c）www.algaebase.org

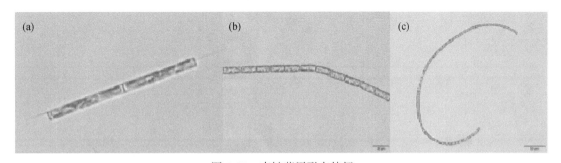

图 4-19　直链藻属形态特征

图片来源于研究组镜检：（a）、（b）2017 年呼和浩特市金海调蓄水库；（c）2017 年银川水洞沟水库

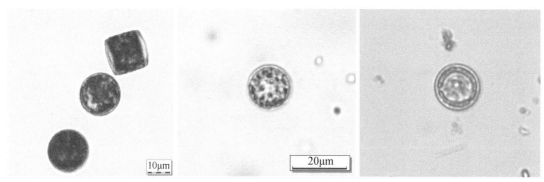

图 4-20　小环藻属形态特征

图片来源于研究组镜检：2016～2017 年呼和浩特市金海调蓄水库

4. 其他藻类

除金藻、隐藻和硅藻外，一些附着性生长的藻类，如定鞭金藻的过度生长，也会产生鱼腥味问题。此外，甲藻门、绿藻门也有产生鱼腥味的报道，但相关研究较少，藻类产生的鱼腥味物质也并不明确（Watson，2010）。

4.3.2　实际水体中鱼腥味产生原因与机制解析

近年来，我国北方多个城市中的引黄水库冬季频繁出现鱼腥味问题，严重影响了饮用水品质。这里以呼和浩特市金海调蓄水库为例，结合实际水体调查、藻种分离及致嗅物质识别等方面解析鱼腥味的产生原因与机制（赵云云，2013；李霞，2015；刘婷婷，2019）。

图 4-21 为在该水库冬季嗅味发生期间分离得到的潜在产嗅藻，涵盖金藻、硅藻、甲

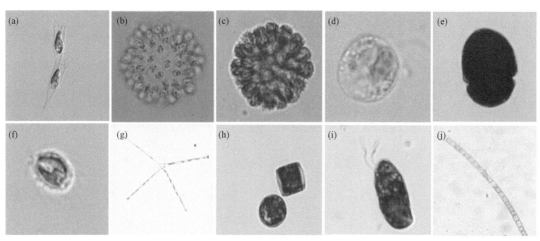

图 4-21　分离产嗅藻

（a）锥囊藻；（b）辐尾藻；（c）黄群藻；（d）棕鞭藻；（e）多甲藻；（f）鱼鳞藻；

（g）星杆藻；（h）小环藻；（i）隐藻；（j）直链藻。图片来源：研究组镜检

藻和隐藻四个门，包括锥囊藻、辐尾藻、黄群藻、棕鞭藻、多甲藻、鱼鳞藻、星杆藻、小环藻、隐藻和直链藻等十个属种，这些藻类均与鱼腥味相关（Wendel et al.，1996；Watson，2010；Li et al.，2016）。

前 5 个藻种在实验室培养后筛查到了鱼腥味物质，并用 FPA 法对藻类培养液的主要嗅味特征进行了评价，结果如表 4-16 所示。可以看出，分离藻产生的嗅味类型主要分为两类，分别为鱼腥味/草腥味和腐臭味/腐败沼泽味。其中，锥囊藻、辐尾藻、黄群藻和棕鞭藻显示出较强的鱼腥味/草腥味（FPA = 6 ~ 10）。多甲藻则没有明显的鱼腥味，只产生较弱的草木味/咸味，可能是因为在培养过程中藻类密度一直保持在较低的水平（2.5×10^5 cells/L）。文献中显示多甲藻在密度较低时产生的嗅味类型为黄瓜味/草味，密度较高时则显示为鱼腥味（Li et al.，2016）。此外，鱼鳞藻、星杆藻、小环藻和隐藻在培养过程中都没有明显的鱼腥味，即使藻密度达到较高的水平（$>1 \times 10^7$ cells/L）。直链藻的嗅味类型与上述两种嗅味类型不同，介于草味和海藻腥味之间，还有明显的橡胶味。

表 4-16 分离藻的嗅味类型及强度

藻	嗅味类型	嗅味强度（FPA）
锥囊藻	鱼腥味、草腥味、腐臭味	6 ~ 10
辐尾藻	鱼腥味、草腥味、腐臭味	6 ~ 8
黄群藻	鱼腥味、草腥味、腐臭味	6 ~ 8
棕鞭藻	鱼腥味、草腥味、腐臭味	4 ~ 6
多甲藻	草木味、咸味	4
鱼鳞藻	草味、腐败味、咸味	4
小环藻	青草味、咸味	4 ~ 6
直链藻	青草味/海藻味、橡胶	6 ~ 8
星杆藻	草味、咸味、腐臭味	4
隐藻	草木味、腐败味、咸味	4 ~ 6

选取对数生长期后期的藻类培养液，采用感官气相色谱质谱（GC-O-MS）方法对 10 种产嗅藻的嗅味组成特征及对应的嗅味物质进行分析，结果显示几种藻类的嗅味峰组成相似，嗅味峰表征的嗅味类型主要包括鱼腥/鱼肝油/油脂味、青草/草腥味、水果味/花香味、药味/土霉味、油漆/汽油味/塑料味、烟味等。通过对这些嗅味峰进行解析，发现嗅味物质主要是由一些醛/酮/醇类的物质组成。其中，产生鱼腥/鱼肝油/油脂味的物质主要是一些多元不饱和烯醛类物质（PUAs），包括 2,4-庚二烯醛、2-辛烯醛（2-octenal）、2,4-辛二烯醛、2,4-癸二烯醛、2,4,7-癸三烯醛等；引起青草/草腥味的主要为己醛、庚醛、1-庚醇（1-heptanol）、2-壬烯醛（2-nonenal）等；水果味/花香味主要与 4-壬烯醛、壬醛（nonanal）、3,5-辛二烯-2-酮（3,5-octadien-2-one）和 1-十一醇（1-undecanol）有关；药味和土霉味则分别与 4-乙基苯甲醛（4-ethyl-benzaldehyde）和 MIB 有关；烟味可能由 1-（2-羟基苯基）-乙酮和 2,4-二甲基环己醇产生；油漆/汽油味/塑料味可能由 1,3,3-三甲基-二环［2.2.1］庚-2-酮产生。虽然这些藻类的嗅味类型组成没有明显差异，但是由

表4-16可知，这些藻的整体嗅味特征不同，主要是由于不同藻的嗅味物质产量不同，导致综合嗅味类型差异较大。

在实验室培养条件下，锥囊藻、辐尾藻、黄群藻、棕鞭藻和多甲藻这5株产嗅藻生长较慢，均在40~50天达到稳定生长期，最高藻密度可以达到 $1×10^8$ cells/L。进一步对藻液中两种典型嗅味物质（2,4-庚二烯醛和己醛）进行定性定量分析，显示2,4-庚二烯醛可产生典型的鱼腥味，而己醛在低浓度时以草味为主，高浓度则显示为草腥/海藻腥味（Caprinoa et al.，2008；Reboredo-Rodríguez et al.，2012）。所有藻的2,4-庚二烯醛产量均高于己醛，其中锥囊藻、辐尾藻、黄群藻和棕鞭藻的2,4-庚二烯醛产量远高于己醛，说明2,4-庚二烯醛是引起这些藻鱼腥味的主要物质。结合藻的生长和产嗅情况，及2,4-庚二烯醛和己醛两种物质的嗅阈值浓度（OTC），对分离藻的临界藻密度值（critical cell densities，CDCs）进行了分析。CDCs值是指藻类产生的嗅味物质浓度达到其嗅阈值浓度时的藻细胞密度，CDCs值越小，表示其产嗅潜力越高。其计算公式如下：

$$CDCs(cells/L) = OTC(μg/L)/单细胞产嗅量(μg/cell)$$

如表4-17所示，锥囊藻产生2,4-庚二烯醛的潜力最高，其CDCs值为 $4.46×10^6$ cells/L，该值比以往文献中的记录值小（$5.00×10^7$ cells/L）（Watson，2010），可能与藻的培养及生长状态不同有关。

表4-17　分离藻的关键藻密度值

藻种	CDCs/（cells/L）	
	2,4-庚二烯醛	己醛
锥囊藻（*Dinobryon*）	$4.46×10^6$	$6.44×10^8$
辐尾藻（*Uroglena*）	$8.85×10^6$	$1.28×10^8$
黄群藻（*Synura*）	$2.01×10^7$	$6.86×10^7$
棕鞭藻（*Ochromonas*）	$3.54×10^7$	$2.14×10^8$
多甲藻（*Peridinium*）	$9.00×10^7$	$1.36×10^8$

4.3.3　典型产嗅藻的鱼腥味产生规律

鱼腥味产嗅藻通常能够适应低温、低光照、贫营养的水体条件，相对于蓝藻、绿藻等藻类，在寒冷的水体中更具有生存优势，并成为优势藻种（Watson，2010）。低温期水体中藻类的暴发已有大量研究，如波兰Rogóno湖和Krasne湖在冬季冰封期的优势藻种为隐藻、鱼鳞藻、锥囊藻、盘冠藻、星杆藻等（Pasztaleniec et al.，2008）；加拿大Opinicon和Upper Rock水库冬季和早春季节以锥囊藻和黄群藻的密度最高（Agbeti et al.，1995）；我国包头、宁夏和呼和浩特等引黄水源水库中，冬季低温期存在丰度较高的锥囊藻及隐藻等，并诱发鱼腥味问题（Li et al.，2016）。对于此类产嗅藻生长特征的研究，主要集中于光照和营养盐的影响，发现光照对隐藻、锥囊藻和辐尾藻等的生长影响不大，主要是因为吞噬营养对于这些藻在低光照条件下的生长至关重要，吞噬作用可以为藻提供氮、磷和微量有机营养物质（Caron et al., 1993；Sanders et al., 2001）。而营养盐对藻的影响则与营养盐的种类有关，如磷的浓度与锥囊藻的丰度成反比（Lehman，1976），氮与辐尾藻的生物量呈正相关性（Watson et al., 2001）。因而，了解环境因子对产嗅藻生长和嗅味产生的影响对预测嗅味出现和发展动态具有重要意义，著者团队进一步选取黄群藻（*Synura uvella*）和棕鞭藻（*Ochromonas* sp.）两种典型鱼腥味产嗅藻，对低温条件下鱼腥味问题产生的原因和机制进行了解析（刘婷婷，2019）。

1. 温度和光照对产嗅藻生长的影响

图 4-22 显示了温度对两株藻生长的影响。结果显示，两株藻的生长速率及藻密度都在 24℃最高，在 8℃最低，说明在一定范围内，高温更利于黄群藻和棕鞭藻的生长。之前的研究也显示，彼得黄群藻（*Synura petersenii*）在 20℃的生长速率高于 10℃（Rashash，1995）。虽然培养实验显示高温利于两株金藻的生长，但是在自然水体中，包括黄群藻和棕鞭藻在内的一些金藻都能在低温条件下大量生长，成为优势藻种（Phillips et al., 2002；Kalinowska et al., 2016）。在这种情况下，温度对藻群生长的影响并不是直接的（Siver，1995），低温会限制自养藻类的光合作用和营养盐摄取，但是金藻多为混合营养藻类，且能通过增加细胞内的不饱和脂肪酸来适应低温环境，因此能成为冬季水体中的优势藻类（Agbeti et al., 1995；Siver，1995；Guschina et al., 2006）。

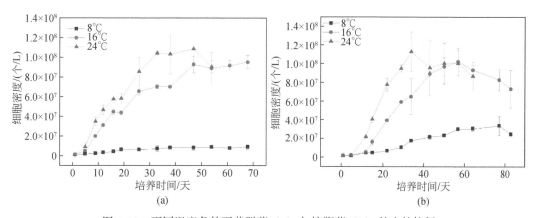

图 4-22　不同温度条件下黄群藻（a）与棕鞭藻（b）的生长特征

在不同光照条件下，藻类的生长速率及密度没有太大的差别，特别是在较低的光照下两株藻均可以生长并达到较高密度（图 4-23）。一些其他种类的金藻也显示出相似的生长特性，如彼得黄群藻、锥囊藻（*Dinobryon* sp.）和辐尾藻（*Uroglena* sp.）在不同光照条件下的生长量相近（Rashash，1994；Watson et al., 2003）。在自然水体中，包括黄群藻和棕鞭藻在内的一些金藻可以在冰层覆盖的水体中成为优势藻种，这主要是因为这些藻类的营养类型为混合营养型，在低光照条件下，可以通过摄取细菌补充能量（Sanders et al., 2001；Kalinowska et al., 2016）。这可以解释为什么在冬季冰雪覆盖的水体中，这些藻类可以大量生长，并引起嗅味问题。

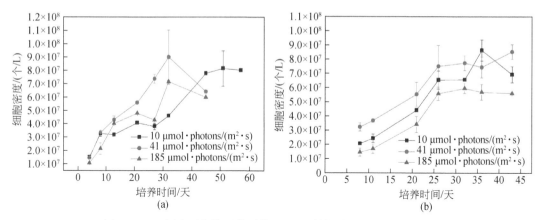

图 4-23　不同光照条件下黄群藻（a）与棕鞭藻（b）的生长特征

2. 温度和光照对鱼腥味物质产量的影响

实验分析了两株藻在不同生长阶段中产生 2,4-庚二烯醛、2,4-癸二烯醛、2-辛烯醛和 2,4-辛二烯醛 4 种典型鱼腥味物质的情况。结果显示，嗅味物质的产量随着细胞密度的增加而升高，并在指数期后期达到最高，在稳定期和衰亡期有所下降。在相同的温度条件下，2,4-庚二烯醛和 2,4-癸二烯醛的产量是 2-辛烯醛和 2,4-辛二烯醛的 10 ~ 60 倍。并且黄群藻的嗅味物质产量高于棕鞭藻，是后者的 2 ~ 4 倍。不同温度条件下两株藻的单细胞产嗅量（四种嗅味物质总和）和总产嗅量（单细胞产嗅量与藻密度之积）存在一定差异。总产嗅量随着温度升高而增加，主要是与藻密度的升高有关。而单细胞产嗅量则在低温条件最高，黄群藻和棕鞭藻在 8℃ 的单细胞产嗅量分别是 24℃ 条件下的 4.9 和 2.9 倍，说明低温条件能够在细胞水平上促进鱼腥味物质（PUAs）的产量。可能是因为一方面低温能够上调脂肪酸去饱和酶相关基因的表达，使得 PUFAs（PUAs 的前体物）的产量升高，PUFAs 含量的升高可以增加细胞膜的流动性与稳定性，是藻类应对寒冷环境的一种适应机制（Watson et al., 2001a；Guschina et al., 2006；Subhash et al., 2014；Kalinowska et al., 2016）。另一方面，低温条件下藻细胞的生长周期延长，使得细胞内积累更多的嗅味物质。

不同的光照强度对嗅味物质的产量有一定的影响。实验结果显示，两株藻的单细胞产嗅量和总产嗅量均是在低光照条件下最高。当光照强度从 10 μmol·photons/(m²·s) 上升到 185 μmol·photons/(m²·s)，黄群藻的总产嗅量和单细胞产嗅量分别下降了约 83% 和 75%，棕鞭藻则分别下降了约 67% 和 50%。说明低光照条件更有利于两株藻产生鱼腥味物质，这可以部分解释为什么鱼腥味会在冰雪覆盖的水体中产生。低光照条件下鱼腥味物质（PUAs）的升高可能与叶绿素含量的变化有关。研究显示，叶绿素是一种光敏物质，能够促进 PUFAs 向 PUAs 转化，而低光照条件下棕鞭藻细胞内的叶绿素含量显著升高，可能对 PUAs 的生成有促进作用（Keller et al., 1994；Saadoun et al., 2001；Lee et al., 2010）。

3. 鱼腥味物质的挥发与生物降解

鱼腥味物质的挥发及生物降解过程符合一级反应动力学模型。四种鱼腥味物质的挥发半衰期在8℃为36~97天，在24℃为6~18天，生物降解半衰期则分别为6~11h和2~4h（表4-18，表4-19）。这说明生物降解是引起水体中鱼腥味物质损失的一个重要过程，并且低温条件下挥发和生物降解的速率都大大降低。这也是导致冬季水体中较高鱼腥味的一个原因。但需要注意的是，本研究的结果是在实验室的条件下取得的，而自然环境中的水体条件更加复杂多变，如水流、风速、混合、微生物群落及冰层覆盖等均是需要考虑的因素。

表 4-18　不同温度下四种鱼腥味物质的挥发过程动力学及半衰期

嗅味物质	温度 8℃			温度 24℃		
	k	R^2	$t_{1/2}$/天	k	R^2	$t_{1/2}$/天
2,4-庚二烯醛	−0.007	0.95	96.82	−0.04	0.91	17.10
2-辛烯醛	−0.02	0.96	36.13	−0.09	0.98	6.98
2,4-辛二烯醛	−0.01	0.96	75.42	−0.04	0.96	16.74
2,4-癸二烯醛	−0.02	0.92	40.29	−0.08	0.95	7.49

注：拟合公式为 $C_t/C_0 = \mathrm{e}^{kt}$，其中 C_t 为时间 t 后嗅味物质浓度（ng/L）；C_0 为初始浓度（ng/L）；k 为挥发速率；t 为时间（天）。

表 4-19　不同温度下四种鱼腥味物质的生物降解过程动力学及半衰期

嗅味物质	温度 8℃			温度 24℃		
	k	R^2	$t_{1/2}$/h	k	R^2	$t_{1/2}$/h
2,4-庚二烯醛	−0.08	1.00	9.13	−0.24	0.95	3.48
2-辛烯醛	−0.06	0.98	10.60	−0.20	0.98	3.74
2,4-辛二烯醛	−0.10	0.98	7.62	−0.23	0.99	3.30
2,4-癸二烯醛	−0.10	1.00	6.62	−0.34	0.92	2.41

注：拟合公式为 $C_t/C_0 = \mathrm{e}^{kt}$，其中 C_t 为时间 t 后嗅味物质浓度（ng/L），C_0 为初始浓度；k 为生物降解速率；t 为时间（h）。

4.3.4　PUAs 生成的影响因素分析

多元不饱和烯醛类物质（polyunsaturated aldehydes，PUAs）主要由一些含有较高浓度多元不饱和脂肪酸类物质（polyunsaturated fatty acids，PUFAs）的藻种产生，如金藻中的锥囊藻、黄群藻和辐尾藻，硅藻中的星杆藻和针杆藻等。当藻细胞死亡裂解、受到环境胁迫或捕食者的威胁时，细胞内的 PUFAs 在脂氧合酶（lipoxygenases，LOX）和氢过氧化物裂解酶（hydroperoxide lyase）的催化作用下，生成一系列饱和、不饱和脂氧化合物（oxylipins）及碳氢化合物（图4-24）。PUAs 是其中较为重要的一类代谢产物，不仅具有生物信息素的功能，也是水体中鱼腥味的主要来源，如2,4-庚二烯醛、2,4-癸二烯醛和2,4,7-癸三烯醛等。PUAs具有细胞毒性，藻类在正常生长过程中不会在细胞内大量产生该类物质（Watson et al.，2001）。但当藻细胞完整性被破坏时，PUFAs被迅速氧化分解成不饱和醛类物质，并释放到水体中，使嗅味强度增大（Vollenweider et al.，2000；Pohnert，2002）。

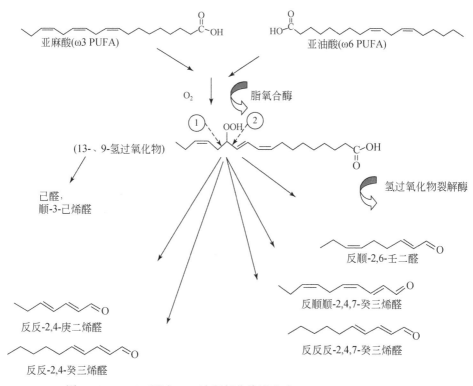

图4-24　PUFAs通过LOX途径氧化代谢生成PUAs（Jüttner，1995）

有研究人员利用同位素标记的方法，对几种藻类（*Skeletonema costatum*，*Thalassiosira rotula*，*Ulva* sp.）细胞内LOX酶催化PUFAs生成PUAs的途径进行了研究，发现了三种不同的PUAs合成途径，即11-LOX催化C20合成2,4-庚二烯醛、2,4-癸二烯醛和2,4,7-癸三烯醛的途径，9-LOX催化C18合成2,4-癸二烯醛和2,4,7-癸三烯醛的途径，以及9-LOX催化C16合成2,4-辛二烯醛和2,4,7-辛三烯醛的途径（Fontana et al.，2007）。虽然PUAs大多是通过PUFAs氧化生成，但不同的PUFAs前体生成的PUAs会有差异，相同的PUFAs前体由于在不同藻细胞内的酶裂解途径不同，也会导致产物不同，由此导致嗅味特征（类型和强度）会有所差异（D'Ippolito et al.，2003）。

对于有关环境因子的影响，相关遗传学研究显示，低温可以使藻细胞内的去饱和酶编码基因的表达上调，促进相关PUFAs的产量增加，进而使得PUAs更易于产生（Morales-Sánchez et al.，2016）。目前对于光照、营养盐和营养类型等对PUAs产量影响的研究则相对较少（Rashash，1995；Ribalet et al.，2007）。通常认为，只有当藻细胞死亡或受损破裂时 PUFAs 才被迅速氧化，生成 PUAs 并释放到水体中（Vollenweider et al.，2000；Pohnert，2002）。然而，有人通过对金藻的产嗅特征进行分析，认为这些藻类会在细胞完整时产生鱼腥味物质，且大部分物质在整个生长周期内都保留在细胞内，但并未对其机理进行深入研究（Rashash，1995）。另外，PUAs 产物中的同分异构现象是需要关注的一个问题。最初的酶反应产生的是这些物质的"反，顺（*trans, cis-*）"构型，但随后由于温度和光照产生异构化作用，一部分"反，顺"构型变成"反，反"构型，这两种异构体具有不同的嗅味类型（Yano et al.，1988；Jüttner，1995）。如（*E, Z, Z*）-2,4,7-癸三烯醛的嗅味特征为鱼腥味，但其同分异构体（*E, E, Z*）-2,4,7-癸三烯醛的嗅味类型则为甜味、青草味、黄瓜味、瓜味（Meijboom et al.，1972）。因此，不同藻类鱼腥味物质的产生、储存及释放机理是否相同，还需要进一步研究。

4.4 其他嗅味物质与产嗅藻

除以上典型的藻源型嗅味物质以外，藻类代谢过程中还会产生 β-环柠檬醛（β-cyclocitral）、β-紫罗兰酮（β-ionone）、甲硫醚（DMS）等常见致嗅物质。DMS 可来自藻类等有机体死亡腐烂分解产生，前述第 2 章中已进行了相关介绍（第 2 章，图 2-4），同时也可能由藻类代谢产生。有研究发现可由念珠藻属（*Nostoc*）和颤藻属（*Oscillatoria*）等一些藻类产生（Bechard et al.，1979；Franzmann et al.，1987；Lomans et al.，2002；Giordano et al.，2005）。这里主要介绍 β-环柠檬醛和 β-紫罗兰酮两种物质藻类产生来源。

β-环柠檬醛常伴随蓝藻水华发生，相关报道较多（Watson，2003；Scherzinger et al.，2008；邓绪伟等，2013）。β-环柠檬醛主要由部分藻类和高等植物体中的 β-胡萝卜素（β-carotene）经胡萝卜素加氧酶（carotene oxygenase）催化而产生（Jüttner et al.，1985）。微囊藻细胞中具有较高的胡萝卜素加氧酶活性，容易催化 β-胡萝卜素与氧（O_2）发生氧化反应产生 β-环柠檬醛（Jüttner et al.，1985）（第 2 章，图 2-3）。在富营养化水体中由于容易发生微囊藻水华，常常伴有较高的 β-环柠檬醛浓度，两者之间存在良好的线性关系（代志刚等，2014）。李林等从滇池、太湖和东湖均分离到能产生 β-环柠檬醛的微囊藻，是 β-环柠檬醛的主要产生来源（李林，2005）。王奕轩等发现纯培养条件下微囊藻可产生高达 380μg/L 的 β-环柠檬醛，在培养期内微囊藻细胞的单位细胞产量为 16.10fg/cell，且细胞密度与叶绿素 a 以及 β-环柠檬醛的相关性达到 0.85 以上（王奕轩，2006）。此外，还发现颤藻（*Oscillatoria sp.*）、小球藻（*Chlorella sp.*，绿藻门）以及舟形藻（*Navicula sp.*，硅藻门）均具有产 β-环柠檬醛能力，其中舟形藻细胞体积较大，其单位细胞产量接近微囊藻的水平（13.66fg/cell），而颤藻与小球藻的产量较低，分别为 0.26fg/cell 与 0.04fg/cell。在自然水体中，舟形藻密度通常在 2000 万 cells/L 以下，无法产生高浓度 β-环柠檬醛（<200ng/L），远低于微囊藻水华期间浓度。综上可知，β-环柠檬醛可由蓝藻门、绿藻门以及硅藻门中的不同藻种代谢产生，但除微囊藻以外，其他藻种产量较低，不易导致严重的水体嗅味问题，微囊藻水华是 β-环柠檬醛最主要的产生途径，需要重点关注。

与 β-环柠檬醛一样，已有研究发现 β-紫罗兰酮同样可由藻细胞中类胡萝卜素等色素及前体衍化产生（Jiittner，1984；Masamoto et al.，1998；Harada et al.，2009），相关报道主要集中在微囊藻生长代谢产生的 β-紫罗兰酮。如 Jutter 等在发生水华的水体中发现 β-紫罗兰酮的存在（Jüttner et al.，1985）；王奕轩等研究发现 β-紫罗兰酮的产生量随着微囊藻的生长而增加（王奕轩，2006）；刘宪圣等探讨了蓝藻衰亡过程中 β-紫罗兰酮的释放规律与影响因素，发现温度与蓝藻聚积厚度是影响 β-紫罗兰酮释放的主要因素（刘宪圣，2017）。但总体来说，β-环柠檬醛和 β-紫罗兰酮这类物质虽然藻类生长过程中会代谢产生，但与 MIB 和 geosmin 等土霉味物质以及相关鱼腥味物质来说，其嗅味特征相对容易接受，且易在水处理工艺过程中加以去除，通常不会导致显著的嗅味问题。

参 考 文 献

卜思瑶. 2018. 水库水体嗅味物质 MIB 和 GSM 的调查与分析. 大连：大连理工大学硕士学位论文.

代志刚，蒋永光，谷依露，等. 2014. 异味物质 β-环柠檬醛降解菌的分离和鉴定. 水生生物学报，38（2）：222-226.

邓绪伟，陶敏，张路，等. 2013. 洞庭湖水体异味物质及其与藻类和水质的关系. 环境科学研究，26（1）：16-21.

胡鸿钧，魏印心. 2006. 中国淡水藻类——系统、分类及生态. 北京：科学出版社.

李林. 2005. 淡水水体中藻源异味化合物的分布、动态变化与降解研究. 北京：中国科学院研究生院博士学位论文.

李霞. 2015. 低温期引黄水库水源水中致嗅原因解析. 北京：中国科学院大学硕士学位论文.

林燊，彭欣，吴忠兴，等. 2008. 我国水华蓝藻的新类群——阿氏浮丝藻（*Planktothrix agardhii*）生理特性. 湖泊科学，（4）：437-442.

刘婷婷. 2019. 低温产嗅藻生长特征及嗅味物质产生规律研究. 北京：中国科学院大学博士学位论文.

刘宪圣. 2017. 蓝藻聚积衰亡过程中 β-环柠檬醛和 β-紫罗兰酮释放特征. 南京：南京师范大学硕士学位论文.

王奕轩. 2006. 自来水中木头味物质 β-cyclocitral 之来源及去除之研究. 台湾：成功大学硕士学位论文.

吴忠兴，余博识，彭欣，等. 2008. 中国水华蓝藻的新记录属——拟浮丝藻属（*Planktothricoides*）. 武汉植物学研究，26（5）：461-465.

吴忠兴，虞功亮，施军琼，等. 2009. 我国淡水水华蓝藻–束丝藻属新记录种. 水生生物学报，33（6）：1140-1144.

吴忠兴，曾波，李仁辉，等. 2012. 中国淡水水体常见束丝藻种类的形态及生理特性研究. 水生生物学报，36（2）：323-328.

须藤隆一. 1988. 俞辉群，全浩编译. 水环境净化及废水处理微生物学. 北京：中国建筑工业出版社.

杨丽，李仁辉. 2009. 浮游性鱼腥藻的分类和分子系统研究. 北京：中国科学院研究生院硕士学位论文.

于建伟，陈克云，苏命，等. 2011. 不同营养源条件下螺旋鱼腥藻生长与产嗅特征研究. 环境科学，32（8）：2254-2259.

赵云云. 2013. 藻源腥味物质的识别及产生规律研究. 北京：中国科学院大学硕士学位论文.

仲鑫，崔崇威. 2015. 藻源臭味物质 Geosmin 与 2-MIB 的生成途径及控制研究. 给水排水，51（S1）：9-13.

Adelman W J，Fohlmeister J F，Sasner J J，et al. 1982. Sodium channels blocked by aphantoxin obtained from the blue-green alga, *Aphanizomenon flos-aquae*. Toxicon，20（2）：513-516.

Agbeti M D, Smol J R. 1995. Winter limnology: A comparison of physical, chemical and biological characteristics in two temperate lakes during ice cover. Hydrobiologia, 304: 221-234.

Baker P D, Steffensen D A, Humpage A R, et al. 2001. Preliminary evidence of toxicity associated with the benthic cyanobacterium phormidium in South Australia. Environmental Toxicology, 16 (6): 506-511.

Bechard M J, Rayburn W R. 1979. Volatile organic sulfides from freshwater algae. Journal of Phycology, 15 (4): 379-383.

Bentley R, Meganathan R. 1981. Geosmin and methylisoborneol biosynthesis in streptomycetes. Evidence for an iso-prenoid pathway and its absence in non-differentiating isolates. FEBS Letters, 125 (2): 220.

Berglind L, Holtan H, Skulberg O M. 1983. Case studies on off-flavours in some Norwegian Lakes. Water Science and Technology, 15 (6-7): 199-209.

Bowmer K H, Padovan A, Oliver R L, et al. 1992. Physiology of geosmin production by *Anabaena circinalis* isolated from the Murrumbidgee River, Australia. Water Science and Technology, 25 (2): 259-267.

Cane D E, He X, Kobayashi S, et al. 2006. Geosmin biosynthesis in *Streptomyces avermitilis*. molecular cloning, expression, and mechanistic study of the germacradienol/geosmin synthase. The Journal of Antibiotics, 59 (8): 471-479.

Caprinoa F, Maria V, Federica M, et al. 2008. Fatty acid composition and volatile compounds of caviar from farmed white sturgeon (*Acipenser transmontanus*). Analytica Chimica Acta, 617: 139-147.

Caron D A, Sanders R W, Lim E L, et al. 1993. Light-dependent phagotrophy in the freshwater mixotrophic chry-sophyte *Dinobryon cylindricum*. Microbial Ecology, 25: 93-111.

Chiu Y T, Yen H K, Lin T F. 2016. An alternative method to quantify 2-MIB producing cyanobacteria in drinking water reservoirs: Method development and field applications. Environmental Research, 151: 618-627.

Chorus I, Bartram J. 1999. Toxic Cyanobacteria in Water: A Guide to Their Public Health Consequences, Monitoring and Management. London: CRC Press.

Cirés S, Ballot A. 2016. A review of the phylogeny, ecology and toxin production of bloom-forming *Aphanizomenon* spp. and related species within the Nostocales (cyanobacteria). Harmful Algae, 54: 21-43.

D'Ippolito G, Romano G, Caruso T, et al. 2003. Production of octadienal in the marine diatom *Skeletonema costatum*. American Chemical Society, 5 (6): 885-887.

Dias E, Pereira P, Franca S. 2002. Production of paralytic shellfish toxins by *Aphanizomenon* sp. LMECYA 31 (cyanobacteria). Journal of Phycology, 38 (4): 705-712.

Dickschat J S, Bode H B, Mahmud T, et al. 2005. A novel type of geosmin biosynthesis in myxobacteria. The Journal of Organic Chemistry, 70 (13): 5174-5182.

Dickschat J S, Nawrath T, Thiel V, et al. 2007. Biosynthesis of the off-flavor 2-methylisoborneol by the myxobacterium *Nannocystis exedens*. Angewandte Chemie International Edition, 46 (43): 8287-8290.

Durrer M, Zimmermann U, Jüttner F. 1999. Dissolved and particle-bound geosmin in a mesotrophic lake (Lake Zürich): Spatial and seasonal distribution and the effect of grazers. Water Research, 33 (17): 3628-3636.

Fontana A, D'Ippolito G, Cutignano A, et al. 2007. Chemistry of oxylipin pathways in marine diatoms. Pure and Applied Chemistry, 79 (4): 481-490.

Franzmann P, Deprez P, Burton H, et al. 1987. Limnology of organic lake, Antarctica, a meromictic lake that contains high concentrations of dimethyl sulfide. Marine and Freshwater Research, 38 (3): 409-417.

Gaget V, Humpage A R, Huang Q, et al. 2017. Benthic cyanobacteria: A source of cylindrospermopsin and mi-crocystin in Australian drinking water reservoirs. Water Research, 124 (Supplement C): 454-464.

Gerber N N, Lechevalier H A. 1965. Geosmin, an earthy-smelling substance isolated from actinomycetes. Applied Microbiology, 13 (6): 935-938.

Giglio S, Jiang J, Saint C P S, et al. 2008. Isolation and characterization of the gene associated with geosmin production in cyanobacteria. Environmental Science & Technology, 42 (21): 8027-8032.

Giglio S, Chou W K W, Ikeda H, et al. 2011. Biosynthesis of 2-methylisoborneol in cyanobacteria. Environmental Science & Technology, 45 (3): 992-998.

Gill A. 2006. Molecular characterization of potential geosmin-producing cyanobacteria from Lake Ontario. Waterloo: University of Waterloo.

Giordano M, Norici A, Hell R. 2005. Sulfur and phytoplankton: Acquisition, metabolism and impact on the environment. New Phytologist, 166 (2): 371-382.

Godo T, Ohtani S, Saki Y, et al. 2011. Detection of geosmin from *Coelosphaerium kuetzingianum* separated by a step density gradient medium from suspended materials in water in Lake Shinji, Japan. Limnology, 12 (3): 253-260.

Guschina I A, Harwood J L. 2006. Mechanisms of temperature adaptation in poikilotherms. FEBS Letters, 580: 5477-5483.

Gust B, Challis G L, Fowler K, et al. 2003. PCR-targeted Streptomyces gene replacement identifies a protein domain needed for biosynthesis of the sesquiterpene soil odor geosmin. Proceedings of the National Academy of Sciences, 100 (4): 1541-1546.

Harada K I, Ozaki K, Tsuzuki S, et al. 2009. Blue color formation of cyanobacteria with β-cyclocitral. Journal of Chemical Ecology, 35 (11): 1295-1301.

Hayes K P, Burch M D. 1989. Odorous compounds associated with algal blooms in South Australian waters. Water Research, 23 (1): 115-121.

Herrmann V, Jüttner F. 1977. Excretion products of algae, identification of biogenesis amines by gas-liquid chromatography and mass spectrometry of their trifluoroacetamides. Analytical Biochemistry, 78: 365-373.

Izaguirre G, Taylor W D. 1995. Geosmin and 2-methylisoborneol production in a major aqueduct system. Water Science and Technology, 31 (11): 41-48.

Izaguirre G, Taylor W D. 1998. A Pseudanabaena species from Castaic Lake, California, that produces 2-methylisoborneol. Water Research, 32 (5): 1673-1677.

Izaguirre G, Taylor W D. 2004. A guide to geosmin- and MIB-producing cyanobacteria in the United States. Water Science and Technology, 49 (9): 19-24.

Izaguirre G, Taylor W. 2007. Geosmin and MIB events in a new reservoir in Southern California. Water Science & Technology, 55 (5): 9-14.

Izaguirre G, Hwang C J, Krasner S W, et al. 1982. Geosmin and 2-methylisoborneol from cyanobacteria in three water supply systems. Applied and Environmental Microbiology, 43 (3): 708-714.

Izaguirre G, Hwang C, Krasner S, et al. 1983. Production of 2-methyliso-borneol by two benthic Cyanophyta. Water Science & Technology, 15 (6-7): 211-220.

Izaguirre G, Taylor W, Pasek J. 1999. Off-flavor problems in two reservoirs, associated with planktonic Pseudanabaena species. Water Science and Technology, 40 (6): 85.

Jansson M, Blomqvist P, Bergström A K. 1996. Nutrient limitation of bacterioplankton, autotrophic and mixotrophic phytoplankton, and heterotrophic nanoflagellates in Lake Örträsket. Limnology and Oceanography, 41 (7): 1552-1559.

Jüttner F. 1981. Detection of lipid degradation products in the water of a reservoir during a bloom of *Synura uvella*. Applied and Environmental Microbiology, 41 (1): 100-106.

Jiittner F. 1984. Characterization of *Microcystis* strains by alkyl sulfides and β-cyclocitral. 39 (9-10): 867.

Jüttner F. 1995. Physiology and biochemistry of odourous compounds from freshwater cyanobacteria and algae. Water Science and Technology, 31: 69-78.

Jüttner F, Höflacher B. 1985. Evidence of β-carotene 7, 8 (7′, 8′) oxygenase (β-cyclocitral, crocetindial generating) in *Microcystis*. Archives of Microbiology, 141 (4): 337-343.

Jüttner F, Watson S B. 2007. Biochemical and ecological control of geosmin and 2-methylisoborneol in source waters. Applied and Environmental Microbiology, 73 (14): 4395-4406.

Jüttner F, Höflacher B, Wurster K. 1986. Seasonal analysis of volatile organic biogenic substances (VOBS) in freshwater phytoplankton populations dominated by *Dinobryon*, *Microcystis* and *Aphanizomenon*. Journal of Phycology, 22 (2): 169-175.

Kakimoto M, Ishikawa T, Miyagi A, et al. 2014. Culture temperature affects gene expression and metabolic pathways in the 2-methylisoborneol-producing cyanobacterium *Pseudanabaena galeata*. Journal of Plant Physiology, 171 (3-4): 292-300.

Kalinowska K, Grabowska M. 2016. Autotrophic and heterotrophic plankton under ice in a eutrophic temperate lake. Hydrobiologia, 777 (1): 111-118.

Keller M D, ShapiroL P, Haugen E M, et al. 1994. Phagotrophy of fluorescently labeled bacteria by an oceanic phytoplankter. Microbial Ecology, 28: 39-52.

Keonhee K, Lim B J, You K A, et al. 2014. Identification and analysis of geosmin production potential of *Anabaena* stain isolated from North Han River using genetic methods. The Korean Society of Limnology, 47 (4): 342-349.

Kikuchi T, Mimura T, Harimaya K, et al. 1973. Odorous metabolite of blue-green alga: Schizothrix muelleri Nageli collected in the Southern Basin of Lake Biwa. Identification of geosmin. Chemical & Pharmaceutical Bulletin, 21 (10): 2342-2343.

Kim K Y, Khan J B, Choi I C, et al. 2015. Temporal and spatial distribution of geosmin and 2-MIB in the Daecheong Reservoir. Korean Journal of Environmental Agriculture, 34 (1): 14-20.

Komarek J, Kastovsky J, Mares J, et al. 2014. Taxonomic classification of cyanoprokaryotes (cyanobacterial genera) 2014, using a polyphasic approach. Preslia, 86: 295-335.

Komatsu M, Tsuda M, Omura S, et al. 2008. Identification and functional analysis of genes controlling biosynthesis of 2-methylisoborneol. Proceedings of the National Academy of Sciences, 105 (21): 7422-7427.

Komárek J. 2003. Planktic Oscillatorialean Cyanoprokaryotes (Short Review According to Combined Phenotype and Molecular Aspects). Dordrecht: Springer Netherlands.

Kutovaya O A, Watson S B. 2014. Development and application of a molecular assay to detect and monitor geosmin-producing cyanobacteria and actinomycetes in the Great Lakes. Journal of Great Lakes Research, 40 (2): 404-414.

Kuzuyama T. 2002. Mevalonate and nonmevalonate pathways for the biosynthesis of isoprene units. Bioscience, Biotechnology, and Biochemistry, 66 (8): 1619-1627.

Lange B M, Rujan T, Martin W, et al. 2000. Isoprenoid biosynthesis: The evolution of two ancient and distinct pathways across genomes. Proceedings of the National Academy of Sciences, 97 (24): 13172-13177.

Lee J H, Min D B. 2010. Analysis of volatile compounds from chlorophyll photo sensitized linoleic acid by headspace solid-phase microextraction (HS-SPME). Food Science and Biotechnology, 19 (3): 611-616.

Lehman J T. 1976. Ecological and nutritional studies on *Dinobryon* Ehrenb. Seasonal periodicity and the phosphate toxicity problem. Limnology and Oceanography, 21 (5): 646-659.

Li X, Yu J W, Guo Q Y, et al. 2016. Source-water odor during winter in the Yellow River area of China: Occurrence and diagnosis. Environmental Pollution, 218: 252-258.

Li Z, Yu J, Yang M, et al. 2010. Cyanobacterial population and harmful metabolites dynamics during a bloom in Yanghe Reservoir, North China. Harmful Algae, 9 (5): 481-488.

Li Z, Hobson P, An W, et al. 2012. Earthy odor compounds production and loss in three cyanobacterial cultures. Water Research, 46 (16): 5165-5173.

Lomans B P, van der Drift C, Pol A, et al. 2002. Microbial cycling of volatile organic sulfur compounds. Cellular and Molecular Life Sciences CMLS, 59 (4): 575-588.

Ludwig F, Medger A, Börnick H, et al. 2007. Identification and expression analyses of putative sesquiterpene synthase genes in *Phormidium* sp. and prevalence of geoa-like genes in a drinking water reservoir. Applied and Environmental Microbiology, 73 (21): 6988-6993.

Martin J F, Mccoy C P, Tucker C S, et al. 1988. 2-methylisoborneol implicated as a cause of off-flavour in channel catfish, *Ictalums punctatus* (Rafinesque), from commercial culture ponds in Mississippi. Aquaculture Research, 19 (2): 151-157.

Martin J F, Izaguirre G, Waterstrat P. 1991. A planktonic *Oscillatoria* species from Mississippi catfish ponds that produces the off-flavor compound 2-methylisoborneol. Water Research, 25 (12): 1447-1451.

Masamoto K, Misawa N, Kaneko T, et al. 1998. Beta-carotene hydroxylase gene from the cyanobacterium *Synechocystis* sp. PCC6803. Plant Cell Physiology, 39 (5): 560-564.

Meijboom P W, Stroink J B A. 1972. 2-*trans*, 4-*cis*, 7-*cis*-Decatrienal, the fishy off-flavor occurring in strongly autoxidized oils containing linolenic acid or ω-3,6,9, etc., fatty acids. Journal of the American Oil Chemists' Society, 49 (10): 555-558.

Milovanović I, Mišan A, Simeunović J, et al. 2015. Determination of volatile organic compounds in selected strains of cyanobacteria. Journal of Chemistry, 2015: 1-6.

Miwa M, Morizane K. 1988. Effect of chelating agents on the growth of blue-green algae and the release of geosmin. Water Science and Technology, 20 (8-9): 197-203.

Morales-Sánchez D, Kyndt J, Ogden K, et al. 2016. Toward an understanding of lipid and starch accumulation in microalgae: A proteomic study of *Neochloris oleoabundans* cultivated under N-limited heterotrophic conditions. Algal Research, 20: 22-34.

Mugnai G, Rossi F, Felde V J, et al. 2018. The potential of the cyanobacterium *Leptolyngbya ohadii* as inoculum for stabilizing bare sandy substrates. Soil Biology and Biochemistry, 127: 318-328.

Naes H, Utkilen H C, Post A F. 1988. Factors influencing geosmin production by the cyanobacterium *Oscillatoria brevis*. Water Science and Technology, 20 (8-9): 125.

Naes H, Utkilen H, Post A. 1989. Geosmin production in the cyanobacterium *Oscillatoria Brevis*. Archives of Microbiology, 151 (5): 407-410.

Nakashima S, Yagi M. 1992. Iron forms that influence the growth and musty odor production of selected cyanobacteria. Water Science and Technology, 25 (2): 207-216.

Negoro T, Ando M, Ichikawa N. 1988. Blue-green algae in Lake Biwa which produce earthy-musty odors. Water Science and Technology, 20 (8-9): 117-123.

Pasztaleniec A, Lenard T. 2008. Winter phytoplankton communities in different depths of three mesotrophic lakes (tèczna-Wlodawa Lakeland, Eastern Poland). Biologia, 63 (3): 294-301.

Persson P E. 1983. Off-flavors in aquatic ecosystems-an introduction. Water Science and Technology, 15 (6-7): 1-11.

Persson P E. 1988. Odorous algal cultures in culture collections. Water Science and Technology, 20 (8-9): 211-213.

Phillips K A, Fawley M W. 2002. Winter phytoplankton community structure in three shallow temperate lakes during ice cover. Hydrobiologia, 470: 97-113.

Pohnert G. 2002. Phospholipase A2 activity triggers the wound-activated chemical defense in the diatom *Thalassiosira rotula*. Plant Physiology, 129 (1): 103-111.

Rashash D M C. 1994. Identification and characterization of odorous metabolites produced by selected freshwater algae. Virginia: Virginia Polytechnic Institute and State University.

Rashash D M C. 1995. The influence of growth conditions on odor-compound production by two chrysophytes and two cyanobacteria. Water Science and Technology, 31 (11): 165-172.

Rashash D M C, Dietrich A M, Hoehn R C, et al. 1995. The influence of growth conditions on odor-compound production by two chrysophytes and two cyanobacteria. Water Science and Technology, 31 (11): 165-172.

Reboredo-Rodríguez P, González-Barreiro C, Cancho-Grande B, et al. 2012. Dynamic headspace/GC-MS to control the aroma fingerprint of extra-virgin olive oil from the same and different olive varieties. Food Control, 25: 684-695.

Remias D, Jost S, Boenigk J, et al. 2013. Hydrurus-related golden algae (Chrysophyceae) cause yellow snow in polar summer snowfields. Phycological Research, 61: 277-285.

Rhew D H, You K A, Byeon M S, et al. 2013. Growth characteristics of blue-green algae (*Anabaena spiroides*) causing tastes and odors in the North-han River, Korea. Korean Journal of Ecology and Environment, 46 (1): 135-144.

Ribalet F O, Wichard T, Pohnert G, et al. 2007. Age and nutrient limitation enhance polyunsaturated aldehyde production in marine diatoms. Phytochemistry, 68: 2059-2067.

Rodríguez-concepción M, Boronat A. 2002. Elucidation of the methylerythritol phosphate pathway for isoprenoid biosynthesis in bacteria and plastids. A metabolic milestone achieved through genomics. Plant Physiology, 130 (3): 1079-1089.

Saadoun I M K, Kschrader K K, Blevins W T. 2001. Environmental and nutritional factors affecting geosmin synthesis by *Anabaena* sp. Water Research, 35 (5): 1209-1218.

Sanders R W, Caron D A, Davidson J M, et al. 2001. Nutrient acquisition and population growth of a mixotrophic alga in axenic and bacterized cultures. Microbial Ecology, 42: 513-523.

Scherzinger D, Al-Babili S. 2008. In vitro characterization of a carotenoid cleavage dioxygenase from *Nostoc* sp. PCC 7120 reveals a novel cleavage pattern, cytosolic localization and induction by highlight. Molecular Microbiology, 69 (1): 231-244.

Schrader K K, Blevins W T. 1993. Geosmin-producing species of Streptomyces and Lyngbya from aquaculture ponds. Canadian Journal of Microbiology, 39 (9): 834-840.

Schroeder L A, Martin S C, Poudel A. 2009. Factors contributing to cucumber odor in a northern USA reservoir. Lake and Reservoir Management, 25 (3): 323-335.

Seto H, Orihara N, Furihata K. 1998. Studies on the biosynthesis of terpenoids produced by actinomycetes. Part

4. Formation of BE-40644 by the mevalonate and nonmevalonate pathways. Tetrahedron Letters, 39（51）: 9497-9500.

Seto H, Watanabe H, Furihata K. 1996. Simultaneous operation of the mevalonate and non-mevalonate pathways in the biosynthesis of isopentenly diphosphate in *Streptomyces aeriouvifer*. Tetrahedron Letters, 37（44）: 7979-7982.

Siver P A. 1995. The distribution of chrysophytes along environmental gradients: Their use as biological indicators. New York: Cambridge University Press.

Su M, Yu J, Zhang J, et al. 2015. MIB-producing cyanobacteria（*Planktothrix* sp.）in a drinking water reservoir: Distribution and odor producing potential. Water Research, 68: 444-453.

Subhash G V, Rohit M V, Devi M P, et al. 2014. Temperature induced stress influence on biodiesel productivity during mixotrophic microalgae cultivation with wastewater. Bioresource Technology, 169: 789-793.

Suda S, Watanabe M M, Otsuka S, et al. 2002. Taxonomic revision of water-bloom-forming species of oscillatorioid cyanobacteria. International Journal of Systematic and Evolutionary Microbiology, 52（5）: 1577-1595.

Sugiura N, Iwami N, Inamori Y, et al. 1998. Significance of attached cyanobacteria relevant to the occurrence of musty odor in Lake Kasumigaura. Water Research, 32（12）: 3549-3554.

Sun D, Yu J, Yang M, et al. 2014. Occurrence of odor problems in drinking water of major cities across China. Frontiers of Environmental Science & Engineering, 8（3）: 411-416.

Suurnäkki S, Gomez-Saez G V, Rantala-Ylinen A, et al. 2015. Identification of geosmin and 2-methylisoborneol in cyanobacteria and molecular detection methods for the producers of these compounds. Water Research, 68（0）: 56-66.

Tabachek J A L, Yurkowski M. 1976. Isolation and identification of blue-green algae producing muddy odor metabolites, geosmin, and 2-methylisoborneol, in Saline Lakes in Manitoba. Journal of the Fisheries Research Board of Canada, 33（1）: 25-35.

Tas B, Gonulol A, Tas E. 2010. Seasonal dynamics and biomass of mixotrophic flagellate *Dinobryon sertularia* Ehrenberg（Chrysophyceae）in Derbent Reservoir（Samsun, Turkey）. Turkish Journal of Fisheries and Aquatic Sciences, 10（3）: 305-313.

Te S H, Tan B F, Boo C Y, et al. 2017. Genomics insights into production of 2-methylisoborneol and a putative cyanobactin by *Planktothricoides* sp. Sr001. Standards in Genomic Sciences, 12（1）: 35.

Tsao H W, Michinaka A, Yen H K, et al. 2014. Monitoring of geosmin producing *Anabaena circinalis* using quantitative PCR. Water Research, 49: 416-425.

Tsuchiya Y, Matsumoto A. 1988. Identification of volatile metabolites produced by blue-green algae. Water Science and Technology, 20（8-9）: 149.

Tung S C, Lin T F, Yang F C, et al. 2008. Seasonal change and correlation with environmental parameters for 2-MIB in Feng-Shen Reservoir, Taiwan. Environmental Monitoring and Assessment, 145（1-3）: 407-416.

Unrein F, Gasol J M, Massana R. 2010. *Dinobryon faculiferum*（Chrysophyta）in coastal Mediterranean seawater: Presence and grazing impact on bacteria. Journal of Plankton Research, 32（4）: 559-564.

Utkilen H C, Frøshaug M. 1992. Geosmin production and excretion in a planktonic and benthic *Oscillatoria*. Water Science and Technology, 25（2）: 199-206.

van der Ploeg M, Boyd C E. 1991. Geosmin production by cyanobacteria（blue-green algae）in fish ponds at Auburn, Alabama. Journal of the World Aquaculture Society, 22（4）: 207-216.

van der Ploeg M, Dennis M, de Regt M. 1995. Biology of *Oscillatoriacf. chalybea*, a 2-methylisoborneol producing blue-green alga of Mississippi catfish ponds. Water Science and Technology, 31 (11): 173-180.

Vollenweider S, Weber H, Stolz S, et al. 2000. Fatty acid ketodienes and fatty acid ketotrienes: Michael addition acceptors that accumulate in wounded and diseased *Arabidopsis* leaves. The Plant Journal, 24: 467-476.

Wacklin P, Hoffmann L, Komarek J. 2009. Nomenclatural validation of the genetically revised cyanobacterial genus Dolichospermum (RALFS ex BORNET et FLAHAULT) Comb. Nova. Fottea, 9 (1): 59-64.

Wang C M, Cane D E. 2008. Biochemistry and molecular genetics of the biosynthesis of the earthy odorant methylisoborneol in *Streptomyces coelicolor*. Journal of the American Chemical Society, 130 (28): 8908-8909.

Wang Z, Li R. 2015. Effects of light and temperature on the odor production of 2-methylisoborneol-producing *Pseudanabaena* sp. and geosmin-producing *Anabaena ucrainica* (cyanobacteria). Biochemical Systematics and Ecology, 58: 219-226.

Wang Z, Xu Y, Shao J, et al. 2011. Genes associated with 2-methylisoborneol biosynthesis in cyanobacteria: Isolation, characterization, and expression in response to light. Plos One, 6 (4): E18665.

Wang Z, Shao J, Xu Y, et al. 2015a. Genetic basis for geosmin production by the water bloom-forming cyanobacterium, *Anabaena ucrainica*. Water, 7 (1): 175-187.

Wang Z, Xiao P, Song G, et al. 2015b. Isolation and characterization of a new reported cyanobacterium *Leptolyngbya bijugata* coproducing odorous geosmin and 2-methylisoborneol. Environmental Science and Pollution Research, 22 (16): 12133-12140.

Watson S B. 2003. Cyanobacterial and eukaryotic algal odour compounds: Signals or by-products? A review of their biological activity. Phycologia, 42 (4): 332-350.

Watson S B. 2010. Algal Taste-Odour, chapter 15. Algas: Source to Treatment. Denver, CO, USA: American Water Works Association.

Watson S B, Satchwill T, Dixon E, et al. 2001. Under-ice blooms and source-water odour in a nutrient poor reservoir: Biological, ecological and applied perspectives. Freshwater Biology, 46 (11): 1553-1567.

Watson S B, Satchwill T. 2003. Chrysophyte odour production: Resource-mediated changes at the cell and population levels. Phycologia, 42 (4): 393-405.

Wendel T, Jüttner F. 1996. Lipoxygenase-mediated formation of hydrocarbons and unsaturated aldehydes in freshwater diatoms. Phytochemistry, 41 (6): 1445-1449.

Wu J T, Jüttner F. 1988. Differential partitioning of geosmin and 2-methylisoborneol between cellular constituents in *Oscillatoria tenuis*. Archives of Microbiology, 150 (6): 580-583.

Yano H, Nakahara M, Ito H. 1988. Water blooms of *Uroglena americana* and the identification of odorous compounds. Water Science and Technology, 20 (8-9): 75-80.

Zhang T, Zheng L, Li L, et al. 2016. 2-Methylisoborneol production characteristics of *Pseudanabaena* sp. Fachb 1277 isolated from Xionghe Reservoir, China. Journal of Applied Phycology, 28: 3353-3362.

Zhao Y Y, Yu J W, Su M, et al. 2013. A fishy odor episode in a north China reservoir: Occurrence, origin, and possible odor causing compounds. Journal of Environmental Science, 25 (12): 2361-2366.

Zhong F, Gao Y, Yu T, et al. 2011. The management of undesirable cyanobacteria blooms in channel catfish ponds using a constructed wetland: Contribution to the control of off-flavor occurrences. Water Research, 45 (19): 6479-6488.

Zimmerman W J, Soliman C M, Rosen B H. 1995. Growth and 2-methylisoborneol production by the cyanobacterium *Phormidium* Lm689. Water Science and Technology, 31 (11): 181-186.

第5章 湖库型水源地产嗅藻控制策略

对于藻源型嗅味，最好的嗅味控制方式是在水源地控制产嗅藻的生长，从根本上来说，削减进入湖库的营养盐是控制藻类生长的关键。然而水体营养盐的控制是一个长期的过程，并且对于一些产嗅藻来说，由于其能从水体底部获取营养盐，这些藻即使在相对贫营养的水体中也能生长。

一般来说，一个水库中往往仅存在一种优势的产嗅藻。因此，了解目标产嗅藻的生态位，就有可能通过改变水体的环境条件来实现对产嗅藻的精准控制。著者团队在前期的大量研究中发现（李宗来，2009；苏命，2013，2015；贾泽宇，2019），产 MIB 的藻基本上都是一些底栖、深水或亚表层生长类型的丝状蓝藻，相对表层浮游藻来说，这些藻的优势是更容易从水体底部获取营养盐，适宜在较低营养盐条件下生存，但劣势是其生长所在的水层光照条件容易受到限制。据此，著者团队提出了基于水下光照的产嗅藻控制思路。

本章重点阐述典型丝状产嗅藻的生态位特征以及基于水下光照调节的产嗅藻控制策略，同时，也对一些物理/化学控藻技术的研究和工程应用情况作概略性介绍。

5.1 光照强度选择模型

5.1.1 模型构建

浮游生物群落结构具有比较明确的季节性。一般来说，硅藻在春季和冬季等低温季节占优势，蓝藻在夏季和秋季高温季节容易成为优势藻，而绿藻在季节变换或者是群落结构发生较大变化时短时间占据一定优势（Duncan et al.，1989）。另外，浮游生物具有相当高的形态多样性（Padisák et al.，2003；Naselli-flores et al.，2007；Benincá et al.，2008）：藻细胞体积大小范围覆盖了从超微型浮游生物（picoplankton，$<1\mu m^3$）到大型鞭毛藻（dinoflagellates，$>50000\mu m^3$）（Weithoff，2003）。不同类型的藻种暴发往往会产生不同的水质问题。微囊藻（*Microcystis* sp.）（Matthiensen et al.，2000）、长孢藻（*Dolichospermum* sp.）（Bruno et al.，1994）、水华束丝藻（*Aphanizomenon flos-aquae*）（Pereira et al.，2000）、颤藻（*Oscillatoria* sp.）（Eriksson et al.，1989）以及胶刺藻属（*Gloeotrichia echinulate*）（Willén et al.，1997）等一些细胞体积较小的藻种新陈代谢中可产生藻毒素，藻毒素问题直接影响供水安全，受到国内外的广泛关注。锥囊藻（*Dinobryon* sp.）（Bellinger，1974）、舟形藻（*Navicula* sp.）（Ferrier et al.，2005）、针杆藻（*Synedra* sp.）（Saito and Hirono，1980）、小环藻（*Cyclotella* sp.）（Juanico et al.，1995）以及脆杆藻（*Fragilaria* sp.）（Davis，

1964) 等细胞体积较大的藻种暴发时经常会导致水厂滤池堵塞。同时，一些丝状蓝藻具有产 MIB 和 geosmin 等嗅味物质的特点。因此，掌握浮游生物群落结构演替规律对供水水质管理非常重要。

营养盐、温度与光照被认为是影响浮游植物生长的三大要素。有报道称一定频率的营养盐脉冲式供给可以有效控制和调节浮游植物丰度和群落结构（Cuker，1983；Örnólfsdóttir et al.，2004）；有研究认为水温会影响浮游植物的形态分布（Elliott et al.，2006；Kingsolver et al.，2008）。另外，在营养盐充足的水体中，水下有效光照分布会显著影响浮游植物形态（Naselli-flores and Barone，2003，2005）；低光照条件有利于消光系数较高的藻细胞生长，因为藻类获取光能力越高越容易适应在低光条件下生长（O'farrell et al.，2007）。水下光照分布主要取决于太阳辐射、水深以及水体的光穿透能力。浮游植物对光的利用主要受水体混合过程中垂直运动以及水体透光区深度的影响（Su et al.，2014a）；如果混合层深度（z_{mix}）小于或者等于透光层深度（z_{eu}），则藻细胞在白天有太阳辐射的时间段内可以连续进行光合作用；当 z_{mix} 大于 z_{eu} 时浮游植物在垂直运动中很可能进入水体透光层以下而无法进行光合作用，但是呼吸作用可以依旧进行（Naselli-flores and Barone，2007）。浮游藻类细胞大小影响细胞各种生理过程速率以及生态功能，包含新陈代谢速率（生长速率、光合作用以及呼吸作用）、光吸收效率（Raven，1984；Flynn，2001）、营养盐吸收效率与生长需求量（Pasciak et al.，1974；Shuter，1978；Aksnes et al.，1991；Hein et al.，1995）、最大生物量以及被捕食的速率等（Frost，1972；Kiørboe，1993；Waite et al.，1997）。大量研究曾使用细胞体积（V）和比表面积（S/V）作为表征浮游植物的主要形态学参数。比表面积（S/V）包含了细胞形态学信息，同时也能一定程度上反映营养盐的吸收与释放过程（Lewis，1976）。然而，这两个参数都无法表征藻细胞的光获取能力，因为这个能力主要取决于细胞的有效辐射面积（effective radiated area，ERA）。因此，它们也就无法用来描述浮游藻类最重要的生理过程——光合作用。

著者团队在前期研究中提出了可表征藻细胞光获取能力的指标——细胞投影面积（cellular projective area，φ_p），也就是将藻细胞投影至一个平面上对应的阴影部分的面积，以及用来描述藻类细胞能量需求的几何学参数——细胞扁平率（cellular flattening index，f），并以这两个参数为主建立了一个描述水体中藻类种群演替模型（Su et al.，2014a）。

1. 藻细胞几何体近似模拟

投影面积是指任何形体以一定方位或角度投射至一平面形成的阴影部分，如式（5-1）所示。

$$\varphi_p = \int \cos\beta d\varphi \qquad (5\text{-}1)$$

式中，β 是入射太阳光与平面之间的角度，φ 是原位表面积。最大投影面积（$\varphi_{p'}$）是 max（φ_p），即在不同角度下对应不同的投影面积，并且至少存在一个 β 使得投影面积 φ_p 最大。为简单起见，下文中最大投影面积（$\varphi_{p'}$）直接用投影面积（φ_p）表示。将水体中各类藻细胞近似地用 5 种典型的几何模型表示，并根据投影面积定义建立了 5 个计算 φ_p 的公式，如表 5-1 所示。

表 5-1　5 种藻细胞几何模型最大投影面积计算公式（苏命，2013；Su et al.，2014a）

几何模型	最大细胞投影面积（φ_p）	几何图及关键参数
球形	$\varphi_p = \pi r^2$	
椭球形	$\varphi_p = \pi ab$	
圆柱形	$\alpha = \arctan\left(\dfrac{2r}{h}\right)$ $\varphi_p = \pi r^2 \sin(\alpha) + 2rh\cos(\alpha)$	
双纺锤形	$\varphi_p = 4hr$	
长方体形	$\lambda = \sqrt{a^2+b^2+c^2}$；$\lambda_a = \sqrt{b^2+c^2}$； $\lambda_b = \sqrt{a^2+c^2}$；$\lambda_c = \sqrt{b^2+c^2}$； $l_i = \dfrac{i\,\lambda_i}{\lambda}$ $(i=a,\ b,\ c)$ $\varphi_p = l_a l_b \sqrt{1-\dfrac{\left[l_a^2+l_b^2-\lambda_c^2\left(1-\dfrac{(a^2-b^2)^2}{\lambda^2\lambda_c^2}\right)\right]^2}{4\,l_a^2 l_b^2}}$ $+l_b l_c \sqrt{1-\dfrac{\left[l_b^2+l_c^2-\lambda_a^2\left(1-\dfrac{(b^2-c^2)^2}{\lambda^2\lambda_a^2}\right)\right]^2}{4\,l_b^2 l_c^2}}$ $+l_c l_a \sqrt{1-\dfrac{\left[l_c^2+l_a^2-\lambda_b^2\left(1-\dfrac{(c^2-a^2)^2}{\lambda^2\lambda_b^2}\right)\right]^2}{4\,l_c^2 l_a^2}}$	

在天然水体中，水温与太阳辐射的相关性非常显著，可以将水温看成是水体接受太阳辐射累积的结果，因此如果营养盐在水体中是充足的，则光照就成为了影响藻细胞形态的最关键因素。在这种环境下，浮游藻类群落中具有较好光获取能力的藻种可能比具有较好营养盐获取能力的藻种更具有优势（Bruggeman et al.，2007）。光合作用将太阳能转化为化学能并以糖或者其他有机物的形式存储在细胞体内，并用以驱动浮游藻类所有的生理过程并维持细胞体对应的生物量。假定单位体积藻细胞消耗的能量相同，藻类种群演替模型最终可以表示为式（5-2）：

$$V = k\lambda\varphi_p \tag{5-2}$$

实际上，如果将藻细胞当作是一个椭球体（$a=b>c$，a，b：长半轴，c：短半轴），该模型在某种程度上具有确切的几何意义。在这个几何模型中，模型体积 V 代表藻细胞生物体积，φ_p 为椭球体中心平面面积（$\varphi_p = \pi ab$）。根据椭球体体积计算公式（$V = 3/4\pi abc$），可以推出 $k\lambda = 3/4c$ 或者说，$1.5k\lambda$ 可以被认为是藻细胞的高度，即椭球体的短轴（$2c$）。

椭球体的扁平率被用来描述藻细胞的形态，具有较小扁平率的藻细胞形状接近球形，如微囊藻（*Microcystis* sp.），相反具有较大扁平率的藻细胞则接近饼状，如盘星藻（*Pediastrum* sp.）。

2. 洋河水库藻类种群演替模型

利用 2009 年不同季节在秦皇岛洋河水库采集的 53 个样品，对式（5-2）表达的基于细胞形态学的种群演替模型进行了验证，如图 5-1 所示（Su et al., 2014a）。可以看出，式（5-2）较好地描述了洋河水库藻类种群形态数据。细胞投影面积 φ_p 和扁平率 f 是极为重要的两个藻细胞形态学参数，尤其有利于研究藻细胞的光获取能力。φ_p 反映了有效辐射面积，与细胞的光获取能力相关；扁平率 f 实质上是 φ_p/V 比值，反映了细胞的能量需求：扁平率小的藻细胞接近球状，能量需求较高；相反，扁平率大的藻细胞能量需求较低。

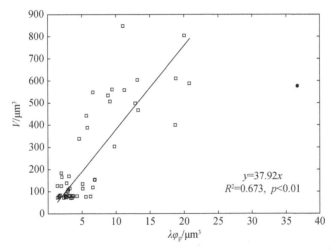

图 5-1　模型拟合不同环境因子下（太阳辐射、水体垂直混合过程）
藻细胞形态的变化（Su et al., 2014a）

浮游藻类生物群落的生态行为可以看成是来自光和营养盐动态变化等环境选择压力作用的结果。在 3 月、4 月，由于太阳辐射较弱，并且水体垂直交换能力强，藻细胞能够进入底层无光区，因此吸收的总有效辐射较低（Bruggeman et al., 2007）。这时，具有较大投影面积（φ_p）和扁平率（f）的藻种因为拥有较好的光获取能力而被环境选择；于是水库中藻类群落由体积较大、类似饼形的藻种主导，包含多甲藻属（*Peridinium* sp.）、库津新月藻（*Closterium kuetzingii*）、颗粒直链藻（*Aulacoseira granulata*）以及脆杆藻（*Fragilaria* sp.）。随着太阳辐射与水温的不断升高，水库从 6 月开始出现热分层，藻类生长进入旺盛期，此时具有较小投影面积和较大扁平率的藻细胞如舟形藻（*Navicula* sp.）、角甲藻属（*Ceratium hirundinella*）等生物量较高。随着时间推移，表层水体中太阳辐射非常充足，同时大部分营养盐被固定在藻细胞内，这样的环境条件适合具有高比表面积、营养盐获取能力强的藻细胞生长，而与光获取能力相关的投影面积和扁平率则变得次要。因而，在天然水体中很难在夏季时期出现细胞体积较大的藻种暴发，而在洋河水库，铜绿微囊藻（*Microcystis aeruginosa*）和惠氏微囊藻（*Microcystis wesenbergii*）占主导地位，表层营养盐在夏季藻类暴发期间被大量消耗。接下来的几个月中，随着温度的下降，水体的热分层现象开始瓦解（Boehrer et al., 2008），垂直对流能力加强，底层营养盐开始扩散至水体表层。同时，太阳辐射强度开始逐渐下降，这种环境又开始有利于光获取能力强的藻细胞。因而，具有较大扁平率 f 和投影面积 φ_p 的藻细胞包含针杆藻（*Synedra* sp.）和小环藻（*Cyclotella* sp.）在这段时期成为水库的优势藻。以一年为周期的藻类形态季节性动态变化能够用投影面积（φ_p）和扁平率（f）描绘出来，如图 5-2（b）所示（Su et al., 2014a）。

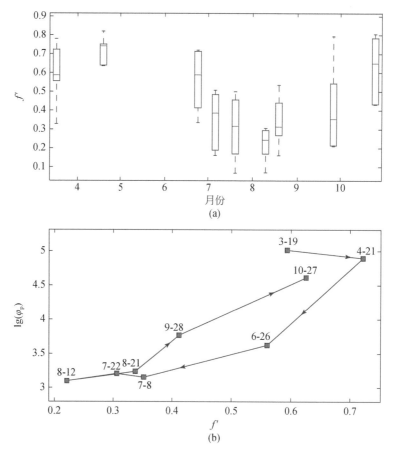

图 5-2　洋河水库中藻类群落结构的转换扁平率（$f'=e^f/e$）季节动态变化（a）；
通过 lg（φ_p）和 f' 两个参数阐述浮游藻类形态演替（b）（Su et al., 2014a）
（b）中 8-12 表示 8 月 12 日，后面类似

　　值得指出的是，在模型构建过程中，选择性地忽略或简化了一些过程：如用太阳高度

角的正弦值（sinθ）简单地替代了日总太阳辐射，忽略了云层覆盖的影响；模型也忽略了风对水体混合过程的影响，以及蓝藻细胞中气囊对藻细胞在水体中垂直位置的调节作用等；在夏季藻类暴发期间，将微囊藻等容易成团的藻细胞简化为分散的单细胞藻，忽略了藻细胞重叠对光照吸收的影响，从而高估了单位生物体积获取光能的能力；此外，也忽略了浮游动物捕食藻类带来的影响。

5.1.2　浮丝藻与微囊藻的竞争生长

生态位（ecological niche），又称小生境、生态区位、生态栖位或生态龛位，是指一个物种所处的环境以及其本身生活习性的总称。每个物种都有自己独特的生态位，借以和其他物种作出区分。生态位的概念是由 Grinnell 于 1917 年首次提出的（Grinnell，1917）。生态位的含义远不止是"生活空间"（温度、空气湿度等环境因素的综合，它是生物生存的依据）的一个抽象概念，它描述了一个物种在其群落生境中的功能作用，而且带有构成群落生境的自然因素所留下的烙印。它是一个物种为求生存而所需的广义"资源"，一般来说，一个物种只能占有一个生态位。生态位的环境因素（温度、食物、地表湿度、空间等）总和，构成概念生态位空间。这是一种 n 维超体积（但出于可视化的考虑通常会将它简化为二维或三维龛位图进行显示），每种环境因素成为一个维度。在两个生态龛位中，考虑的维度越多，两个生态龛位的差别就越明显，越容易被区分开。生态位研究已成为近代理论生态学的一个主要内容，种的生态宽度和中间生态重叠被认为是物种多样性及群落结构的决定因素，反映物种对资源的利用能力及其在群落或生态系统中的功能位置，也反映了其所在群落的稳定性（张桂莲等，2002），如图 5-3（a）所示。目前，国内关于生态位的研究已有许多报道（王仁忠，1997；李菁等，2000；刘贵华等，2001），但关于湖库中特定藻类种群的生态位，研究还比较少。

为了深入了解藻类种群动态变化对有害藻类暴发的影响，通常会研究藻类生理、生化以及行为特征等这些可能在自然选择中起关键作用的指标。每一个藻种都有其对应的一系列生态特点的集合，也就构成了它的生态位，如微囊藻的生态位是高温富营养化水体，而颤藻等底栖藻适宜在阳光充足的浅滩，有的藻甚至可在冬季冰下暴发等。通过了解各个藻种对应的环境条件，就可以准确地描述水力过程、营养盐分布及其潜在的生理行为对其生物量的影响，并最终可以找到有害藻类暴发的主要原因（如富营养化、热分层等）。

光是影响藻类生长的一个关键条件（Kirk，2011）。藻类生长需要光照，但光照强度过大也会发生光抑制效应（Kirk，2011）。不同藻类有不同的最低需光量和对高光的耐受力，这与藻细胞形态等生理特性有关，如微囊藻具有对高光的自我保护机制（Muhetaer et al.，2020）。微囊藻细胞投影面积小、比表面积大，因此比较适合在光照强度高但营养盐供给条件差的水体表面生长（Torres et al.，2016）。相比较而言，丝状产嗅藻细胞投影面积大、比表面积小，比较适合在光照强度较弱但营养盐较易获取的水体亚表层及底部生长（Su et al.，2019），如图 5-3（b）所示。

在实际水体中的调查结果证实了以上观点。图 5-4 为密云水库中表层浮游型蓝藻微囊

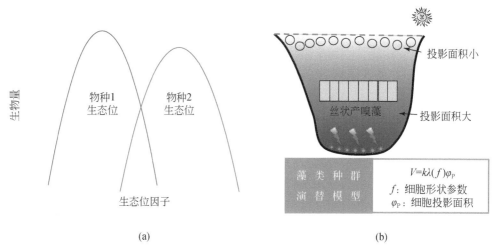

图 5-3 单因素下两个物种生态位示意图（a）及表层水华藻与丝状蓝藻之间的生态位示意图（b）

藻与亚表层丝状蓝藻浮丝藻的垂向分布图。微囊藻细胞主要集中在表层 0～2m，而浮丝藻在表层密度相对较低，在水下 4～6m 最高。挪威的研究发现浮丝藻主要在亚表层到水面下 11m 处之间生长（Halstvedt et al.，2007）。丝状产嗅藻与微囊藻之间生态位的差异决定了产嗅藻在光竞争上处于被动地位，只有当水体表层微囊藻细胞密度较低时才可获得生长空间（Su et al.，2014b；Su et al.，2019）。因此，丝状产嗅藻在营养盐相对不高、蓝藻水华不易暴发的水体中更容易发生（Su et al.，2015）。除光照强度以外，水体环境的光谱特征也与藻类种群演替有关，部分丝状蓝藻含有除叶绿素以外的藻红素等其他色素，能额外利用绿光等而增加其光竞争优势（Stomp et al.，2004；Jia et al.，2019）。

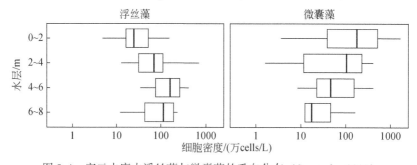

图 5-4 密云水库中浮丝藻与微囊藻的垂向分布（Su et al.，2019）

另外，从种群季节演替的角度也可得到相符的结论，图 5-5 为基于生态位理论分析密云水库中微囊藻与浮丝藻季节演替的过程（Su et al.，2019）。可以看出，微囊藻主要集中在光照较强的夏季生长，而浮丝藻则更适合在秋季生长。微囊藻在较强的光照下快速生长导致水体中营养盐的大量消耗，加上藻细胞在表层聚集显著降低了水体的透光率，进一步阻碍了其他藻种的生长。进入秋季后，随着营养盐的不断消耗以及光照强度的逐渐下降，水体环境不再适合微囊藻生长。随着表层微囊藻逐渐消亡，水体透明度逐渐增加，加上层化现象逐步缓解，水体中营养盐含量得以补充，形成了适合丝状蓝藻生长的水体环境。

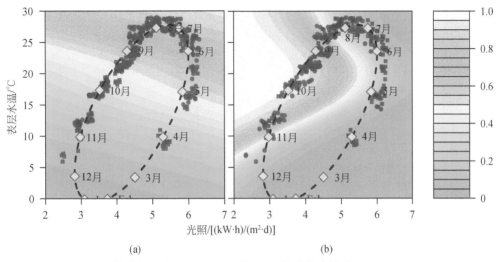

图 5-5　某水体中微囊藻（a）与浮丝藻（b）的季节演替过程（Su et al., 2019）

5.2　基于水下光照的产嗅藻生长控制策略

5.2.1　水下光强对丝状产嗅藻的影响

在实验室培养条件下浮丝藻细胞在不同光强下的生长及最大生长速率拟合如图 5-6 所示（Jia et al., 2019）。不同光强下浮丝藻的对数生长速率与光强的关系采用式（5-3）进行非线性拟合。其中，μ、μ_{max} 为藻类生长速率与最大生长速率，α 为曲线在光限制阶段的斜率，E 为入射光强，E_c 为藻细胞的补偿光强，即生长速率为 0 时的光强，这里作为该藻种在指定培养条件下所需最低光强，即光阈值。

$$\mu = \mu_{max}\left[1 - e^{-\left(\frac{\alpha(E-E_c)}{\mu_{max}}\right)}\right] \tag{5-3}$$

在 5 个光照条件下，最适合浮丝藻细胞积累的光强是 36~85μmol·photons/(m²·s)，此时最高细胞密度达到了 7.5×10⁸cells/L；36μmol·photons/(m²·s) 光照条件下浮丝藻的生长速率较高，达到 0.2/d。在最低光强 5μmol·photons/(m²·s) 下，浮丝藻几乎不能生长，细胞密度仅仅从接种时的 2×10⁶cells/L 增加到 32 天时的 5×10⁶cells/L；在最大光强 [250μmol·photons/(m²·s)] 下，浮丝藻的生长受到了明显的抑制，其最大生物量（3.9×10⁸cells/L）仅为最适光强下的一半左右，表现出明显的光抑制现象（Kirk，1994）。当光强从最适光强 36μmol·photons/(m²·s) 逐渐增大时，浮丝藻的最大生长速率出现了明显的下降。从光强和生长速率的拟合曲线可知浮丝藻在 25℃，12h∶12h 光暗比条件下的最低光阈值为 4.4μmol·photons/(m²·s)。

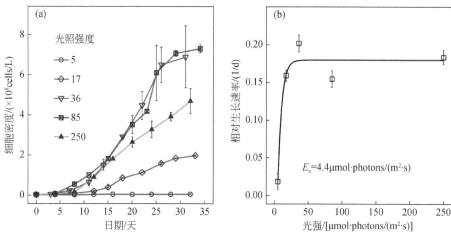

图 5-6　光照对浮丝藻生长的影响

（a）不同光强下浮丝藻细胞密度的变化（光强单位：μmol·photons/（m²·s），$n=3$）；

（b）不同光强下浮丝藻的最大生长速率，曲线表示用公式（5-3）拟合的结果

　　浮丝藻在不同光强下的 MIB 产量如图 5-7（a）所示，MIB 的产生规律与细胞生长基本一致，最大 MIB 产生量在 85μmol·photons/（m²·s）下出现，达到（1300±29）μg/L；36μmol·photons/（m²·s）下浮丝藻的细胞生长量虽然与 85μmol·photons/（m²·s）下接近，但 MIB 的产生量仅为后者的二分之一。低光强［5μmol·photons/（m²·s）］下浮丝藻的 MIB 产生量几乎可以忽略，而最高光强［250μmol·photons/（m²·s）］下浮丝藻的 MIB 产量也受到较大抑制，仅与 17μmol·photons/（m²·s）光强下的产生量持平。以对数期末期的单位细胞产嗅量与光强对比［图 5-7（b）］可知，在光抑制发生前，提高光强能显著增强 MIB 的产量（$p<0.05$），在 85μmol·photons/（m²·s）条件下达到最大单位细胞产嗅量［（1.6±0.4）pg/cell］，而当光强提高到 250μmol·photons/（m²·s）后单位细胞产嗅量［（0.25±0.01）pg/cell］出现了明显的抑制。

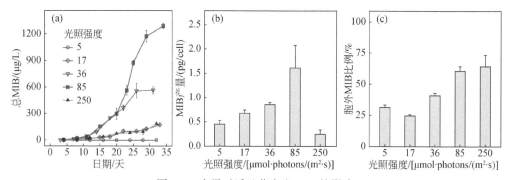

图 5-7　光强对浮丝藻产生 MIB 的影响

（a）总 MIB 随时间的变化；（b）对数期末期单位细胞 MIB 产量随光强的变化（28 天）；（c）胞外 MIB 比例随光照强度的变化

　　光照对胞外 MIB 的释放也存在明显影响。随光照增强，胞外 MIB 的比例从 17μmol·photons/（m²·s）光强下的 25% 逐渐提高到 250μmol·photons/（m²·s）下的 66%。

同时，著者团队还在密云水库开展了原位模拟实验（Jia et al., 2019；贾泽宇，2019）。如表 5-2 所示，实验期内测得原位实验位置水下 0.5m、1.5m、3.5m 和 5m 处的日平均光强分别为 148.5μmol·photons/（m²·s）、66.1μmol·photons/（m²·s）、12.9μmol·photons/（m²·s）和 3.8μmol·photons/（m²·s）。原位实验的结果见图 5-8。由于在水下 5m 处的实验组浮丝藻全部死亡，因此未包含在图中。其余 3 组实验（0.5m、1.5m 和 3.5m）下的藻细胞密度分别为（2.3±0.5）×10⁶cells/L、（2.6±0.9）×10⁶cells/L 和（0.5±0.1）×10⁶cells/L，基本处于同一个数量级。与实验室相同光照条件下的藻细胞密度相比，原位实验的细胞密度较低，这可能与营养盐较低及现场环境较差有关，其中 3.5m 处的浮丝藻密度与接种密度（1.0×10⁶cells/L）相比甚至略有下降。三个水深下的总 MIB 产量分别为（319±137）ng/L、（2097±1174）ng/L 和（158±63）ng/L，与藻细胞密度的变化趋势基本一致。最大单位细胞产嗅量［（0.6±0.2）pg/cell］同样在 1.5m 处获得。在 3.5m 水深处的光强（12.9μmol·photons/（m²·s））略大于实验室得到的光阈值（4.4μmol·photons/（m²·s）），浮丝藻在这个水深下细胞密度虽有降低，但其单位细胞产嗅量［（0.4±0.2）pg/cell］仍然十分可观，说明其在这个光强下能继续生存。

表 5-2　原位实验期间的日平均光照强度

水深/m	光强/［μmol·photons/（m²·s）］		
	最小值	平均值	最大值
0.5	15.2	148.5	449.3
1.5	4.7	66.1	119.3
3.5	0.1	12.9	27.3
5.0	0.0	3.8	11.2

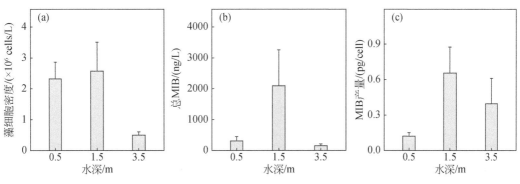

图 5-8　原位实验结果，样品采集自实验开始后的第 15 天

（a）不同深度下的藻细胞密度；（b）总 MIB；（c）单位细胞 MIB 产量

光作为几乎所有光合自养生物的唯一能量来源，对蓝藻的生长和产嗅也起到至关重要的作用。根据本研究的结果可以看出 MIB 的产生与细胞增长呈正相关，与之前利用产 MIB 蓝藻 *Oscillatoria f. granulate*（Tsuchiya et al., 1999）、席藻（*Phormidium* sp.）（Li et al.,

2012）和产 GSM 蓝藻卷曲长孢藻（*Dolichospermum circinalis*）、席藻（Li et al.，2012）的研究结论一致。实验室培养中浮丝藻的最佳生长、产嗅条件均为中等光强［36μmol·photons/（m²·s）和85μmol·photons/（m²·s）］，与原位实验得到的1.5m水深处的光强接近。在3.5m处的光强比实验室得出的光阈值略高，原位实验中浮丝藻仅能勉强维持生物量，而当水深达到5m时，水下光强低于其光阈值，浮丝藻则全部死亡，与实验得出的光阈值相符。表5-3 总结了关于浮丝藻光阈值的研究，可见光阈值范围随种和条件的不同而略有不同，但均在 1.01～3.39μmol·photons/（m²·s）范围内，略低于本研究得出的光阈值［4.4μmol·photons/（m²·s）］。其中，细胞中含有藻红素能额外吸收绿光可增强其对低光的适应能力，可能是导致光阈值差异的部分原因，还可能与实验精度及误差有关。

表5-3 有关浮丝藻光阈值的总结

藻种（属）	最适温度/℃	是否含藻红素（PE）	光阈值 /［μmol·photons/（m²·s）］	参考文献
P. rubescens	20	是	1.76	（Bright et al.，2000）
P. rubescens	20	是	2.17	（Bright et al.，2000）
P. rubescens	25	是	2.31	（Bright et al.，2000）
P. agardhii	25	否	3.39	（Bright et al.，2000）
P. agardhii	24	否	1.01	（Torres et al.，2016）
P. sp.	25	否	4.40	（Jia et al.，2019）

不同光强下浮丝藻的单位细胞产嗅量在 0.25～1.5pg/cell 变化，比原位条件对应光强下的产嗅量（0.1～0.7pg/cell）略高，与席藻在同一数量级（0.2～0.7pg/cell）（Li et al.，2012），但比在密云水库调查得到的结果高一个量级（0.085pg/cell）。挥发作用在 MIB 的损失中占主导作用，实验室和原位实验均采用密闭培养，因此估算出的单位细胞产嗅量比实际水体中的估算值大也属于正常现象。本研究中光强对浮丝藻细胞增殖和单位细胞产嗅量呈现相同的影响，与 Li 等（2012）和 Alghanmi 等（2018）的结果一致，说明产嗅与生长密切相关，因此控制嗅味物质浓度的关键还是控制产嗅藻细胞生长。

5.2.2 水下光谱对丝状产嗅藻的影响

在已经报道的 MIB 嗅味事件中，主要产嗅藻包括颤藻、席藻、鞘丝藻等底栖藻，但近年来有关浮游型假鱼腥藻（*Pseudanabaena* sp.）引起的 MIB 事件越来越多（Izaguirre et al.，1998；Izaguirre et al.，1999；Chiu et al.，2016）。相对于底栖藻有比较固定的栖息地，浮游藻可以在水中调节自身位置，以期获得足够的营养盐和适合的生境（Walsby et al.，1980）。光是几乎所有光能自养生物唯一的能量来源，浮游藻可以调节自身在水中的位置，因而在对光的利用上存在较大的优势。一般来说，叶绿素是蓝藻进行光合作用的主要色素，它可以吸收大部分的红光和紫光但反射绿光。香叶基焦磷酸（geranyl pyrophosphate，GPP）是 MIB 及叶绿素 a 合成的共同前体物（Bentley et al.，1981；Zimba et al.，1999）。因此，光不仅会影响产嗅藻的生长，还可能会同时影响 MIB 合成。

假鱼腥藻在不同光强下的细胞增殖和总 MIB 变化见图 5-9（Jia et al.，2019）。在最低光强［5μmol·photons/（m² · s）］下假鱼腥藻很难生长，在整个培养期细胞密度逐渐下降。Zhang 等（2016）的研究表明，假鱼腥藻在 12h：12h 光暗比，10μmol·photons/（m² · s）下可以生长，但生长速率极低。因此可以推测，假鱼腥藻生长所需的最低光强在 5 ~ 10μmol·photons/（m² · s），比其他丝状蓝藻如 *Planktothrix rubescens*［2.31μmol·photons/（m² · s），25℃］（Davis et al.，2002）和阿氏浮丝藻（*Planktothrix agardhii*）［1.01μmol·photons/（m² · s），24℃］（Torres et al.，2016）要略高。

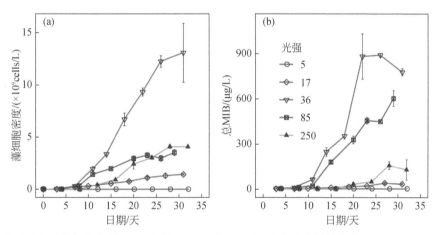

图 5-9　光强对假鱼腥藻细胞生长（a）和总 MIB 积累（b）的影响［光强单位为 μmol·photons/（m² · s）］

中等强度光强［36μmol·photons/（m² · s）］下假鱼腥藻在第 32 天达到最大细胞密度［（1.3±0.3）×10¹⁰cells/L］，其最大生长速率（0.56d⁻¹）和最大生物量［（11.7±0.9）× 10⁹cells/L］也达到最大。Zhang 等（2016）采用同一藻种得出最适生长光强在 20 ~ 40μmol·photons/（m² · s），与本实验的结果基本一致。假鱼腥藻的最适生长光强比其他浮游藻如铜绿微囊藻［60μmol·photons/（m² · s）］略低（Torres et al.，2016），但是最大生长速率相差不多（0.51 ~ 0.56/d），并且比其他丝状蓝藻如 *Planktothrix rubescens*（20℃下 0.12/d，25℃下 0.3/d；12h：12h 光暗比）要高出不少（Bright et al.，2000；Davis et al.，2002）。

当光强达到 85μmol·photons/（m² · s）时，假鱼腥藻的生长受到明显的抑制，表明假鱼腥藻易发生光抑制。然而假鱼腥藻在水中能调节自身位置（Brookes et al.，1999）以获得合适的光照，加上其较高的生长速率，一旦水体中条件合适，假鱼腥藻能很快成为优势藻。相反，微囊藻在光强高达 500μmol·photons/（m² · s）时仍能保持较高的生长速率（Raps et al.，1983；Torres et al.，2016）。

MIB 的产生与藻的生长表现出类似趋势，最大的 MIB 浓度［（897±75）μg/L］发生在最适生长光强下，这与之前的许多研究一致（Zimba et al.，1999；Li et al.，2012）。图 5-10（a）是对数期末假鱼腥藻在不同光强下的单位细胞产嗅量。与细胞密度不同，最

大单位细胞产嗅量 〔（0.20±0.03）pg/cell〕出现在 85μmol·photons/（m² · s）条件下。当光强达到 250μmol·photons/（m² · s）时，单位细胞产嗅量受到明显抑制。

从图 5-10（b）可以看出，假鱼腥藻生长对数期末的胞外 MIB 比例不受光强影响，胞外 MIB 的比例在 5～250μmol·photons/（m² · s）的光强条件下变化不大，在 28%～36% 波动，这一比例远低于其他产 MIB 蓝藻（席藻，60%～80%）（Li et al.，2012），表明在假鱼腥藻引起的嗅味事件中应尽可能避免藻细胞破裂，降低 MIB 释放量。

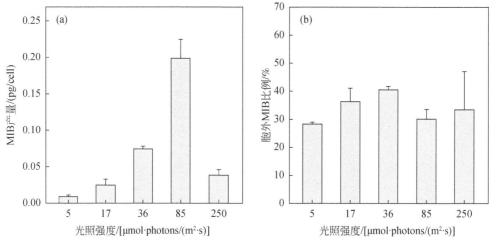

图 5-10　光强对假鱼腥藻单位细胞 MIB 产量（a）和 MIB 释放（b）的影响
（数据取自对数期末（28 天），25℃，$n=3$）

假鱼腥藻是淡水蓝藻中为数不多的同时含有藻红素的一个属（Dokulil et al.，2012；Kling et al.，2012）。此外，席藻等一些底栖产嗅藻也被报道含有藻红素（Li et al.，2012）。图 5-11 显示的是假鱼腥藻在不同光谱下的生长与产嗅特征，可以看出假鱼腥藻在红光下的生长比其他光谱条件下的生长要快很多，在培养 30 天时的最大细胞浓度 〔（30±2）×10⁹ cells/L〕为绿光和白光下的 3～4 倍。意料之外的是假鱼腥藻在蓝光下全部死亡。从理论上看，叶绿素可以吸收蓝紫光（Kirk，2011）。Luimstra（2018）的研究认为蓝藻利用蓝光的能力比真核藻类要弱，因为蓝光会造成蓝藻光合系统 Ⅰ 和 Ⅱ 之间电子传递不平衡。Mishra 等（2012）发现假鱼腥藻在蓝光下是可以生长的，但实验采用的光强极低 〔85lux，换算为光量子时低于 1μmol·photons/（m² · s）〕。这里假鱼腥藻不能生长的原因可能是蓝光光强 〔30μmol·photons/（m² · s）〕远远超过其能耐受的光强，导致细胞死亡。

尽管绿光下假鱼腥藻的细胞密度较之红光低很多，但其总产嗅量 〔（1872±90）ng/L〕却与红光下 〔（2436±23）ng/L〕比较接近。因此绿光下单位细胞产嗅量 〔（1.23±0.02）×10⁻¹pg/cell〕明显比红光 〔（0.78±0.04）×10⁻¹pg/cell〕和白光 〔（0.55±0.06）×10⁻¹pg/cell〕下高（$p<0.05$）。

不同光谱下培养的假鱼腥藻的吸收光谱如图 5-12（a）所示。可以看出在 570nm 处的吸收有明显不同，说明假鱼腥藻在不同光谱培养下的藻红素产生量有明显不同。培养过程

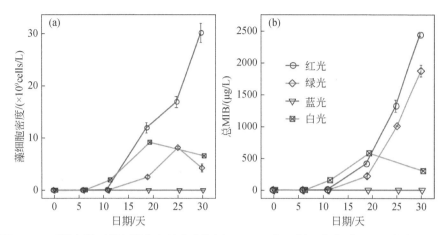

图 5-11　不同光谱下假鱼腥藻生长产嗅特征（25℃，红、绿、蓝光下 $n=3$，白光 $n=1$）

（a）藻细胞密度；（b）总 MIB

的照片如图 5-12（b）所示，从左到右依次是红光（3）、绿光（3）、蓝光（2）和白光（1）。假鱼腥藻在红光培养下呈现绿色，吸收光谱分析结果也显示其几乎不产生藻红素，这也导致其叶绿素 a 与藻红素的比例（14.2 ± 1.2）明显高于绿光（1.2 ± 0.3）和白光（1.9 ± 0.4）下培养的细胞 [$p<0.05$，图 5-13（b）]。这种现象在假鱼腥藻（Acinas et al.，2009）、小球藻（*Chlorella vulgaris*）（Shu et al.，2012）以及螺旋藻（*Spirulina platensis*）（Chen et al.，2010）等其他研究中也有出现。Kirk（2011）认为藻红素属于受光谱影响的诱导色素，当环境中有绿光存在时某些藻类才会产生，而当假鱼腥藻暴露在红光下时，由于缺少绿光诱导，并不会产生藻红素，这对藻类的好处是有更多的碳可以用于细胞合成。在绿光培养下，假鱼腥藻呈现出棕红色，表明细胞产生了藻红素。理论上说，叶绿素 a 几乎不吸收绿光，在绿光培养中理应不会产生叶绿素 a。但是从生物能量传递的路径来看，无论光子最初被哪种色素吸收，最终的电子受体都是叶绿素 a（Wehrmeyer，2003）。因此，在绿光培养中藻红素吸收的能量必须有叶绿素 a 作为电子受体，假鱼腥藻无论在何种光谱培养下，都会产生叶绿素 a。由此也可以看出藻红素的光合作用效率较低，因而在红光培养下假鱼腥藻会停止生成藻红素。

图 5-13（b）展示了生长对数期末假鱼腥藻在不同光谱下的色素累积量。绿光培养下叶绿素 a 的荧光强度大致是红光下的 1.69 倍、白光下的 2.51 倍，与单位细胞 MIB 产量几乎完全对应。由此也可以看出 MIB 的合成与叶绿素 a 的合成具有相关性。尽管从代谢途径来看，MIB 与叶绿素 a 共享同一前体物 GPP（Zimba et al.，1999），但二者之间分子量相差巨大，MIB 的合成对叶绿素 a 的合成几乎不会构成影响。当把所有光谱实验中的数据作相关性分析时，可以发现叶绿素 a 含量与 MIB 浓度之间有着良好的相关性（$r^2=0.57$）。Tuji 和 Niiyama（2018）发现一株产 MIB 假鱼腥藻不含有藻红素，也表明藻红素对 MIB 的合成没有影响。但是本次实验发现，在绿光条件下，藻红素和叶绿素 a 的合成均得到加强，从而导致假鱼腥藻单位细胞产嗅量的增加。MIB 的合成与叶绿素 a 的合成密切相关，而与藻红素的合成无关，但藻红素对于假鱼腥藻仍有重要意义。Stomp 等（2007）的研究表明含

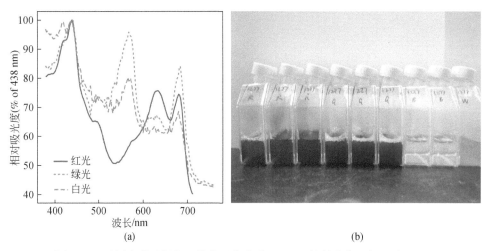

图 5-12　不同光谱下假鱼腥藻的吸收光谱（a）和培养末期现场照片（b），
吸收曲线代表了不同的色素组成

有多种光合色素的藻类在竞争中更具优势，因为它们能利用更广泛的波长。

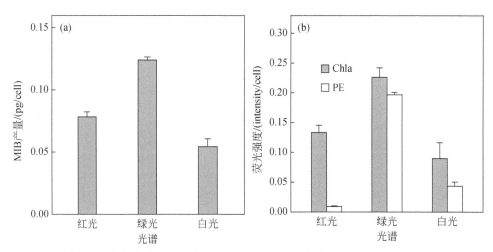

图 5-13　不同光谱对假鱼腥藻单位细胞产嗅量（a）和光合色素产量（b）的影响（25℃，$n=3$）
蓝光下的数据未包含在内

5.2.3　丝状产嗅藻的原位控制策略

如前所述，丝状产嗅藻适宜在水体亚表层及底部生长，该特点为精准控制其生长提供了有利条件。光在水中呈对数衰减，光照强度主要受到水深及水体消光系数的影响。因此，通过调节水库水位或消光系数（浊度）可以控制水下光照强度至不利于丝状产嗅藻生长的范围（图 5-14），从而大幅压缩适宜丝状产嗅藻生长的水体区域，达到原位控制水源嗅味的目的。

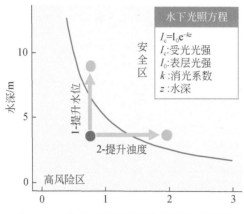

图 5-14 丝状产嗅藻的原位控制技术原理

5.3 产嗅藻控制策略在密云水库的验证

5.3.1 密云水库的土霉味问题

密云水库是北京市最主要的地表水源地，受到严格保护，总体上属Ⅱ类水体。然而，自 2002 年以来，每年 9~10 月水库中局部区域出现产 MIB 的浮丝藻（*Planktothrix* sp.），导致饮用水嗅味问题的发生。为了控制嗅味，水厂不得不在取水口投加粉末活性炭进行处理。为什么像密云水库这样得到充分保护、富营养化程度也不是很高的水体会发生 MIB 嗅味问题呢？

根据我国水源地嗅味调查结果，湖库型水源地中 MIB 引起的藻源嗅味问题占很大比例（Sun et al.，2014）。第 4 章已经探讨了 MIB 的主要产嗅藻为适合中等光强的丝状蓝藻如颤藻（*Oscillatoria* sp.）、浮丝藻（*Planktothrix* sp.）等（Seligman et al.，1992；Hamed et al.，2003）。以往研究往往将蓝藻与水体富营养化联系在一起，因此关注点通常局限于富营养化的水体中（Paerl et al.，2008；Yang et al.，2008；Adam et al.，2011；Brookes et al.，2011；Naselli-flores，2011）。然而，近年来越来越多的研究发现即使在中营养甚至贫营养的水体中，底栖藻和深水型藻类生长导致的嗅味问题仍然频繁发生（Mez et al.，1998；Wood et al.，2012；Catherine et al.，2013）。实际上，当水体处于贫营养状态时，水体表层的营养盐浓度较低而无法支撑浮游型蓝藻大量生长，从而有利于增加水体的透明度，因此为底栖藻和适合深水区生长的藻类提供足够的光照（Scott et al.，2012；Catherine et al.，2013）。同时，即使在总体上被认为是贫营养的水体中，水体底部尤其是底泥中通常也会富集大量的营养盐，这就为适宜在深水区生长的藻类源源不断地提供营养盐。由此可以看出，富营养化程度不高的水体反而有可能成为产 MIB 蓝藻生长的温床。

密云水库总库容为 4.3×10⁸ m³，自 1999 年以来持续干旱导致水库水位不断降低（Gao et al., 2013），这可能是导致 2002 年产嗅浮丝藻暴发的重要原因。著者团队的研究结果表明，浮丝藻的暴发出现在表层微囊藻消亡时，正是因为表层藻细胞的大量死亡增加了水体的透明度，为适宜于底部生长的浮丝藻提供了所需的光照（Su, 2015；Su et al., 2017）。

5.3.2 产嗅藻及 MIB 的时空分布

著者团队在 2009～2012 年连续四年对密云水库中藻类种群、嗅味物质以及其他相关水质参数进行了长期的跟踪监测，通过对相关数据的分析，探明了密云水库产嗅浮丝藻的主要空间与季节分布特征，阐明了浮丝藻的生长驱动机制（苏命，2013，2015；Su et al., 2015）。如图 5-15（上）所示，密云水库中浮丝藻生物量的季节变化十分显著。3 月到 7 月，浮丝藻细胞密度维持在非常低的水平，平均浓度为 7.1×10³ cells/L；在 8 月时其浓度逐渐升高，平均浓度为 9.4×10⁴ cells/L 左右；最高浓度 3.7×10⁵ cells/L 在 9 月出现，在 10 月及随后的月份，浮丝藻的密度快速下降。从浮丝藻的检出率来看，3 月至 7 月的样品中仅有 10% 样品检出浮丝藻，其中北部浅水区（NSR）与西部深水区（WDR）的检出率略高于其他两个区（分区的信息见图 5-16）。到 8 月，东北部浅水区（NESR）、南部深水区（SDR）以及北部浅水区样品中浮丝藻的检出率大幅升高至 60%～80%，而西部深水区的检出率仍然保持在较低的水平，约为 25%；到 9 月，南部深水区的检出率从 60% 升高至 75%，而其他三个区的检出率基本维持不变。

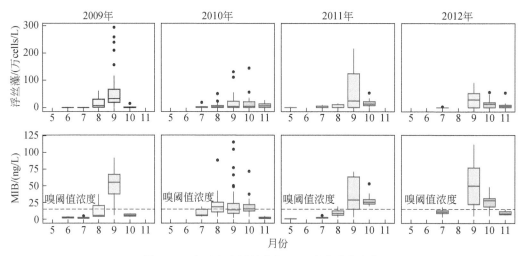

图 5-15 密云水库浮丝藻与 MIB 浓度季节变化

如图 5-15（下）所示，密云水库水体中致嗅物质 MIB 浓度的季节变化与浮丝藻一致。5 月至 7 月，水体中 MIB 的浓度要低于其嗅阈值浓度，随后浓度持续升高，到 9 月达到最高值，然后逐渐降低，直到 11 月降至嗅阈值浓度以下。根据 MIB 与浮丝藻两者的季节变化规律的一致性，可以推断出浮丝藻很可能是 MIB 的主要生产者。因此，解析浮丝藻在密云水库中的主要栖息地十分必要。

已有文献报道浮丝藻适合生长在水体底层，只要水中的光照能满足其光合作用所需的最低光照强度（Halstvedt et al., 2007；Savichtcheva et al., 2011；Dokulil et al., 2012）。考虑到密云水库水面面积非常大（约为 188km²），而且大部分区域的水深达到 20~30m，无法通过在整个水库密集采样来确定浮丝藻的主要栖息地。在本研究中，假定产嗅蓝藻在生长过程不断释放致嗅物质，不同生长周期均有部分藻细胞代谢产生 MIB，加上 MIB 的生物降解过程相当缓慢（Li et al., 2010），因此采取通过监测 MIB 的浓度变化来反映水体中浮丝藻密度变化的措施。在 7 月、9 月、10 月和 11 月 4 个月采集了水样分析 MIB 在密云水库各库区的空间分布特征，包含水平分布与垂直分布两方面的信息，4 个月的平均值显示在图 5-16 中。结果表明，在北部浅水区，绝大部分采样点（73%）底层水体中 MIB 的浓度要高于表层水体，但是在别的库区水体底层与表层之间并没有明显差异（$p>0.05$）。在 7 月，密云水库各库区水体中 MIB 的平均浓度为（5.80±0.54）ng/L，由于浓度太低而无法分析其在各库区之间的差异。到 9 月，水体中的 MIB 平均浓度增加到（44±33）ng/L；此时，由图中可以清晰看出各库区之间的差异，其中北部浅水区的浓度最高为（67±37）ng/L，其次为东北部浅水区，浓度为（48±26）ng/L，南部深水区与西部深水区的浓度要低很多，分别为（37±25）ng/L 与（12.0±8.7）ng/L。图 5-16 为垂向分布特征，可以看出，9 月大部分的采样点中底层 MIB 浓度要高于表层水，在两个浅水区特征尤为突出。

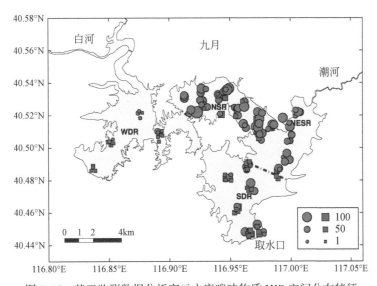

图 5-16　基于监测数据分析密云水库嗅味物质 MIB 空间分布特征

通过以上的分析可以看出，密云水库北部浅水区是浮丝藻的主要生长区域，该区域水深相对较浅（平均水深 6m，水深 0~10m），光照可透射至部分水体底部，且底泥中营养盐也容易传输扩散到水体中，有利于浮丝藻在该区域生长。

进一步采用分位回归的方法确定了浮丝藻的生物量与其嗅味产物 MIB 之间的关系，如图 5-17 所示。模型结果表明（Su et al., 2015），当浮丝藻的细胞密度超过 $4.0×10^5$ cells/L

时，水体中 MIB 超过其嗅阈值浓度（>10ng/L）的风险达到90%以上；当水体中浮丝藻的细胞密度降至约为 $4.0×10^4$ cells/L 时，水体中出现嗅味问题的风险将降至50%左右；若能将水体的浮丝藻细胞密度控制在 $1.6×10^4$ cells/L 以下时，水体出现嗅味风险将能控制在10%以下。

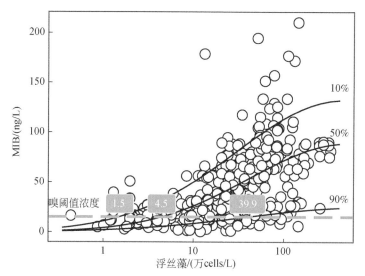

图 5-17　密云水库嗅味风险评估（Su et al.，2015）

5.3.3　水位对产嗅藻的影响

浮丝藻细胞密度与水深之间的关系如图 5-18 所示（Su et al.，2017）。该图中共包括了27 个样品，采样点对应的水深为 $1.8 \sim 11.0$m，所有样品细胞密度在 $1.0×10^4 \sim 4.2×10^6$ cells/L。根据浮丝藻细胞密度与水深之间的相关性，可以看出水深可能是影响浮丝藻生长的一个主要环境因子（$R=0.72$，$p<0.05$）。

可以看出，当水深低于 5.15m 时，水体中浮丝藻的密度将会超过 $4.0×10^5$ cells/L，意味着在该区域水体中发生嗅味问题的风险将高达 90%；而如果将水深提高至 7.43m 时，浮丝藻的细胞密度将会降低，水体发生嗅味问题的风险将会相应地降低至 50%；当水深高于 8.70m 时，对应风险将降低至 10% 以下（Su et al.，2015，2017）。

由于水深越浅，对应的风险越高，因此基于图 5-18 的结果，可将水深小于 7.43m 的浅水区定义为水库中的高风险区。根据密云水库地形，不同水位下水库高风险区面积的动态变化情况如图 5-19 所示（Su et al.，2017）。结果表明，随着水位上升，高风险区的总面积逐渐减少。对比不同水位时高风险区的组成部分可以看出，当水位为海拔 137.0m 时，高风险区主要由北部浅水区以及水库中部分岛屿组成；当水位上升至 144.0m 时，大部分岛屿被淹没至水面下 7.0m，而不再成为高风险区；当水位继续上升至海拔 151.0m 以及海拔 158.0m 时，主要的风险区将移至北部浅水区的浅滩。

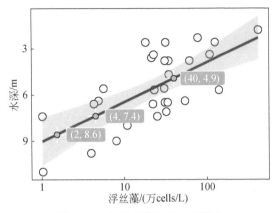

图 5-18 水深对浮丝藻生长影响

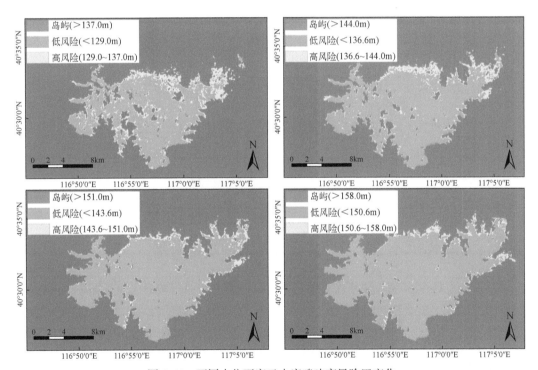

图 5-19 不同水位下密云水库嗅味高风险区变化

2015 年，密云水库开始接受部分南水北调中线调水，以补充其由于常年干旱导致的失衡水量。因此，为了最大限度地降低密云水库发生嗅味问题的风险，可考虑利用南水北调中线来水调控密云水库水位，控制产嗅浮丝藻的生长。图 5-20 为水位优化的操作曲线（Su et al.，2017）。当密云水库水位在 140m（海拔高程，下同）时，高风险区域占总水面面积约为 20%；随着密云水库水位升高，风险区所占比例不断下降。根据该曲线，建议密云水库的水位在高风险季节（秋季）维持在 146.3m 以上可有效抑制水库中产嗅藻的生长，进而控制水源嗅味问题。2017 年以来，密云水库在南水北调中线来水补充下水位得到显著提升，目前已长期维持在安全水位以上。根据实际监测数据显示，产嗅浮丝藻密度非常低，MIB 浓度维持在嗅阈值浓度以下。由此可见，图 5-20 显示的操作曲线具有良好的实用价值。

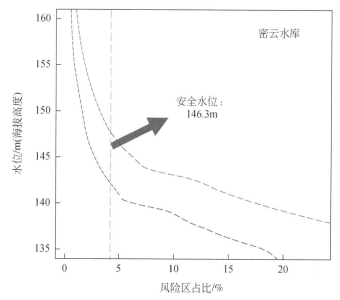

图 5-20 基于调水优化密云水库水位控制产嗅藻的操作曲线

5.4 物理化学控藻技术

5.4.1 去层化技术

多数水深超过 30m 的水源水库夏季都会普遍出现温度分层现象，自上而下形成水温变幅较小的变温层、温度梯度较大的跃温层和水温恒定的等温层（Lewis，1983）。跃温层阻碍上下水层的物质和能量交换，水体底部溶解氧会因各种生物和化学反应而消耗，当底部溶解氧浓度低于 2mg/L 时，底泥中的无机和有机污染物会大量释放形成内源污染，并由此引发水体富营养化等一系列水质问题（孙昕等，2014）。为保证和提高深水型湖泊水库的水质，破坏湖库水体温度分层是一种经济有效的水质改善方法。

理想的破坏分层技术应该是效果好、能耗低、排碳少，但实际湖泊水库的地形和水温结构非常复杂，在计算破坏分层系统的能量需求方面存在较大的不确定性，在优选各种破坏分层技术时也面临能量效率的计算基准缺乏的问题。理论上，湖泊水库分层破坏前后水体的温度结构发生改变，破坏分层后低温高密度的水体可能会上浮至水体上层，导致水体总势能会相应增加，增加量即近似为破坏分层所需的最小能量，破坏分层系统实际的能量输入则取决于破坏分层系统的能量效率。

　　破坏水库水温分层的传统技术主要有机械混合、空气混合、扬水曝气混合三大类，这些混合技术的核心是通过机械驱动或气提原理提升水库底部水体，使其与表层水体混合；图 5-21 为气泡发生器与表层水体混合泵工作原理示意图（Newcombe et al.，2010a）。水库分层期间，上层水体温度较高、密度较小，而下层水体则相反。从破坏分层的角度而言，不论采取何种方式使上下层水体发生混合循环时，上层低密度水体下潜至下层高密度水体时会受到较大的浮阻力，这是水体混合时主要的阻力来源。此浮阻力与上下层水体密度差成正比，即水温分层越强（如夏季）、跃温层温度梯度越大，所受浮阻力越大；水深越大，所受浮阻力也越大。等效重心高度主要取决于水体温度结构，水库分层结构变化，水体的重心也随之变化。对于分层水库，底部水体密度大，水库水体重心偏低；水温分层被完全破坏后，水库水体的重心会升高，升高的幅度取决于水域大小和原来的水温结构（孙昕等，2014）。

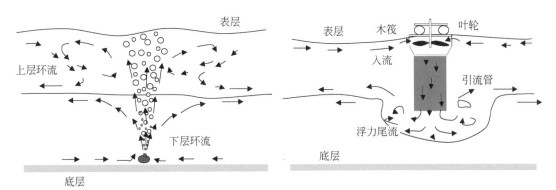

图 5-21　通过底部气泡发生器和表层水体混合泵加强水体对流而达到水体去层化效果
（Newcombe et al.，2010a）

5.4.2　营养盐管控

　　降低藻类的暴发风险可以通过控制水体营养盐的输入来实施，而磷在环境水体中往往是藻类生长的最关键限制因子，因此控制磷的输入是营养盐管理中最主要的目标。有报道发现当水体中溶解性磷酸盐（filterable reactive phosphorus，FRP）的浓度低于 $10\mu g/L$ 时会制约藻类生长（Reynolds，2006）；另外，水体中溶解性无机氮（soluble inorganic nitrogen）的浓度低于 $100\mu g/L$ 时将无法支撑藻类在生长季节的生长（Reynolds et al.，2002）。尽管营养盐可以通过底泥内源释放或者大气沉降等方式进入水源地水体，但最主要的来源是通过流域面源排放。因此，从源头上控制水源地的外源污染是一项长期且意义重大的目标，但也是一项极为复杂和耗资巨大的任务。一方面通过减少流域中营养盐的投入，另一方面加强流域管理，尽可能保持流域中的磷等营养盐不被水体带走进入水源地，减少流域中废水排放和农业灌溉对营养盐的贡献，加强暴雨径流管理等都是重要的措施。

　　对于水源地管理部门来说，主要任务是对湖库内源污染的控制。有人尝试向水中投加铁盐混凝剂进行水体中磷的固定（刘静静等，2006），该方法对喷洒药剂时的混合程度有较高的要求。但是，产生的磷酸铁沉淀到水底，当水体底部出现厌氧状况后，铁盐有可能被还原为亚铁离子，导致磷酸铁中的磷又被释放出来。澳大利亚研制了一种基于稀土金属氧化物的磷封闭剂，该药剂对于磷有更强的结合能力，而且与稀土金属结合的磷在水中相对比较稳定，不太容易释放出来。

5.4.3　取水口调节

水库型水源地的取水口往往设置在靠近水库大坝处，水深相对较深。水质在垂向上分布不均匀，水体表层阳光充足，若水体营养盐条件合适，在夏季往往聚集大量蓝藻细胞，此时这部分水体水质由于藻细胞的存在，尤其是藻类有害代谢产物如藻毒素和致嗅物质超标，会威胁到饮用水安全，因此需要避免从表层取水。此外，不同的藻种对应不同的生态位，如图 5-22 所示为长孢藻（*Dolichospermum* sp.）与浮丝藻（*Planktothrix* sp.）在水体中的垂向分布（Chorus et al., 1999），可以看出长孢藻主要分布在水体表层，其最高浓度在水下 1m 左右，而浮丝藻的最高浓度在水下 11m 左右。如果考虑到季节变化，则结果变得更加复杂，如图 5-23 所示（Halstvedt et al., 2007）。可以看出，在不同季节藻类在水体中的主要分布位置并不相同，因此在不同季节需要根据当时的水质垂向分布确定取水深度和取水方案。除了考虑藻类及其代谢物外，水体分层时底层水体处于缺氧甚至厌氧环境，有利于沉积物中铁、锰等离子以及营养盐的释放影响水源水质，这种情况下也需要避免取底层水体。因此，在水源地取水口设计时，应尽量设计为多层取水，以便根据水体垂向水质分布情况能取到水质良好的水。

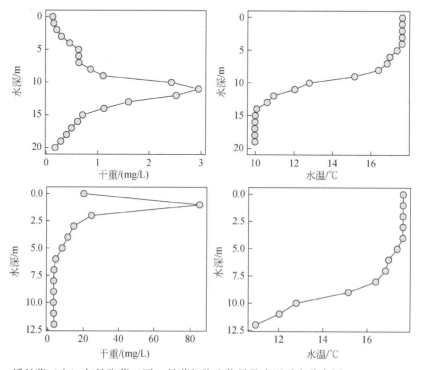

图 5-22　浮丝藻（上）与长孢藻（下）的藻细胞生物量及水温垂向分布图（Chorus et al., 1999）

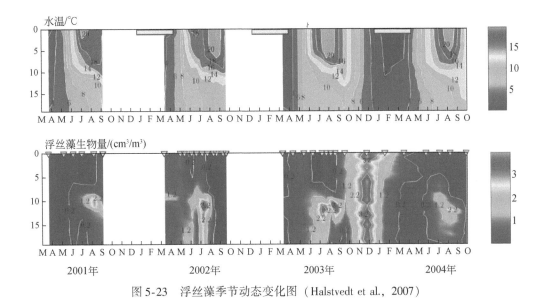

图 5-23　浮丝藻季节动态变化图（Halstvedt et al.，2007）

5.4.4　化学杀藻技术

化学杀藻是一种简便、应急控制水华的办法，可以快速取得杀藻的效果。目前常用的化学除藻剂有硫酸铜或含铜有机螯合物等，近年来也新开发了基于过氧化氢的杀藻剂系列。

表 5-4 为目前常用的杀藻剂名称与化学式。硫酸铜是目前应用最广的杀藻剂，多用于水源水杀藻。郑州市自来水公司的吕启忠等（2000）通过用硫酸铜及改变水的 pH，对污染的黄河地表原水进行了除藻实验研究，结果表明在水体中投加硫酸铜抑藻剂的有效剂量为 0.5~1.0mg/L，其对水中藻类的去除率可以达 70%~90%。尹澄清等（1989）经研究发现在围隔中用铁盐、铝盐作增效剂后，0.2~0.3mg/L 的铜离子就可控制微囊藻水华的生长。据报道，在生产性实验中投加 0.3mg/L 的硫酸铜，对硅藻的去除率可达 90%（张自秀等，2007）。但过量使用硫酸铜会导致水中铜盐浓度上升，危害水生生态及人体健康，且硫酸铜会破坏藻细胞，使细胞内大部分藻毒素渗入水体中，增加水体中藻毒素浓度，导致一些负面影响。

表5-4　常见杀藻剂及其化学结构式（Newcombe et al.，2010b）

化合物	化学结构式
硫酸铜	$CuSO_4 \cdot 5H_2O$
铜离子螯合物	—
铜 II 烷醇胺	Cu 烷醇胺 $\cdot 3H_2O^{++}$
铜乙二胺复合物（copper-ethylenediamine complex）	$[Cu(H_2NCH_2CH_2NH_2)_2(H_2O)_2]SO_4$

续表

化合物	化学结构式
铜三乙醇胺复合物（copper-triethanolamine complex）	$CuN(CH_2CH_2OH)_3 \cdot H_2O$
柠檬酸铜（copper citrate）	$Cu_3[(COOCH_2)_2C(OH)COO]_2$
过氧化氢（hydrogen peroxide）	H_2O_2
高锰酸钾（potassium permanganate）	$KMnO_4$
氯气（chlorine）	Cl_2
石灰（lime）	$Ca(OH)_2$
秸秆（barley straw）	—

美国许多水厂附近设有调节水库，库中藻类数量较多，常采用三种方法除藻（彭海清等，2002）：①当藻类数量较多时，每天由专门人员向水库中投加硫酸铜溶液，投加量一般为 0.5~0.7mg/L；②当藻类数量居中等时，在原水中投加高锰酸钾；③当藻类数量较少时，采用预氯化去除。澳大利亚多个水源水库均存在卷曲长孢藻（卷曲鱼腥藻）水华产生致嗅物质土臭素以及鱼腥藻毒素（anatoxin）导致的水质问题，针对该问题通常采用在水源水库中投加硫酸铜杀藻剂的方式（Lewis et al.，2003），目前该技术的应用已经超过一百年，成为该国应急控制藻类的主要手段。

以硫酸铜为代表的化学除藻剂往往具有一定的副作用，研究发现长期使用硫酸铜会对水生态产生一定影响，包括鱼类、甲壳类微生物，而且水体中铜离子超标也会对人体健康带来危害，加上近年来由于硫酸铜价格上涨，供应困难等问题，澳大利亚南澳水务水质中心等正在逐渐尝试使用新的杀藻剂如过氧化氢替代硫酸铜。已有一些研究表明过氧化氢能够有效杀灭藻细胞，特别是对蓝藻的控制效果更强，也已在国内外的相关研究中都得到证实（Weenink et al.，2015）。相比硫酸铜而言，过氧化氢被还原后变成水，不形成二次污染（Huang et al.，2020），但是过剂量的投加可能也会危害到鱼类等水生生物，针对不同水体需要相对精准的投加量，目前还在逐步实证中。总体来说，过氧化氢除藻具有一定的应用前景。

5.4.5 其他控藻技术

Hasler 等在 1949 年首次发现水生植物对藻类的化感抑制作用（Hasler et al.，1949），Fitzgerald 等通过研究也证明水生植物的代谢产物可控制藻类的生长，在有害藻类频繁暴发的情况下，可通过化感作用抑制藻类增殖（Filzgerald，1969；张艳丽等，2006；张饮江等，2013）。现已发现苦草、菹草、金鱼藻、水浮莲、穗花狐尾藻、石菖蒲和灯芯草等几十种水生植物能够释放化感物质，其中部分植物对蓝藻、绿藻和衣藻具有较好的抑制效应（Nakai et al.，2000；Xian et al.，2006；李春华等，2018）。李小路等（2008）研究发现，金鱼藻对铜绿微囊藻有明显的抑制作用，作用96h后藻细胞完全死亡。水网藻种植水能够破坏铜绿微囊藻的叶绿素 a，诱导产生活性氧，从而刺激超氧化物歧化酶（SOD）、过氧化氢酶（CAT）和过氧化物酶（POD）活性升高，同时还能降低铜绿微囊藻的抗氧化酶活性，抑制其生长。总结发现植物抑藻途径主要有：抑制藻细胞生长，影响藻细胞光合作用，破坏细胞膜，影响某些酶的活性，抑制营养吸收和影响呼吸代谢等。

此外，采用秸秆产生的化感作用来抑制藻类生长在过去 20 年中得到大量的研究（Everall et al., 1996；Barrett et al., 1999）。作物秸秆具有来源广泛，成本低廉，抑藻效果好，对水体影响较小等优点而备受关注。例如，在苏格兰一个经常暴发硅藻和蓝藻的 25 000m² 水域投放大麦秆发现，藻体生物量减少 50%，富营养化现象得到了有效控制，且不同植物的秸秆对藻类的影响作用不同（邹华等，2012）。有研究表明，大麦、水稻和小麦秸秆对铜绿微囊藻抑制作用显著，72h-EC50 由大到小依次是大麦>水稻>小麦（苏文等，2017）。秸秆对藻类生长抑制的主要机制是秸秆在好氧条件下腐化分解所产生的有机酸、含甲基的酚类物质、醇类和酮类物质通过化感作用抑制藻类生长（刘涛等，2012）。

参 考 文 献

贾泽宇 . 2019. 水库型水源地产嗅藻生长驱动因子解析与调控研究 . 北京：中国科学院大学博士学位论文 .

李春华，叶春，孔祥臻，等 . 2018. 浅水湖泊水生植物适宜生物量评估方法的探讨 . 中国环境科学，38（12）：4644-4652.

李菁，陈功锡，朱杰英 . 2000. 湘西北蜡梅群落主要种群生态位的初步研究 . 武汉植物学研究，18（2）：109-114.

李小路，潘慧云，徐洁，等 . 2008. 金鱼藻与铜绿微囊藻共生情况下的化感作用 . 环境科学学报，28（11）：2243-2249.

李宗来 . 2009. 北方典型水库水源藻类种群动态和有害代谢物产生规律 . 北京：中国科学院研究生院博士学位论文 .

刘贵华，王海洋，周进 . 2001. 湖南茶陵普通野生水稻保护区优势种的空间分布和生态位分析 . 植物生态学报，25（1）：65-70.

刘静静，汪家权 . 2006. 巢湖内源磷释放特点、稳定性及化学控制研究 . 环境科学研究，(5)：59-64.

刘涛，杨文杰，王茹静 . 2012. 作物秸秆对铜绿微囊藻的抑制作用 . 环境工程学报，6（4）：1154-1160.

吕启忠，张可欣，牛玉香 . 2000. 用硫酸铜及改变水的 pH 值去除水中藻类 . 中国给水排水，16（5）：49-50.

彭海清，谭章荣，高乃云，等 . 2002. 给水处理中藻类的去除 . 中国给水排水，(2)：29-31.

苏俞 . 2013. 水源型水库中藻类种群动态变化规律及驱动机制 . 北京：中国科学院大学博士学位论文 .

苏俞 . 2015. 密云水库产嗅浮颤藻生态位解析及调控策略研究 . 北京：中国科学院生态环境研究中心博士后出站报告 .

苏文，陈洁，张胜鹏，等 . 2017. 水稻秸秆浸泡液对蓝藻和绿藻生长选择性抑制作用 . 环境科学，38（07）：2901-2909.

孙昕，叶丽丽，黄廷林，等 . 2014. 破坏水库水温分层系统的能量效率估算：以金盆水库为例 . 中国环境科学，34（11）：2781-2787.

王仁忠 . 1997. 放牧影响下羊草草地主要植物种群生态宽度与生态位重叠的研究 . 武汉生态学报，21（4）：304-311.

尹澄清，兰智文，金维根 . 1989. 围隔中水华控制实验 . 环境科学学报，9（1）：95-99.

张桂莲，张金屯 . 2002. 关帝山神尾沟优势种生态位分析 . 武汉植物学报，20（3）：203-208.

张艳丽，芦鹏，吴晓芙. 2006. 植物化感作用在抑藻方面的研究进展. 环境科学与管理，31（7）：50-53.

张饮江，李岩，张曼曼，等. 2013. 富营养化水体原位控藻技术研究进展. 科技导报，31（10）：67-73.

张自秀，李典友，戴立文，等. 2007. 藻类对供水水质的影响和防治对策. 安徽农学通报，13（6）：41-43.

邹华，邓继选，朱银. 2012. 植物化感作用在控制水华藻类中的应用. 食品与生物技术学报，31（02）：134-140.

Acinas S G, Haverkamp T H A, Huisman J, et al. 2009. Phenotypic and genetic diversification of *Pseudanabaena* spp. （cyanobacteria）. The ISME Journal, 3（1）: 31-46.

Adam A, Mohammad-Noor N, Anton A, et al. 2011. Temporal and spatial distribution of harmful algal bloom （HAB）species in coastal waters of Kota Kinabalu, Sabah, Malaysia. Harmful Algae, 10（5）: 495-502.

Aksnes D L, Egge J K. 1991. A theoretical model for nutrient uptake in phytoplankton. Marine Ecology Progress Series, 70（1）: 65-72.

Alghanmi H A, Alkam F A M, AL-Taee M M. 2018. Effect of light and temperature on new cyanobacteria producers for geosmin and 2-methylisoborneol. Journal of Applied Phycology, 30（1）: 319-328.

Barrett P R F, Littlejohn J W, Curnow J. 1999. Long-term algal control in a reservoir using barley Straw. Hydrobiologia, 415（0）: 309-313.

Bellinger E. 1974. A key to the identification of the more common algae found in British freshwaters. Water Treatment and Examination, 23: 76-131.

Benincà E, Huisman J, Heerkloss R, et al. 2008. Chaos in a long-term experiment with a plankton community. Nature, 451（7180）: 822-825.

Bentley R, Meganathan R. 1981. Geosmin and methylisoborneol biosynthesis in streptomycetes. Evidence for an iso-prenoid pathway and its absence in non-differentiating isolates. FEBS Letters, 125（2）: 220.

Boehrer B, Schultze M. 2008. Stratification of lakes. Reviews of Geophysics, 46（2）: RG2005.

Bright D I, Walsby A E. 2000. The daily integral of growth by *Planktothrix rubescens* calculated from growth rate in culture and irradiance in Lake Zürich. New Phytologist, 146（2）: 301-316.

Brookes J D, Carey C C. 2011. Resilience to blooms. Science, 334（6052）: 46-47.

BrookesJ D, Ganf G G, Green D, et al. 1999. The influence of light and nutrients on buoyancy, filament aggregation and flotation of *Anabaena circinalis*. Journal of Plankton Research, 21（2）: 327-341.

Bruggeman J, Kooijman S A L M. 2007. A biodiversity-inspired approach to aquatic ecosystem modeling. Limnology and Oceanography, 52（4）: 1533-1544.

Bruno M, Barbini D A, Pierdominici E, et al. 1994. Anatoxin-a and a previously unknown toxin in *Anabaena planctonica* from blooms found in Lake Mulargia（Italy）. Toxicon, 32（3）: 369-373.

Catherine Q, Susanna W, Isidora E S, et al. 2013. A review of current knowledge on toxic benthic freshwater cya-nobacteria-Ecology, toxin production and risk management. Water Research, 47（15）: 5464-5479.

Chen H B, Wu J Y, Wang C F, etal. 2010. Modeling on chlorophyll a and phycocyanin production by *Spirulina platensis* under various light-emitting diodes. Biochemical Engineering Journal, 53（1）: 52-56.

Chiu Y T, Yen H K, Lin T F. 2016. An alternative method to quantify 2-MIB producing cyanobacteria in drinking water reservoirs: Method development and field applications. Environmental Research, 151: 618-627.

Chorus I, Bartram J. 1999. Toxic Cyanobacteria in Water: A Guide to Their Public Health Consequences, Monitoring and Management. London: CRC Press.

Cuker B E. 1983. Grazing and nutrient interactions in controlling the activity and composition of the epilithic algal community of an arctic lake. Limnology and Oceanography, 28 (1): 133-141.

Davis C C. 1964. Evidence for the eutrophication of Lake Erie from phytoplankton records. Limnology and Oceanography, 9 (3): 275-283.

Davis P A, Walsby A E. 2002. Comparison of measured growth rates with those calculated from rates of photosynthesis in *Planktothrix* spp. isolated from Blelham Tarn, English Lake District. New Phytologist, 156 (2): 225-239.

Dokulil M, Teubner K. 2012. Deep living *Planktothrix rubescens* modulated by environmental constraints and climate forcing. Hydrobiologia, 698 (1): 29-46.

Duncan S W, Blinn D W. 1989. Importance of physical variables on the seasonal dynamics of epilithic algae in a highly shaded canyon stream. Journal of Phycology, 25 (3): 455-461.

Elliott J A, Jones I D, Thackeray S J. 2006. Testing the sensitivity of phytoplankton communities to changes in water temperature and nutrient load, in a temperate lake. Hydrobiologia, 559 (1): 401-411.

Eriksson J E, Meriluoto J A O, Lindholm T. 1989. Accumulation of a peptide toxin from the cyanobacterium *Oscillatoria agardhii* in the freshwater mussel *Anadonta cygnea*. Hydrobiologia, 183 (3): 211-216.

Everall N C, Lees D R. 1996. The use of barley-straw to control general and blue-green algal growth in a derbyshire reservoir. Water Research, 30 (2): 269-276.

Ferrier M D, Butler Sr. B R, Terlizzi D E, et al. 2005. The effects of barley straw (*Hordeum vulgare*) on the growth of freshwater algae. Bioresource Technology, 96 (16): 1788-1795.

Filzgerald G P. 1969. Some factors in the competition or antagonism among bacteria, algae, and aquatic weeds. Journal of Phycology, 5 (4): 351-359.

Flynn K J. 2001. A mechanistic model for describing dynamic multi-nutrient, light, temperature interactions in phytoplankton. Journal of Plankton Research, 23 (9): 977-997.

Frost B W. 1972. Effects of size and concentration of food particles on the feeding behavior of the marine planktonic copepod *Calanus pacificus*. Limnology and Oceanography, 17 (6): 805-815.

Gao X, Hao L, Luo Y. 2013. Problems and strategies of Miyun reservoir in the south-to-north water diversion project. Beijing Water, 2013 (6): 56-59.

Grinnell J. 1917. The niche-relationships of the California thrasher. The Auk, 34 (4): 427-433.

Halstvedt C B, Rohrlack T, Andersen T, et al. 2007. Seasonal dynamics and depth distribution of *Planktothrix* spp. in Lake Steinsfjorden (Norway) related to environmental factors. Journal of Plankton Research, 29 (5): 471-482.

Hamed A, Shafik H, Shaaban A. 2003. Phytoplankton and benthic communities of a small water body (sacred Lake, Karnak Temple) Luxor, Egypt. Acta Botanica Hungarica, 45 (1): 101-112.

Hasler A D, Jones E. 1949. Demonstration of the antagonistic action of large aquatic plants on algae and rotifers. Ecology, 30 (3): 359-364.

Hein M, Pedersen M F, Sand-jensen K. 1995. Size-dependent nitrogen uptake in micro- and macroalgae. Marine Ecology Progress Series, 118 (1): 247-253.

Huang I S, Zimba P V. 2020. Hydrogen peroxide, an ecofriendly remediation method for controlling *Microcystis aeruginosa* toxic blooms. Journal of Applied Phycology, https://doi.org/10.1007/s10811-020-02086-4 [2020-04-04].

Izaguirre G, Taylor W D. 1998. A *Pseudanabaena* species from Castaic Lake, California, that produces 2-methylisoborneol. Water Research, 32 (5): 1673-1677.

Izaguirre G, Taylor W D, Pasek J. 1999. Off-flavor problems in two reservoirs, associated with planktonic *Pseudanabaena species*. Water Science and Technology, 40 (6): 85-90.

Jia Z, Su M, Liu T, et al. 2019. Light as a possible regulator of MIB-producing *Planktothrix* in source water reservoir, mechanism and in-situ verification. Harmful Algae, 88: 101658.

Juanico M, Azov Y, Teltsch B, et al. 1995. Effect of effluent addition to a freshwater reservoir on the filter clogging capacity of irrigation water. Water Research, 29 (7): 1695-1702.

Kingsolver J G, Huey R B. 2008. Size, temperature, and fitness: Three rules. Evolutionary Ecology Research, 10 (2): 251-268.

Kirk J T O. 1994. Light and Photosynthesis in Aquatic Ecosystems. Cambridge: Cambridge University Press.

Kirk J T O. 2011. Light and Photosynthesis in Aquatic Ecosystems. 3rd ed. Cambridge: Cambridge University Press.

Kiørboe T. 1993. Turbulence, phytoplankton cell size, and the structure of pelagic food webs. Advances in Marine Biology, 29: 1-72.

Kling H J, Laughinghouse H D, Šmarda J, et al. 2012. A new red colonial *Pseudanabaena* (Cyanoprokaryota, Oscillatoriales) from North American large lakes. Fottea, 12 (2): 327-339.

Lewis D M, Elliott J A, Brookes J D, et al. 2003. Modelling the effects of artificial mixing and copper sulphate dosing on phytoplankton in an Australian reservoir. Lakes & Reservoirs: Science, Policy and Management for Sustainable Use, 8 (1): 31-40.

Lewis W M. 1976. Surface/volume ratio: Implications for phytoplankton morphology. Science, 192 (4242): 885-887.

Lewis W M. 1983. A revised classification of lakes based on mixing. Canadian Journal of Fisheries and Aquatic Sciences, 40 (10): 1779-1787.

Li Z, Yu J, Yang M, et al. 2010. Cyanobacterial population and harmful metabolites dynamics during a bloom in Yanghe Reservoir, North China. Harmful Algae, 9 (5): 481-488.

Li Z, Hobson P, An W, et al. 2012. Earthy odor compounds production and loss in three cyanobacterial cultures. Water Research, 46 (16): 5165-5173.

Luimstra V M. 2018. Blue light reduces photosynthetic efficiency of cyanobacteria through an imbalance between photosystems Ⅰ and Ⅱ. Photosynthesis Research, 138 (2): 177-189.

Matthiensen A, Beattie K A, Yunes J S, et al. 2000. Microcystin-LR, from the cyanobacterium *Microcystis* RST 9501 and from a *Microcystis* bloom in the Patos Lagoon estuary, Brazil. Phytochemistry, 55 (5): 383-387.

Mez K, Hanselmann K, Preisig H. 1998. Environmental conditions in high mountain lakes containing toxic benthic cyanobacteria. Hydrobiologia, 368 (1-3): 1-15.

Mishra S K, Shrivastav A, Maurya R R, et al. 2012. Effect of light quality on the C-phycoerythrin production in marine cyanobacteria *Pseudanabaena* sp. isolated from Gujarat coast, India. Protein Expression and Purification, 81 (1): 5-10.

Muhetaer G, Asaeda T, Jayasanka S M D H, et al. 2020. Effects of light intensity and exposure period on the growth and stress responses of two cyanobacteria species: *Pseudanabaena galeata* and *Microcystis aeruginosa*. Water, 12 (2): 407.

Nakai S, Inoue Y, Hosomi M, et al. 2000. Myriophyllum spicatum-released allelopathic polyphenols inhibiting growth of blue-green algae *Microcystis aeruginosa*. Water Research, 34 (11): 3026-3032.

Naselli-flores L. 2011. Mediterranean climate and eutrophication of reservoirs: limnological skills to improve management//Ansari A, Singh Gill S, Lanza G, et al. Eutrophication: Causes, Consequences and Control. Springer, Dordrecht. https://doi. org/10. 1007/978-90-481-9625-8_6 [2020-04-01].

Naselli-flores L, Barone R. 2003. Steady-state assemblages in a Mediterranean hypertrophic reservoir. The role of *Microcystis* ecomorphological variability in maintaining an apparent equilibrium. Hydrobiologia, 502 (1-3): 133-143.

Naselli-flores L, Barone R. 2005. Water-level fluctuations in Mediterranean reservoirs: Setting a dewatering threshold as a management tool to improve water quality. Hydrobiologia, 548 (1): 85-99.

Naselli-flores L, Barone R. 2007. Pluriannual morphological variability of phytoplankton in a highly productive Mediterranean reservoir (Lake Arancio, Southwestern Sicily). Hydrobiologia, 578 (1): 87-95.

Naselli-flores L, Padisák J, Albay M. 2007. Shape and size in phytoplankton ecology: Do they matter? Hydrobiologia, 578 (1): 157-161.

Newcombe G, House J, Ho L, et al. 2010. Management strategies for cyanobacteria (blue-green algae): A guide for water utilities. Water Quality Research Australia (WQRA), Reserach Report, 74.

O'farrell I, Tezanos Pinto P, Izaguirre I. 2007. Phytoplankton morphological response to the underwater light conditions in a vegetated wetland. Hydrobiologia, 578 (1): 65-77.

Padisák J, Soróczki-pintér é, Rezner Z. 2003. Sinking properties of some phytoplankton shapes and the relation of form resistance to morphological diversity of plankton- An experimental study. Hydrobiologia, 500 (1-3): 243-257.

Paerl H W, Huisman J. 2008. Blooms like it hot. Science, 320 (5872): 57-58.

Pasciak W J, Gavis J. 1974. Transport limitation of nutrient uptake in phytoplankton. Limnology and Oceanography, 19 (6): 881-888.

Pereira P, Onodera H, Andrinolo D, et al. 2000. Paralytic shellfish toxins in the freshwater cyanobacterium *Aphanizomenon flos-aquae*, isolated from Montargil reservoir, Portugal. Toxicon, 38 (12): 1689-1702.

Raps S, Wyman K, Siegelman H W, et al. 1983. Adaptation of the cyanobacterium *Microcystis aeruginosa* to light intensity. Plant Physiology, 72 (3): 829-832.

Raven J A. 1984. A cost-benefit analysis of photon absorption by photosynthetic unicells. New Phytologist, 98 (4): 593-625.

Reynolds C S, Huszar V, Kruk C, et al. 2002. Towards a functional classification of the freshwater phytoplankton. Journal of Plankton Research, 24 (5): 417-428.

Reynolds C S. 2006. Ecology of Phytoplankton. Cambridge: Cambridge University Press.

Saito S, Hirono A. 1980. Rapid-sand-filter Clogging by Diatoms: *Synedra acus* and *Synedra ulna*. Water and Waste, 22: 311-316.

Savichtcheva O, Debroas D, Kurmayer R, et al. 2011. Quantitative PCR enumeration of total/toxic *Planktothrix rubescens* and total cyanobacteria in preserved DNA isolated from lake sediments. Applied and Environmental Microbiology, 77 (24): 8744-8753.

Scott J T, Marcarelli A M. 2012. Cyanobacteria in freshwater benthic environments//Whitton B. Ecology of Cyanobacteria II. Springer, Dordrecht. https://doi. org/10. 1007/978-94-007-3855-3_9[2020-04-01].

Seligman K, Enos A, Lai H. 1992. A comparison of 1988-1990 flavor profile analysis results with water conditions in two Northern California reservoirs. Water Science & Technology, 25 (2): 19-25.

Shu C H, Tsai C C, Liao W H, et al. 2012. Effects of light quality on the accumulation of oil in a mixed culture of *Chlorella* sp. and *Saccharomyces cerevisiae*. Journal of Chemical Technology and Biotechnology, 87: 601-607.

Shuter B J. 1978. Size dependence of phosphorus and nitrogen subsistence quotas in unicellular microorganisms. Limnology and Oceanography, 23 (6): 1248-1255.

Stomp M, Huisman J, De Jongh F, et al. 2004. Adaptive divergence in pigment composition promotes phytoplankton biodiversity. Nature, 432 (7013): 104-107.

Stomp M, Huisman J, Vörös L, et al. 2007. Colourful coexistence of red and green picocyanobacteria in lakes and seas. Ecology Letters, 10 (4): 290-298.

Su M, An W, Yu J, et al. 2014a. Importance of underwater light field in selecting phytoplankton morphology in a eutrophic reservoir. Hydrobiologia, 724 (1): 203-216.

Su M, Yu J, Pan S, et al. 2014b. Spatial and temporal variations of two cyanobacteria in the mesotrophic Miyun reservoir, China. Journal of Environmental Sciences, 26 (2): 289-298.

Su M, Yu J, Zhang J, et al. 2015. MIB-producing cyanobacteria (*Planktothrix* sp.) in a drinking water reservoir: Distribution and odor producing potential. Water Research, 68: 444-453.

Su M, Jia D, Yu J, et al. 2017. Reducing production of taste and odor by deep-living cyanobacteria in drinking water reservoirs by regulation of water level. Science of the Total Environment, 574: 1477-1483.

Su M, Andersen T, Burch M, et al. 2019. Succession and interaction of surface and subsurface cyanobacterial blooms in oligotrophic/mesotrophic reservoirs: A case study in Miyun reservoir. Science of the Total Environment, 649: 1553-1562.

Sun D, Yu J, Yang M, et al. 2014. Occurrence of odor problems in drinking water of major cities across China. Frontiers of Environmental Science & Engineering, 8 (3): 411-416.

Torres C D A, Lürling M, Marinho M M. 2016. Assessment of the effects of light availability on growth and competition between strains of *Planktothrix agardhii* and *Microcystis aeruginosa*. Microbial Ecology, 71 (4): 802-813.

Tsuchiya Y, Matsumoto A. 1999. Characterization of *Oscillatoria f. granulata* producing 2-methylisoborneol and geosmin. Water Science and Technology, 40 (6): 245-250.

Tuji A, Niiyama Y. 2018. Two new *Pseudanabaena* (Cyanobacteria, Synechococcales) species from Japan, *Pseudanabaena cinerea* and *Pseudanabaena yagii*, which produce 2-methylisoborneol. Phycological Research, 66 (4): 291-299.

Waite A, Fisher A, Thompson P A, et al. 1997. Sinking rate versus cell volume relationships illuminate sinking rate control mechanisms in marine diatoms. Marine Ecology Progress Series, 157: 97-108.

Walsby A E, Booker M J. 1980. Changes in buoyancy of a planktonic blue-green alga in response to light intensity. British Phycological Journal, 15 (4): 311-319.

Weenink E F J, Luimstra V M, Schuurmans J M, et al. 2015. Combatting cyanobacteria with hydrogen peroxide: A laboratory study on the consequences for phytoplankton community and diversity. Frontiers in Microbiology, 6: 714.

Wehrmeyer W. 2003. Light-harvesting systems in the photosynthetic apparatus of cyanobacteria, red algae and cryptophytes//Heldmaier G, Werner D. Environmental Signal Processing and Adaptation. Berlin, Heidelberg: Springer Berlin Heidelberg.

Weithoff G. 2003. The concepts of 'plant functional types' and 'functional diversity' in lake phytoplankton-a new understanding of phytoplankton ecology? Freshwater Biology, 48 (9): 1669-1675.

Willén T, Mattsson R. 1997. Water-blooming and toxin-producing cyanobacteria in Swedish fresh and bracish waters, 1981-1995. Hydrobiologia, 353 (1-3): 181-192.

Wood S A, Kuhajek J M, De Winton M, et al. 2012. Species composition and cyanotoxin production in periphyton mats from three lakes of varying trophic status. Fems Microbiology Ecology, 79 (2): 312-326.

Xian Q, Chen H, Liu H, et al. 2006. Isolation and identification of antialgal compounds from the leaves of *Vallisneria spiralis* L. by activity-guided fractionation (5pp). Environmental Science and Pollution Research, 13 (4): 233-237.

Yang M, Yu J, Li Z, et al. 2008. Taihu Lake not to blame for Wuxi's woes. Science, 319 (5860): 158.

Zhang T, Zheng L, Li L, et al. 2016. 2-methylisoborneol production characteristics of *Pseudanabaena* sp. Fachb 1277 isolated from Xionghe reservoir, China. Journal of Applied Phycology, 28 (6): 3553-3362.

ZimbaP V, Dionigi C P, Millie D F. 1999. Evaluating the relationship between photopigment synthesis and 2-methylisoborneol accumulation in cyanobacteria. Journal of Phycology, 35 (6): 1422-1429.

Örnólfsdóttir E B, Lumsden S E, Pinckney J L. 2004. Nutrient pulsing as a regulator of phytoplankton abundance and community composition in Galveston Bay, Texas. Journal of Experimental Marine Biology and Ecology, 303 (2): 197-220.

第6章 嗅味去除技术

水厂是保障饮用水水质合格的关键，然而以混凝沉淀过滤为核心的常规水厂净水工艺对于各种嗅味物质几乎没有去除效果（Suffet et al.，1995；Lin et al.，2018）。因此，对于水源有可能出现异味的水厂，一般除了常规工艺外还需要叠加上一个嗅味去除技术。至今为止，对于嗅味去除最有效的技术主要还是活性炭吸附和臭氧氧化这两项技术。一般来说，对于季节性发生的嗅味如藻源嗅味，采用粉末活性炭（powdered activated carbon，PAC）投加技术比较合适。PAC 使用起来非常灵活机动，而且越来越多的水厂为了应对突发性污染也都配建了 PAC 投加装置，因此对于这类水厂来说投加 PAC 不需要额外的投入。但对于水源始终存在嗅味问题的水厂，深度处理中的臭氧-生物活性炭工艺就更加适用，尤其是当嗅味问题比较突出，或者多种嗅味物质共存时，采用臭氧-生物活性炭工艺就更加有必要（Guo et al.，2016）。

尽管活性炭和臭氧是两个很成熟的技术，但对于具体的嗅味问题，在技术的选择及工艺的优化方面还是有很多值得注意的地方。本章将重点阐述典型嗅味物质的吸附和氧化可处理性，并结合工程案例，总结介绍技术选择与工艺优化的原则。

6.1 活性炭吸附技术

相对于臭氧-生物活性炭工艺而言，PAC 投资成本非常低，广泛应用于嗅味物质尤其是土霉味物质的去除（Suffet et al.，1995；Chen et al.，1997；Gillogly et al.，1999b；Cook，2002；Newcombe et al.，2002），同时对其他多种嗅味物质也有较好的去除效果。通常 PAC 用于季节性发生的嗅味问题，如美国费城自来水厂早在 1985 年就已经利用投加 PAC 的方式来控制自来水中突然偏高的土臭素（geosmin），以降低水中的嗅味（Burlingame et al.，1986）。但当嗅味物质浓度较高，尤其是当 PAC 投量超过 40mg/L 且使用频率较高时，颗粒活性炭（granular activated carbon，GAC）往往是更经济的方法。

活性炭可由烟煤、褐煤、泥煤、椰壳、胡桃壳、木屑以及竹炭等各种碳质原料在 800~1000℃温度条件下活化而成。不同的原材料和活化条件形成的活性炭其表面物理化学特性（比表面积、孔径分布、孔体积、化学官能团特性等）差异较大，从而导致其对污染物吸附性能的差异（Sontheimer et al.，1988；Huber et al.，1989）。一直以来，对于活性炭的选择通常依据其碘值、亚甲蓝值及比表面积等指标。然而，最近的研究表明，对 MIB 及 geosmin 的吸附来说，微孔体积的影响最为关键（Chen et al.，1997）。此外，水溶液性质（背景有机物浓度、pH 等）、吸附时间等影响也比较大。

6.1.1 活性炭对不同嗅味物质的吸附效果

关于活性炭对嗅味物质的吸附，国内外已有大量研究。吸附效果可利用吸附等温式如弗兰德利希（Freundlich）吸附等温式进行评价

$$q_e = KC_e^{1/n} \qquad (6-1)$$

式中，K、$1/n$ 为常数；q_e 为活性炭对 MIB 或 geosmin 的吸附量（ng/mg）；C_e 为平衡浓度（ng/L）。

表 6-1 为 Suffet 教授根据文献中的报道对不同嗅味物质的弗兰德利希吸附等温式常数的总结（Suffet，1995）。K 和 $1/n$ 参数的大小往往与活性炭的性质有关（Ng et al.，2002a，2002b），其中 $1/n$ 表述的是活性炭表面吸附位的不均匀性（Carter et al.，1992；Newcombe et al.，1997），其值越低意味着相应高能量的吸附位越多，越利于吸附。

表 6-1 不同嗅味物质活性炭吸附参数表（Suffet et al.，1995）

嗅味物质	活性炭类型		K	$1/n$	浓度范围 /（μg/L）	吸附时间	PAC 投量* /（mg/L）
geosmin	PAC	Aqua Nuchar	0.58	0.71	0.005 ~ 0.01	3h	4.1
		WPH	13.5	0.39	0.05 ~ 2.2	5 天	0.04
		WPH	0.19	0.83	0.009 ~ 0.05	5 天	
	GAC	F-200	4.18	0.93	0.1 ~ 5.0	4 天	
		F-200	0.44	1.15	1.0 ~ 10	4 天	
		F-200	0.22	1.27	2.0 ~ 10	4 天	
		F-400	13.6	1.16	0.02 ~ 0.2	7 天	
		F-400	10.6	1.1	0.02 ~ 0.07	7 天	
MIB	PAC	Aqua Nuchar	0.119	0.52	0.001 ~ 0.02	3h	8.3
		WPH	5.03	0.5	0.04 ~ 6	5 天	0.18
		WPH	169.3	1.65	0.01 ~ 0.04	5 天	
	GAC	F-200	0.9	0.52	0.2 ~ 70	4 天	
		F-200	0.41	0.46	1.0 ~ 40	4 天	
		F-200	0.41	0.79	0.7 ~ 20	4 天	
		沥青炭 B3	1.72	0.54	0.2 ~ 12	7 天	
		沥青炭 B2	3.19	0.5	0.1 ~ 10	7 天	
		沥青炭 B1	2.5	0.55	0.4 ~ 10	7 天	
		F-400	190	2	0.03 ~ 0.06	7 天	
		F-400	4.02	0.8	0.03 ~ 0.4	7 天	

嗅味物质	活性炭类型		K	1/n	浓度范围 /(μg/L)	吸附时间	PAC 投量* /(mg/L)
2-异丙基-3-甲氧基吡嗪（IPMP）	PAC	Aqua Nuchar	0.21	0.55	0.001~0.01	5 天	5.4
		Aqua Nuchar	0.065	0.21	0.011~0.03	3h	33.8
		WPH	0.284	0.83	0.003~0.01	3h	14.5
2-异丁基-3-甲氧基吡嗪（IBMP）	PAC	Aqua Nuchar	0.94	0.78	0.001~0.007	5 天	3.5
		WPH	0.211	0.69	0.03~0.01	3h	10.2
2,3,6-三氯苯甲醚（TCA）	PAC	Aqua Nuchar	178.9	1.53	0.001~0.002	5 天	0.6
		WPH	0.933	0.96	0.0017~0.005	3h	8.0
甲苯	PAC	N/A	15.9	0.28	3000~50 000	15min	$C_0 = 100μg/L$，15.6
	GAC	F-400	5	0.43	2.3~104	3 周	
		F-400	6.1	0.37	2.5~672	3 周	
		F-300	1.3	0.44	1600~20 000	2h	
苯乙烯	GAC	F-400	12.1	0.48	11.8~148	12 天	
		F-300	2.5	0.56	70~5000	2h	
m-二甲苯	PAC	N/A	0.75	0.75	5.6~166	3 天	$C_0 = 100μg/L$，12
壬基苯酚	GAC	F-300	0.04	1.03	700~2000	2h	
		F-300	19.4	0.37	20~2500	2h	
		F-300	23.2	0.27	10~1500	2h	
苯酚	GAC	F-300	0.5	0.54	2000~9000	2h	
		F-300	18.05	0.21	1000~90 000	4~7 天	
		F-400	7.65	0.29	1000~90 000	6 天~6 周	
		F-400	18.3	0.19	1000~90 000	2~8 天	
2-氯酚	PAC 和 GAC	—	122.05	0.098	1000~90 000	14~30 天	$C_0 = 10μg/L$，0.1
2,4-二氯酚	PAC	Aqua Nuchar	13.4	0.32	50~900	30min	$C_0 = 10μg/L$，0.7
2,4,6-三氯酚	PAC	Aqua Nuchar	19.6	0.314	3~2000	7 天	4.2
		Aqua Nuchar	11.1	0.28	60~500	7 天	8.2
		WPH	9.54	0.31	3~300	7 天	8.7
	GAC	F-300	29	0.29	100~2000	2h	
		F-300	9.78	0.4	100~2000	2h	
溴仿	GAC	F-300	0.54	0.52	10~500	2h	
		F-400	0.93	0.665	1.9~130	3 周	
		F-400	1.35	0.428	5.9~100	3 周	
碘仿	GAC	F-400	1.49	0.36	3.0~6.0	5 天	

*PAC 投量：嗅味物质初始浓度 100ng/L 的情况下，达到 90% 去除率所需的炭投量。部分等温线数据根据外推结果计算所需投量。

在活性炭吸附过程中，吸附质的溶解性、分子大小及分子本身所含官能团不同，其吸附效果差异比较大。溶解度高的有机分子因其与水这样的极性溶剂有较强的亲和力，通常活性炭对其吸附能力较弱。吸附质分子的大小对活性炭的吸附也有很大的影响，当分子大小与活性炭孔隙相近时，往往具有较强的吸附能力。另外，若目标有机物的脂肪链上含有羟基（—OH）、磺酸基（—SO$_3$）或氨基（—NH$_2$）等官能团，则会使活性炭对其吸附能力降低；反之，如含有硝基（—NO$_2$）等官能团，则会使其较易被活性炭吸附（Newcombe et al.，1997）。

活性炭对于土霉味类化合物具有良好的去除效果（Cook，2002；Newcombe et al.，2002），并在国内外大量的水厂中得到实际应用。Lalezary 等（1986b）的研究发现活性炭对五种土霉味物质的吸附量大小顺序为 TCA>IBMP>IPMP>geosmin>MIB，且 MIB 的吸附量远低于 geosmin。这主要是由于其结构的不同所致，geosmin 有较低的溶解度和分子量，同时其具有的平面形结构，易为活性炭狭长状的孔隙所吸附（Considine et al.，2001）。

PAC 的接触时间对其吸附效果也有明显的影响，Simpson 等（1991）对美国 Manatee 给水厂进行实验，发现当活性炭接触时间由 3min 增为 7.4min 时，MIB 与 geosmin 的去除率可分别从 31% 和 55% 增至 42% 和 68%。Lalezary 等（1988）的研究发现，当活性炭投量较小时（<10mg/L），接触时间由 1h 提高到 4h，对 MIB 的去除效率有明显提高。因而使用 PAC 时，应尽量延长其接触时间以充分利用 PAC 的吸附能力。文献中的研究表明 PAC 达到平衡的时间一般在 2 ~ 18 天，然而对水处理厂来说，在水厂内投加 PAC 的停留时间一般只有 0.5 ~ 1h（Najm et al.，1991a）。在实际过程中，需要确定活性炭所需投加量时，可以通过烧杯实验得出的吸附等温式初步估算活性炭对饮用水中嗅味物质的去除效果。

$$炭投加量=(C_0-C_e)/Q=(C_0-C_e)/KC_e^{1/n} \tag{6-2}$$

如水中 MIB 浓度为 100ng/L 时，利用蒸馏水配制水样的吸附等温式计算，接触时间为 3h 时 PAC 投量为 8.3mg/L，接触时间为 5 天时 PAC 投量小于 1mg/L。天然水体中 PAC 对 MIB 的吸附量要低很多，有时吸附量甚至相差一个数量级（Herzing et al.，1977）。为提高 PAC 的接触时间，条件许可时可在取水口投加 PAC，也有在双层滤料滤池的上部投加 PAC 的方式。以下概略性地介绍 PAC 对一些代表性嗅味物质的吸附处理效果。

饮用水中较大分子量的醛（C$_7$ ~ C$_9$，C$_{11}$，C$_{14}$）、酮（C$_3$ ~ C$_{10}$）类物质往往与水中水果味、橘子味、甜味存在一定的联系（Anselme et al.，1988），这些物质可在臭氧反应过程中产生（Anselme et al.，1988；Huck et al.，1990）。一般来说，该类物质的嗅味并不是令人讨厌、无法接受，而且在臭氧氧化过程中产生的醛和酮类物质可以在后续的生物活性炭（BAC）单元得到有效去除。因而实际生产中，一般不会额外采用投加 PAC 的方式对该类嗅味物质进行去除。但对原水中一些可产生草味的物质，如反,顺-2,6-壬二烯醛等，可采用投加 PAC 的方式进行去除（Burlingame et al.，1992）。

酚和氯代酚是产生药味的代表性物质。Peel 和 Benedek（1980）比较了颗粒状和粉末状活性炭（F-400，Calgon Carbon 公司）对蒸馏水中的酚和 2-氯酚的吸附性能，结果表明对 2-氯酚的吸附性能强于酚。Murin 和 Snoeyink（1979）研究 pH 和有机物对 2,4-二氯酚（2,4-DCP）和 2,4,6-三氯酚（2,4,6-TCP）吸附性能的影响，发现 pH 对吸附性能的影响很大，2,4-DCP 和 2,4,6-TCP 的酸离解常数（pK_a）值分别为 7.85 和 6.0，在相同 pH 下，活性炭对 2,4,6-TCP 的吸附性能比 2,4-DCP 更强。对于非离子化的酚，苯环上的氯取代基越多，氯酚的极性就越弱，就越容易被活性炭吸附（Najm et al.，1991a）。

甲苯（酸味、焦臭味）、二甲苯（甜味、可溶的）和苯乙烯（刺鼻的、甜味的）是来源于工业污染的三类嗅味物质，美国饮用水标准中对甲苯和二甲苯的限值正是基于其嗅阈值而制定的。活性炭对这一类物质具有良好的吸附去除效果。

著者选定土霉味、鱼腥味/草腥味和腥臭味/化学品味三种嗅味类型的 15 种目标嗅味物质，对其活性炭吸附性能进行了评价，并对适合活性炭吸附的物质给出了活性炭建议投加量，见表6-2。总体来看，多数嗅味物质可适于采用活性炭吸附处理，但硫醚等还原性物质的活性炭吸附效果相对较差。

表 6-2　PAC 用于不同嗅味物质的投量参考

嗅味类型	嗅味物质	英文名称	初始浓度/（μg/L）	PAC 投量建议*/（mg/L）	备注
土霉味	2-甲基异莰醇	2-methylisoborneol（MIB）	0.2	30	
	土臭素	geosmin	0.2	20	
	2,4,6-三氯苯甲醚	2,4,6-trichloroanisol（2,4,6-TCA）	0.1	10	
	2-甲氧基-3-异丙基吡嗪（IPMP）	2-isopropyl-3-methoxy pyrazine（IPMP）	0.2	30	
鱼腥味/草腥味	反,反-2,4-癸二烯醛	*tran,trans*-2,4-decadienal	15	5	
	β-环柠檬醛	β-cyclocitral	100	20	
	反-2-辛烯醛	*trans*-2-octenal	150	20	
	反,反-2,4-辛二烯醛	*tran,trans*-2,4-octadienal	500	80	
	2,4-庚二烯醛	2,4-heptadienal	125	60	
腐败味/化学品味	二甲基三硫醚	dimethyl trisulfide（DMTS）	0.30	40	不建议采用 PAC 处理
	二甲基二硫醚	dimethyl disulfide（DMDS）	1.50	——	不建议采用 PAC 处理
	二乙基二硫醚	diethyl disulfide（DEDS）	0.80	——	不建议采用 PAC 处理
	双（2-氯-1-甲基乙基）醚	bis（2-chloro-1-methylethyl）ether	0.85	20	
	3-甲基吲哚	3-metlylindole	50	5	
	间二甲苯	*m*-xylene	1200	100	

＊投量建议为处理到阈值浓度以下所需的 PAC 投量。

注：实验采用煤制 PAC，主要参数指标为碘值 1000mg/g，总孔体积 0.59cm³/g，微孔体积 0.13cm³/g。

6.1.2　活性炭表面特性对嗅味物质吸附效果的影响

活性炭属于多孔性物质，包含大孔、中孔及微孔三大部分，根据 IUPAC 的分类，其孔径分类为：孔隙直径大于 50nm 的为大孔（macropore）、介于 2～50nm 的为中孔

（mesopore）、小于 2nm 的为微孔 （micropore）。污染物的分子直径大都介于 0.5 ～ 0.8nm，微孔对于这些小分子有较好的吸附效果，MIB 的分子直径在 0.5 ～ 0.6nm，而 geosmin 的大小与 MIB 类似。相关研究表明，活性炭对于 MIB 和 geosmin 的吸附主要发生在微孔（Newcombe et al.，1997；Graham et al.，2000）。另外，活性炭表面极性性质也影响其吸附性能，其相对大小主要与活性炭表面的含氧官能团相关。活性炭表面的疏水性（hydrophobicity）会随官能团中氧含量或金属元素含量的增加而降低，进而导致其对水中疏水性有机物吸附性能的降低。

著者曾采用低温氮气吸附/脱附法对五种商品 PAC 的孔结构特征进行表征（于建伟，2007），包括三种煤质炭（B1、B2、B3）、一种果壳炭 F 及一种木质炭 W，见图 6-1。可以看出，实验所用的五种 PAC 样品的微孔结构相似，主要集中在 0.8 ～ 2nm，且在 1.1nm 处出现最大孔体积，而 Newcombe 等（2002）研究指出活性炭吸附 MIB 时最能发挥作用的是 1 ～ 1.2nm 孔径范围内的微孔。另外，可以看出除活性炭 B2 外，其他四种活性炭样品的中孔孔径分布几乎没有太大的差别。表 6-3 列出了活性炭样品的比表面积、总孔体积、微孔体积、中孔体积以及厂家提供的碘值和亚甲蓝值数据。可以看出，不同活性炭样品的比表面积及总孔体积差别明显，且 B3<B1<W<B2<F。虽然活性炭 B2 具有较高的中孔体积，但与活性炭 F 相比，其比表面积仍要小一些，这主要是因为活性炭 F 具有较高的微孔体积。另外，与三种煤质活性炭（B1 ～ B3）相比，果壳炭 F 及木质炭 W 具有更大的微孔体积，这可能主要与其活性炭生产的原材料以及活化过程有关（Heschel et al.，1995）。

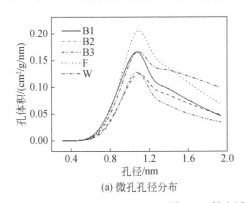

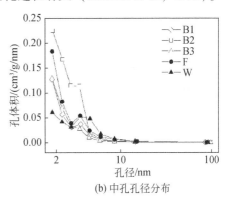

(a) 微孔孔径分布　　(b) 中孔孔径分布

图 6-1　粉末活性炭孔径分布图

表 6-3　实验用粉末活性炭样品的物性参数

PAC 样品	比表面积 /(m²/g)	总孔体积 /(cm³/g)	微孔体积 /(cm³/g)	中孔体积 /(cm³/g)	碘值 /(mg/g)[a]	亚甲蓝值 /(mg/g)[a]
B1	805	0.49	0.32	0.17	926	174
B2	943	0.60	0.28	0.32	1026	192
B3	661	0.39	0.25	0.14	827	117
F	1158	0.71	0.45	0.26	955	186
W	828	0.57	0.33	0.24	962	188

a. 数据由活性炭生产厂家提供。

图 6-2 给出了几种活性炭样品的红外光谱（FTIR）图，FTIR 谱峰官能团归属结果见表 6-4（于建伟，2007）。2000/cm 以下显示的主要是表面含氧官能团的典型红外吸收峰，可以看出所有活性炭样品在 1300~1000/cm 有很大的吸收，归属于 C—O 键的伸缩振动吸收峰（醇、酚及羧基官能团）（Pradhan et al.，1999；Boonamnuayvitaya et al.，2005）。在此范围内，活性炭 B2 明显有更高的吸收，显示出有较多的 C—O 结构官能团存在。在 1650~1450/cm 的 1569/cm 处有相对较宽较强吸收峰存在，该峰应归属于二酮、酮酯及酮烯醇结构的 C＝O 双键伸缩振动吸收峰。在 1470~1380/cm，木质炭 W 在 1458/cm 处有较强的吸收峰，这个吸收带可归属于表面羟基的弯曲振动以及 C＝C 键的伸缩振动（Pakula et al.，2005）。在 3000~2850/cm，所有活性炭均观察到 2921.7/cm、2956.4/cm 及 2852.2/cm 三个吸收峰的存在，应归属于脂肪烃的 C—H 伸缩振动吸收峰，可以—CH、—CH$_2$ 以及—CH$_3$ 基团的形式存在。此外，所有样品在 3436/cm 处可观察到很大吸收峰的存在，应归属于表面羟基的振动峰或吸收水分峰。

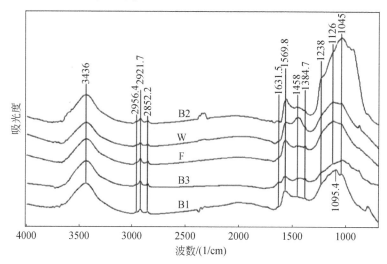

图 6-2　粉末活性炭红外光谱

表 6-4　活性炭 FTIR 谱峰官能团归属　　　　　　　　　　（单位：1/cm）

官能团归属	谱峰位置	文献谱峰范围
表面羟基振动或吸收水分峰	3436	3500~3200
脂肪烃类 C—H 键伸缩振动	2921.7、2956.4、2852.2	3000~2850
C—O 键伸缩振动	1045、1126、1238	1260~1000
共轭双键 C＝O 伸缩振动	1569、1631	1650~1450
C＝C 键不对称伸缩振动	1385、1458	1600~1275

活性炭在制备的过程中，主要是由炭与活化剂反应生成各种含氧官能团，不同的样品由于原料及制备工艺不同，其表面官能团的含量会有差异。

表 6-5 和表 6-6 为分别对活性炭样品的 X 射线光电子能谱（XPS）C 1s 及 O 1s 谱图进行分峰拟合处理的结果（Yu et al.，2007；于建伟，2007）。活性炭表面主要存在 C 及 O 两

种元素，其中约 60% 的碳原子主要以类石墨炭（284.7eV）的形式存在（Biniak et al., 1997；Terzyk，2001；Derylo-Marczewska et al.，2006），氧的相对含量基本在 6.5% ~ 11.7%，表面官能团主要是酚羟基、醇羟基及醚基（286.2eV）、羰基或醌基（287.4eV）以及羧基或内酯基（288.7eV）等多种含氧官能团，占总碳原子数的 20% ~ 30%。相对于煤质炭来说，果壳炭 F 及木质炭 W 的双键氧官能团 C＝O 含量要高一些，可能主要由羰基（C＝O）、羧基以及酯基（O—C＝O）等基团组成，而单键氧官能团 C—O（酚羟基或醚基）的含量要相对低一些。同时，相对于其他几种活性炭，活性炭 B2 及 B3 表面的单键氧官能团 C—O 含量要大于双键氧官能团 C＝O，结合 FTIR 分析结果，推断其主要以酚类化合物为主（Laszlo et al.，2001）。

表 6-5　活性炭样品表面 C1s XPS 谱峰分峰拟合结果　　　　（单位：%）

样品	不同结合态碳的原子百分比					
	C—C	C—OH	C＝O	O＝C—OH	π 位激发	等离激元振荡
	(284.7±0.1) eV	(286.2±0.1) eV	(287.4±0.2) eV	(288.7±0.2) eV	(290.2±0.2) eV	(291.8±0.2) eV
B1	61.54	12.63	5.32	4.53	4.52	4.09
B2	64.17	5.82	5.65	3.94	4.93	3.79
B3	63.36	11.44	5.13	3.99	4.39	3.49
F	62.17	11.43	6.76	4.32	4.78	4.04
W	63.64	10.60	5.55	4.53	3.98	2.76

表 6-6　分峰拟合所得的活性炭样品表面含氧官能团相对含量　　（单位：%）

样品	不同结合态氧的原子百分比			O 含量（原子分数）	C 含量（原子分数）
	C＝O	C—O	吸附水		
	(532.2±0.1)[a]	(533.7±0.2)[a]	(536.0±0.3)[a]		
B1	3.42	2.75	1.21	7.38	92.62
B2	2.95	4.81	3.94	11.70	88.30
B3	3.10	3.83	1.27	8.19	91.81
F	3.63	2.05	0.81	6.49	93.51
W	4.86	2.29	1.78	8.94	91.06

a. 结合能，eV。

图 6-3 分别列出了 MIB 及 geosmin 的吸附等温线（于建伟，2007）。可以看出，不同活性炭对 MIB 及 geosmin 的吸附性能差别很大，果壳炭 F 对 MIB 及 geosmin 的吸附容量最高而煤质炭 B3 最低。例如，当溶液中 MIB 及 geosmin 的平衡浓度为 10ng/L 时，活性炭 F 对 MIB 及 geosmin 的吸附容量分别是活性炭 B3 的 4.5 及 3.5 倍。

值得指出的是，按照常规的活性炭指标参数如比表面积、总孔体积、碘值以及亚甲蓝值等，活性炭 B2 明显高于木质炭 W，但其对 MIB 及 geosmin 的吸附容量要远低于木质炭 W。可见，这些常规的活性炭性能评价指标并不适于用来评价活性炭对水中 MIB 或 geosmin 的吸附性能。表 6-7 为表面特性参数值对活性炭对 MIB 与 geosmin 吸附容量影响的统计分析结果。可以看出，在所选出的表征活性炭的各种指标中，只有微孔体积表现出与

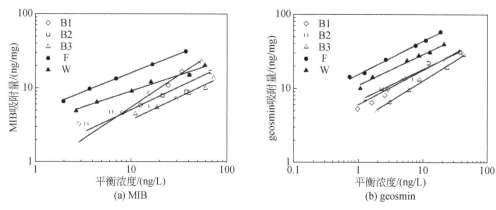

图6-3　天然水中不同 PAC 对 MIB 和 geosmin 的吸附等温线

MIB 及 geosmin 吸附容量的显著相关性，其他常用的指标如比表面积、碘值、亚甲蓝值等，都没有表现出显著相关。另外，Newcombe 等（2002）的研究表明，MIB 及 geosmin 的吸附容量与活性炭 10 ~ 12Å 微孔范围内的孔体积成直线相关关系，但本研究中的统计分析结果并没有发现相关性（对 MIB，$r=0.80$，$P=0.104$；对 geosmin，$r=0.50$，$P=0.391$）。图6-4进一步展示了 MIB 与 geosmin 在 10ng/L 浓度条件下的吸附容量与活性炭微孔体积间的回归分析结果。可以看出，微孔体积可以作为选择 MIB 与 geosmin 吸附用活性炭的关键指标（Yu et al.，2007；于建伟，2007）。

表6-7　MIB 及 geosmin 吸附性能与活性炭表面特性指标的相关性统计分析结果

活性炭特性指标	MIB 吸附量[a]/（ng/mg）		geosmin 吸附量[a]/（ng/mg）	
	r	P	r	P
O/%（原子分数）	−0.500	0.391	−0.200	0.747
C=O/%	0.800	0.104	0.600	0.285
C—O/%	−0.800	0.104	−0.700	0.188
比表面积/（m²/g）	0.700	0.188	0.800	0.104
总孔体积/（mL/g）	0.700	0.188	0.800	0.104
中孔体积/（mL/g）	0.400	0.505	0.700	0.188
微孔体积/（mL/g）	1.000	0.000	0.900	0.037
10 ~ 12Å 孔径范围微孔体积/（mL/g）	0.800	0.104	0.500	0.391
碘值[b]/（mg/g）	0.300	0.624	0.600	0.285
亚甲蓝值[b]/（mg/g）	0.300	0.624	0.600	0.285

a. 溶液浓度为 10ng/L 时 MIB 或 geosmin 的吸附量；b. 由活性炭厂家提供，特性参数见表6-3。

Considine 等（2001）在保证活性炭孔结构不变的条件下，研究了活性炭表面化学性质对 MIB 及 geosmin 吸附效果的影响，结果表明其吸附性能随着活性炭表面氧含量的增加而降低。然而，实际水处理过程中水中的天然有机物（NOM）含量要比 MIB 或 geosmin 高 5 ~ 6 个数量级（Lalezary-Craig et al.，1988；Ng et al.，2002b），由于大量 NOM 的存在，活性炭的表面化学性质对 MIB 或 geosmin 吸附的影响就很难显现出来了。

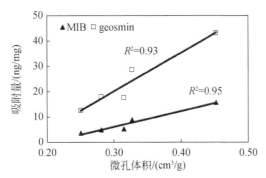

图 6-4 活性炭微孔体积与对 MIB 及 geosmin 吸附的影响

吸附量以溶液中平衡浓度 10ng/L 计算

一般来说，水厂内 PAC 的停留时间不超过一小时。因此，对于水厂实际应用来说，除了吸附容量，吸附速率也非常重要。

图 6-5 为著者研究给出的不同粒径 PAC 对 MIB 和 geosmin 吸附的影响（于建伟，2007）。500 目以上的 PAC 在 1～2h 基本达到吸附平衡，325～500 目粒径的 PAC 要 8～10h 后才基本上达到吸附平衡，而其他 3 个粒径范围内的 PAC 吸附速率要慢更多。

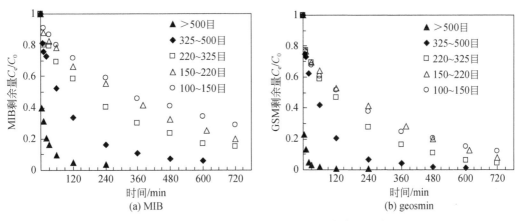

图 6-5 粉末炭粒径对 MIB 及 geosmin 去除的影响

水库原水加标嗅味物质，初始浓度 100ng/L，PAC 投量 15mg/L

日本北海道大学 Masuti 教授研究组系统探究了粒径小于 1μm 的超细粉末活性炭（superfine powdered activated carbon，SPAC）对典型嗅味物质 MIB 和 geosmin 吸附过程的影响（Matsui et al.，2012）。SPAC 的应用可以极大提升嗅味物质的吸附速率，在 20min 内基本达到吸附平衡（图 6-6）。并且在不同天然水的吸附平衡实验中，SPAC 的吸附容量可比 PAC 的容量增加 2%～27%，而水中 NOM 存在条件下 SPAC 和 PAC 吸附容量的降低程度类似，表明 NOM 对嗅味物质吸附的竞争效应未在粒径减小后发生明显变化。对于粒径减小后吸附容量的增加，Masuti 等认为其主要机制是吸附过程中化合物分子不会完全渗透进入到吸附剂颗粒内部，而是优先吸附在颗粒的外表面附近，并存在一定的穿透深度。

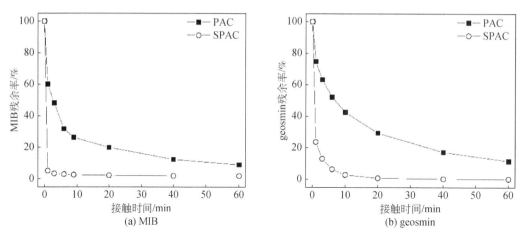

图 6-6　超细粉末活性炭（SPAC）与粉末活性炭（PAC）在天然水嗅味去除过程中的吸附动力学

Matsui 研究组提出 D40 作为评价粒径影响的参数（Matsui et al.，2013）。D40 是指 PAC 累计粒度分布达到 40% 时所对应的粒径。PAC 对 MIB 及 geosmin 的去除率随粒径（D40）的降低而增加，但当被研磨至 D40 的临界值附近时，则很难观察到进一步的提升。对于 MIB 的去除，在接触时间为 10min 时，临界 D40 值为 1μm；接触时间为 1h 和 3h，D40 的临界值分别为 2~2.5μm 和 3~4μm。与之相对应，geosmin 的临界 D40 值分别为 0.2μm、0.4~0.5μm 和 0.5~0.8μm。

因此，对于受条件限制难于延长接触时间的水厂，采用粒径小的 SPAC 可以提升活性炭吸附嗅味物质的效率。但需要注意的是，SPAC 颗粒穿透砂滤滤床的可能性比 PAC 高，应强化混凝过程以提高其沉降效率（Nakazawa et al.，2018）。此时，适当增加搅拌强度保证充分混合，以及使用高碱化度（70%）的聚合氯化铝混凝剂等对于 SPAC 的去除效率比较有效。此外，SPAC 在日本开始应用于混凝-微滤/超滤工艺，实现嗅味物质的有效控制并可以同时有效降低膜污染。与 PAC 相比，投加 SPAC 后混凝过程形成的絮体粒径更大且多孔，SPAC 在膜表面处的滤饼层比普通 PAC 具有更好的渗透性，使得膜通量更加稳定，且利于控制膜污染。

6.1.3　背景水质特征对活性炭吸附的影响

原水中通常存在 mg/L 级的 NOM，其浓度一般比嗅味物质（通常在 ng/L 级）高出 4~5 个数量级，因此 NOM 对吸附位点的竞争不可忽视（Lalezary et al.，1986b；Lalezary-Craig et al.，1988；Chen et al.，1997；Graham et al.，2000）。NOM 的组成不同，其对嗅味物质的竞争吸附影响也不同（Najm et al.，1991b）。图 6-7 列出了两种活性炭在 7 种不同水源水中对 MIB 及 geosmin 的吸附效果（于建伟，2007）。可以看出，不同原水水质条件下 MIB 及 geosmin 的吸附性能差别很大，也就说明嗅味物质的吸附明显受到背景 NOM 影响。表 6-8 中列出了不同原水的相关水质指标，利用统计分析对不同水质指标与 MIB 及 geosmin 吸附性能相关性进行评价，发现 MIB 及 geosmin 的吸附量与 TOC、UV$_{254}$ 均存在显著相关性。一般来说，NOM 含量越高，对嗅味物质的吸附容量影响越大。但也有例外，如 QHD 的 TOC 含量（2.75mg/L）远高于 MY（1.81mg/L），QHD 水源水中 MIB 及 geosmin 的吸附容量反而比 MY 水源水中的高。Newcombe 等（1997）从水中分离出不同分子量大小的 NOM，评价了不同分子量 NOM 对 MIB 吸附的影响，发现 MIB 在 NOM 分子量>3000 的水中的吸附等温线和在纯水中的几乎相同，推测分子量大于 3000 的 NOM 几乎不会和 MIB 产生竞争吸附。因此，NOM 的分子组成也是影响活性炭对嗅味物质吸附的一个重要因素。

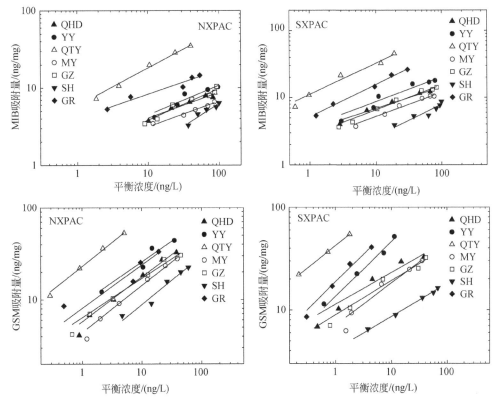

图 6-7 不同原水中 MIB 及 geosmin 的吸附等温线

NXPAC 为宁夏泰西活性炭厂的活性炭产品；SXPAC 为山西新华活性炭厂的活性炭产品

表 6-8 不同原水水样的主要水质参数

水样编号	UV_{254}/(1/cm)	TOC/(mg/L)	SUVA/[L/(mg·m)]
GR	0.0107	1.03	1.04
QTY	0.0056	0.52	1.08
MY	0.0329	1.81	1.82
YY	0.0301	1.50	2.01
GZ	0.0577	1.73	3.34
QHD	0.0575	2.75	2.09
SH	0.1724	4.25	4.06

注：SUVA 为比吸光度，即 254nm 的吸光度和溶解性有机碳浓度的比值。

另外，自来水厂经常会对原水进行预氯化处理。水中余氯会氧化活性炭的表面官能团，影响活性炭对目标物的吸附效果，尤其在低活性炭投加量以及有机物浓度较高时影响比较大（Lalezary et al., 1986b；Lalezary-Craig et al., 1988）。Gillogly 等（1998b）的研究发现，随着水中余氯浓度的增加，活性炭对 MIB 的吸附量出现下降趋势。因此，在应用活性炭解决嗅味问题时，为充分利用 PAC 的吸附能力，预氯化与 PAC 吸附最好不要同步实施。

6.1.4　基于吸附模型的粉末活性炭投量预测

1. 吸附动力学模型

PAC 在实际水厂中的停留时间一般不超过 1h，因此必须重视活性炭对嗅味物质的吸附动力学。均相表面扩散模型（homogeneous surface diffusion model，HSDM）常被应用于水中痕量污染物的活性炭吸附动力学预测（Najm et al., 1991a，1991b；Knappe et al., 1998）。Gillogy 等（1998a）以及 Huang 等（1996）成功利用该模型对 MIB 及 geosmin 在天然水中的 PAC 吸附动力学进行了预测。

HSDM 模型假设活性炭的表面均一、外形为圆球状，并忽略三个质量传输阻力，即溶液到吸附剂外膜的传输阻力，通过膜的传输阻力以及吸附速率限制。利用 Fick 第一扩散定律求得活性炭颗粒内部不同位置的表面浓度，并利用数学模型求得系统中液相浓度随时间改变的变化量。在传输过程中，吸附质在浓度梯度作用下由吸附剂外部扩散至孔隙内部；在密闭系统中，液相中吸附质减少的量等于吸附剂表面增加的量。所以根据质量平衡及 Freundlich 吸附表述，最终将 HSDM 及边界条件简化为

$$\frac{\partial q}{\partial t} = D_s \left(\frac{\partial^2 q}{\partial r^2} + \frac{2}{r} \frac{\partial q}{\partial r} \right) \tag{6-3}$$

初始条件及边界条件：

初始条件：

$$t = 0, 0 \leqslant r \leqslant R, q = 0 \tag{6-4}$$

边界条件：

$$r = 0, t \geqslant 0, \frac{\partial q}{\partial r} = 0 \tag{6-5}$$

$$r = R, q_s = KC_s^n \tag{6-6}$$

式中，r 为扩散距离；q_s 为吸附平衡时的活性炭吸附量；C_s 为吸附平衡时的液相浓度；q 为活性炭表面吸附溶质的量；R 为活性炭颗粒半径；D_s 为表面扩散系数；K 为吸附常数。

根据等背景化合物（EBC）模型的假设，当活性炭吸附单一吸附质时，可将原水中的天然有机物视作一个等背景化合物，此时可把整个吸附系统考虑成该吸附质与等背景化合物的双溶质竞争吸附系统。因而若使用活性炭对原水中的 MIB 及 geosmin 同时吸附，即进行双吸附质吸附时，可将其中的一个吸附质与原水中的其他天然有机物视为等背景化合物，此时仍可认为是一个双溶质的竞争吸附系统（黄毓如，2003）。

应用 HSDM 模型时，通常需通过实验获取 Freundlich 吸附等温方程式中的常数 K 和 $1/n$，实际应用中可进行估算。根据前人研究结果（Huang et al., 1996；Najm, 1996；

Gillogly et al.，1998a；杨丰诚，2001；刘家玲，2002），利用动力学实验中吸附质的最终浓度与其吸附量（一般为大于 2h 的吸附实验结果）进行 $1/n$ 与 K 的比值估算。Knappe 等（1998）认为 $1/n$ 值通常介于 $0.1\sim1.0$。黄毓如（2003）通过对 MIB 及 geosmin 在不同原水中吸附动力学的多组模拟，认为 $1/n$ 在 $0.2\sim0.7$ 可得到最佳的模拟效果，当其过大或过小时，预测误差就会变大。表 6-1 对文献中活性炭对 MIB 的吸附等温线实验结果进行了总结，可以看出除少数纯水中的实验 $1/n$ 值接近于 1 外，多数情况下 $1/n$ 都是在 $0.2\sim0.7$。因此，确定了 $1/n$ 的值，就可以通过 Freundlich 方程式求得 K 值。D_s 值可通过最小误差法由以下的公式求得

$$\text{Error} = \sum_{i=1}^{N} (C_{i,\text{calculated}}^* - C_{i,\text{experimented}}^*)^2 \tag{6-7}$$

式中，$C_{i,\text{calculated}}^*$ 为时间 t 时嗅味物质剩余率（C_i/C_0）的拟合值；$C_{i,\text{experimented}}^*$ 为时间 t 时嗅味物质剩余率（C_i/C_0）的实验值。

先利用 HSDM 程序对 D_s 值的范围进行估算（数量级一般在 10^{-10} 左右），再以 D_s 为横坐标，误差值 Error 为纵坐标作图，当 Error 值为最小时的 D_s 值即为最佳值。图 6-8 给出了假定 $1/n=0.5$ 条件下利用活性炭 SXPAC 吸附密云水库水中 MIB 和 geosmin 时 D_s 值的优化结果。确定 D_s 值后，便可利用 HSDM 模型程序对其吸附动力学进行模拟及预测。

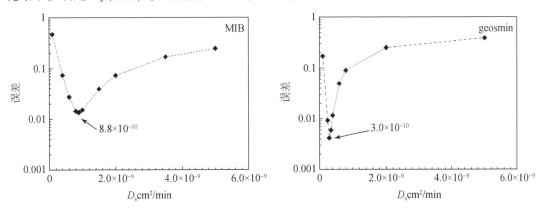

图 6-8 表面扩散系数 D_s 的最小误差法的优化

图 6-9 列出了在假定 $1/n$ 值分别为 0.4、0.5、0.6，并利用最小误差法求得相应的 D_s 值的条件下，SXPAC 活性炭在不同投量条件下对密云水库原水加标后 MIB 与 geosmin 的吸附动力学模拟及预测结果（于建伟，2007；Yu et al.，2016），其中 MIB 与 geosmin 的初始浓度分别为 108ng/L 及 99ng/L。可以看出 $1/n$ 在 $0.4\sim0.6$ 时的预测结果与实验结果比较符合。为简便起见，将 $1/n=0.5$ 作为最佳值进行吸附动力学模拟，由最小误差方法求得的 SXPAC 对 MIB 及 geosmin 吸附的 D_s 值分别为 $8.8\times10^{-10}\,\text{cm}^2/\text{min}$ 和 $3.0\times10^{-10}\,\text{cm}^2/\text{min}$，$1/n=0.5$ 时计算所得的 K 值分别为 1.098 和 2.84。

因此，对于相同的原水，可以在只做一组吸附动力学实验的条件下，假设 Freundlich 常数 $1/n$ 为 0.5，利用 HSDM 模型，对不同 PAC 投量条件下 MIB 及 geosmin 的吸附动力学过程进行有效的模拟，根据原水中 MIB 或 geosmin 的浓度，以及处理后需达到的浓度（阈

值浓度以下）和水厂运行中 PAC 的有效接触时间，做出 PAC 的投量预测，这对指导 PAC 在水厂应用具有很大意义（于建伟，2007）。

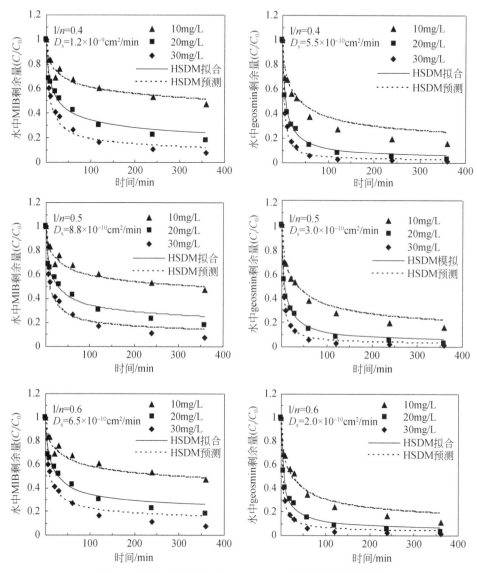

图 6-9　SXPAC 对 MIB 及 geosmin 动力学模拟和预测结果

2. 基于模型预测粉末活性炭投量的应用案例

著者在北京某水厂水源发生 MIB 异味时，利用 HSDM 模型对 PAC 投量进行了预测（于建伟，2007）。2005 年原水中出现较高浓度的 MIB，该水厂采用的是常规工艺加活性炭滤池，需要投加 PAC 强化嗅味去除。PAC 投加于取水口以充分延长其接触时间（约 16h）。前期研究发现，由于水厂中有活性炭滤池，因此只要进厂水 MIB 浓度不超过 40ng/L，出厂水中

MIB 浓度就低于 10ng/L（于建伟，2007）。为此，PAC 的主要作用就是通过输水管道 16h 的反应，将原水中的 MIB 在进厂前降低到 40ng/L。首先对水厂使用的两种活性炭做了吸附动力学实验，MIB 初始浓度为 100ng/L，PAC 投量 15mg/L，对两种 PAC 的效果作 MIB 残留率与时间关系图，结果见图 6-10。可以看出 SXPAC 对 MIB 的去除效果要明显优于 NXPAC。利用 HSDM 进行了模拟，优化所得 SXPAC 和 NXPAC 的表面扩散系数 D_s 分别为 $3.2 \times 10^{-10} \text{cm}^2/\text{min}$ 和 $2.5 \times 10^{-10} \text{cm}^2/\text{min}$。

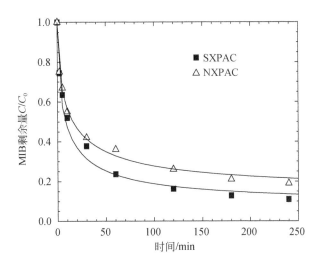

图 6-10　MIB 吸附动力学及 HSDM 模拟结果（PAC 投量：15mg/L）

利用 SXPAC 做了 16h 吸附的 MIB 残留率与 PAC 投量预测图（图 6-11）。图中 129ng/L 与 162ng/L 是原水中检测到的两个较高的 MIB 浓度值。表 6-9 列出了不同 MIB 初始浓度（实际监测值）条件下，达到 MIB 目标浓度 40ng/L 所需最小活性炭投加量。如原水中 MIB

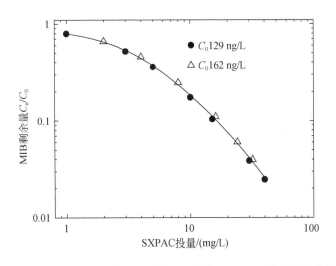

图 6-11　根据 HSDM 模型预测数据所得的 SXPAC 活性炭投量曲线

初始浓度（C_0）为86ng/L时，进厂水的最大目标浓度（C_d）为40ng/L，相应MIB在水中的剩余比例（F_{rem}）为0.47，据此从图6-11中可得其最小PAC投量为4mg/L，而实际生产中PAC的投量达到12mg/L。因此，若采用此模型进行活性炭投量控制，可有效节省活性炭的用量。

表6-9　不同MIB初始浓度下预测所得的最小PAC投量[*]

MIB初始浓度C_0/（ng/L）	F_{rem}（C_d=40ng/L）	最小PAC投量/（mg/L）
86	0.47	4
129	0.31	6
145	0.28	8
162	0.25	9

[*]以进厂水浓度不高于40ng/L，接触时间16h进行预测；C_0为原水中MIB初始浓度；C_d为期望得到的进厂水最大MIB浓度；F_{rem}为期望获得的MIB剩余率。

6.1.5　活性炭应用时的注意事项

1. 粉末活性炭的投加

在PAC的应用中，还需要考虑一些其他的影响因素，如投加位置等。在取水口投加PAC可延长反应时间，有利于活性炭吸附容量的充分利用，但存在运行维护难度大，同时应关注流速过低时还有PAC在管道内堆积的可能性。厂内投加存在反应时间短的缺点，而且活性炭和混凝剂同时投加时，还有可能出现吸附位点被絮凝剂包裹的问题，最好是先投加PAC，反应一段时间后再投加絮凝剂。此外，活性炭与高锰酸钾、氯等一些氧化剂也会发生作用，导致氧化剂的消耗和吸附容量的下降。因此，在实际应用过程中，应避免PAC与这些氧化剂在同一个位点投加。

2. 颗粒活性炭的使用

颗粒活性炭（GAC）一般用在水厂净化工艺的末端，作为水质净化的最后一道屏障。由于颗粒活性炭使用周期较长，因此在实际应用过程中，既有活性炭对目标物质的吸附作用，也有附着在活性炭表面的微生物对污染物的生物转化作用。而且，由于颗粒活性炭更换比较麻烦，一般情况下，颗粒活性炭单独使用的情况不是太多，主要是与臭氧氧化配套联合使用。尤其是在臭氧-生物活性炭工艺中，赋予活性炭的主要功能是生物降解。臭氧具有很强的氧化能力，可以将天然有机物及一些人工化学品转化为小分子醛、酸类物质，附着在活性炭表面的微生物可以将这些小分子有机物有效去除。当然，即使在长期运行的条件下，颗粒活性炭仍能维持一定的有机物吸附能力。

Terashima（1988）对臭氧-生物活性炭工艺的研究发现，当水温为10℃时，活性炭对于MIB浓度为215ng/L的来水，其三年后MIB的去除率仍达到90%；而当水温为5℃时，活性炭对于 MIB 浓度为 200ng/L 的来水，其 MIB 去除率不到两年就降低到 50% 。可见除了吸附作用，生物降解也在 MIB 的去除中发挥了重要作用。

著者针对北京某水厂长期运行的颗粒活性炭滤池研究发现，即使是使用时间超过三年半的颗粒活性炭，其对 MIB 仍有一定的去除能力（于建伟，2007）。图 6-12 为利用静态平衡吸附实验对不同使用时间活性炭的 MIB 和 geosmin 吸附性容量评价结果，可以看出，经过一年的使用，MIB 的吸附容量大约下降了一半，两年后其吸附容量仅约为新炭的 20% ，在使用 3.5 年后不到新炭的 10% 。对 geosmin，活性炭使用时间的影响要小一些，主要是因为 geosmin 比 MIB 更易吸附的缘故，1 年的使用对其吸附容量并没有太大的影响，而使用 2 年后下降到以前的 40% 左右，3.5 年后对 geosmin 的吸附容量为新炭的 20% 左右。Zamyadi 等（2015）对于南澳大利亚相关水厂的工艺调查结果也表明，运行两年后的颗粒活性炭对 geosmin 和 MIB 分别有 80% 和 60% 左右的去除率（进水浓度几十至几百 ng/L）。

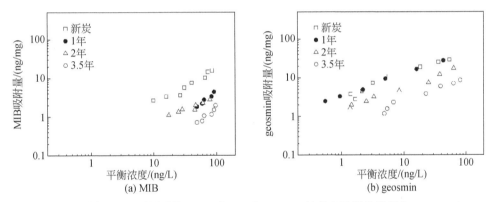

图 6-12　不同碳龄 GAC 对 MIB 和 geosmin 的静态吸附性能评价

对水厂来说，快速有效地预测 GAC 的使用寿命是非常有价值的。虽然中试 GAC 炭柱可较准确地预测其吸附容量及吸附速率，但往往费用较高且费力费时。可利用吸附平衡实验评估其吸附性能，然后采用快速小柱测试（rapid small-scale column test，RSSCT）的方法评价其穿透曲线及吸附速率。该方法能很好地预测新炭的吸附情况，但并不适用于旧炭的评价（Gillogly et al.，1999a）。因为 RSSCT 测定时需要将 GAC 研磨后过筛，这会导致某些已被有机物堵塞的活性炭孔重新展开，产生新的吸附位，从而高估其吸附能力。对于旧炭的评估可采用短床吸附（short bed absorber）的方法，对未经研磨破碎的 GAC，在与实际生产相同的过滤速度下进行吸附实验。Knappe（1996）及 Ho（2004）在实验室内利用小柱实验分别预测了不同使用时间的 GAC 对阿特拉津（atrazine）及 MIB 和 geosmin 的吸附性能，并与中试结果进行了比较，得到的穿透曲线基本吻合。著者利用上述方法进行了旧炭吸附性能评价（于建伟，2007），如图 6-13 所示，经过 3.5 年的使用，MIB 及 geosmin 在穿透后的去除率仍有 40% 和 60% 。图 6-14 列出了不同使用时间 GAC 微孔分布的变化情况，可以看出，各 GAC 在 11Å 处出现最大孔体积，与新炭相比，虽然微孔的总体积并没有显著降低（0.34cm³/g 降低到 0.20cm³/g 左右），但旧炭微孔结构发生部分变化，尤其

12Å 以下的孔体积随使用时间的增加逐渐减小，使用 3.5 年后其孔体积显著低于其他 GAC，这部分容积的降低可能是其嗅味物质吸附能力下降的主要原因（Newcombe et al.，1997）。但由于 GAC 通常与臭氧联用，实际处理过程中生物降解也发挥了重要的作用，对于如何有效解析吸附与生物作用的比例仍有待于进一步的研究。

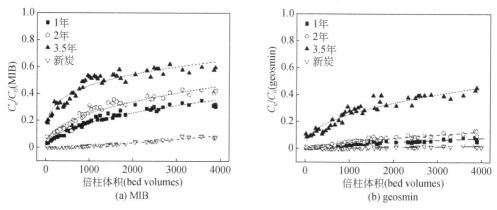

图 6-13　不同炭龄 GAC 对 MIB 及 geosmin 的动态吸附穿透曲线

进水浓度为 100ng/L

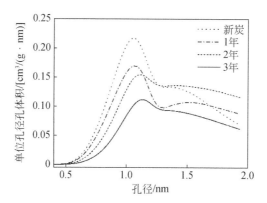

图 6-14　不同使用时间后的 GAC 微孔部分孔径分布变化

6.2　氧化技术

部分还原性、极性嗅味物质如硫醚类物质活性炭吸附效果不好。而且，即使是 MIB 等土霉味物质，当浓度很高时，需要投加的 PAC 量很大（Lin et al.，2018）。当 PAC 投加量高于 40mg/L 时，后续的混凝沉淀过滤系统再去除 PAC 就会比较困难，导致 PAC 穿透砂滤池的风险较大。因此，化学氧化也是嗅味控制中常用的一种技术。表 6-10 列出了几种常见氧化剂的氧化还原电位，其中氯、臭氧及高锰酸钾是水厂常用的三种氧化剂。

表 6-10 常用氧化剂氧化还原电位

氧化剂	氧化还原电位/V
OH·	2.80
O	2.42
O_3	2.07
H_2O_2	1.77
MnO_4^-	1.49
Cl_2	1.36
O_2	0.40

6.2.1 氯或氯胺氧化

目前，国内外大部分的水厂采用加氯的方式来消毒并控制微生物的过度繁殖（李圭白等，2005；Ghernaout et al.，2014）。一般来说，氯化处理对去除还原性嗅味是有效的，如腐败味、腐烂的蔬菜味、沼泽味和鱼腥味（含氮化合物）等。在 1～6mg/L 的投加量下，氯对鱼腥味及沼泽味去除效果较好。表 6-11 列出了几种常见氧化剂对于几种嗅味物质的氧化去除效果，氯及一氯胺对于硫醚类（沼泽味）物质以及部分不饱和醛类如 2,4-癸二烯醛（黄瓜味）去除有效。氯对一些藻源嗅味如环柠檬醛和紫罗兰酮有一定的去除能力（Zhang et al.，2012），但是氯和氯胺都不能去除 geosmin 和 MIB。

表 6-11 不同氧化剂对模拟嗅味物质的去除效率

模拟嗅味物质	HClO	ClO_2	NH_2Cl	$KMnO_4$	H_2O_2
1-己醛	5	-28	-79	33	43
1-庚醛	-79	-83	-60	49	47
二甲基三硫醚	>99	>99	>99	82	90
2,4-癸二烯醛	54	56	56	95	52
MIB	10	15	15	13	29
geosmin	16	27	27	15	31

注：反应时间 120min；氧化剂投量 3mg/L；负去除率表明氧化后产生该嗅味物质。

资料来源：Glaze et al.，1990。

美国费城自来水公司曾利用嗅觉层次分析法（FPA）对进出水的嗅味特征进行评价，该厂采用的是氯胺消毒方式，相关结果见表 6-12。经过水厂处理后，可以看出一些嗅味被明显去除，主要包括烂蔬菜味、腐烂味、烂泥塘味、藻味及土腥味等，同时，出水中的氯味及药味增加，其中的药味与消毒过程中产生的副产物有关。

表 6-12 氯胺消毒去除嗅味效果（Bartels et al., 1989）

嗅味描述	进厂水嗅味描述比例	出厂水嗅味描述比例
烂蔬菜味	26	2
腐烂味	34	0
氯味	3	68
草味	20	15
烂泥塘味	43	2
土腥味	23	2
藻味	17	0
霉味	3	12
药味	14	2

值得注意的是，氯化过程能把水中的氨基酸氧化成醛和腈，产生氯味、土味、消毒剂味、氨味等气味。氯和酚发生取代反应生成氯酚，酚的嗅阈值浓度高于 $1000\mu g/L$，而 2-氯酚、2,4-二氯酚和 2,6-二氯酚的嗅阈值浓度为 $10\mu g/L$ 左右。因此，当原水中存在酚类物质时，加氯有可能会大大加重水中药味。同时，氯化过程产生的氯仿、溴仿和碘仿也会引起药味，其中碘仿的嗅阈值浓度可降低至 $20ng/L$（Bruchet et al., 1989），而氯仿的嗅阈值浓度是 $100\mu g/L$。在氯胺化处理时先加氯后加氨，处理水中主要卤代物的形态是溴仿和氯溴甲烷，有很少量的碘仿；如果先加氨后加氯，主要的卤代物形态是碘仿，会在水中引起药味（Hansson et al., 1987），投加氯反应 5min 后再加氨可有效地减少碘仿的生成量。另外，氯对于水中的一些嗅味会产生掩蔽效应，导致出厂水中的味道减轻，但到用户终端氯消耗完后，其异味又重新出现（Suffet et al., 1995）。

6.2.2 高锰酸钾氧化

高锰酸钾的氧化性受水的 pH 影响很大。在强酸性溶液中，其氧化能力很强，还原为 Mn^{2+}，半反应为

$$MnO_4^- + 8H^+ + 5e^- =\!=\!= 4H_2O + Mn^{2+} \qquad E = 1.51V$$

在微酸性、中性或弱碱性溶液中，其氧化能力较弱，被还原为不溶的二氧化锰，半反应为

$$MnO_4^- + 2H_2O + 3e^- =\!=\!= 4OH^- + MnO_2 \qquad E = 0.588V$$

从二十世纪六十年代，高锰酸钾即被用作替代氯进行预氧化。高锰酸钾的主要用途是控制取水口藻类生长、去除铁锰、除色和降低三卤甲烷（THMs）（Singer et al., 1980；Colthurst et al., 1982）。高锰酸钾和有机物质反应不产生 THMs，但有可能生成 THMs 前驱物，这一点取决于水的特性。和氯、臭氧相比，高锰酸钾对大肠杆菌的杀灭作用要弱一些。

关于高锰酸钾对嗅味物质的去除效果有不少研究（Lalezary et al., 1986a；Suffet et al.,

1995；McGuire，1999；廖宇等，2020）。总的来说，天然水的嗅味控制中，使用低于10mg/L剂量的高锰酸钾对大多数的嗅味物质去除效果一般；使用高剂量的高锰酸钾能降低苯甲醛、甲硫醚的浓度，对二甲基二硫醚的去除率达到80%以上（Suffet et al.，1995；马军等，2006；柯水洲等，2017）。Lalezary等（1986a）的研究发现，高锰酸钾并不能氧化去除土霉味物质，但反应中形成的二氧化锰具有良好的吸附性能，可以通过吸附方式去除部分嗅味物质。Middlemas 和 Ficek（1986）在1986年报道了发生在威斯康星州密尔沃基的一个饮用水嗅味事件。原水取自密歇根州湖，当改变了取水口后，水源产生了一种污水的臭味。投加0.2~0.8mg/L的高锰酸钾后，嗅味强度降低了50%以上。总体上，高锰酸钾对嗅味的去除效果不及臭氧及氯等氧化剂，尤其是在低剂量下其效果不佳。但是投加剂量过高，又会因为高锰酸钾的残留导致饮用水呈现紫红色，因此需要谨慎使用。

6.2.3 臭氧氧化

1. 臭氧基本性质

臭氧在天然物质中的氧化能力仅次于氟，是饮用水深度处理中使用得最广泛的强氧化剂，对于水中铁、锰、色度及臭味具有较好的去除效果（李圭白等，2005；Langlais et al.，2019）。臭氧的物理化学性质如表6-13所示，通常0.01~0.02mg/L的臭氧即可闻测到类似于鱼腥味的臭味，且对眼睛和鼻子具有刺激性作用。臭氧在水溶液中极不稳定，在20℃条件下纯水中的半衰期约为3h，且容易受到pH、温度及催化剂等的影响。

表6-13 臭氧物理化学性质

性质	特性
生成	光化学反应，高压放电
相对密度	1.658（空气相对密度=1 时）
水中溶解度	1.09g/L（0℃）、0.57g/L（20℃）
熔点	−251℃
沸点	−112℃
吸收波长	253.7nm
氧化电位	−2.07V
颜色	低浓度（无色），高浓度（蓝色）
气味	腥味、辛辣味

2. 臭氧氧化机理

臭氧与水中有机物的作用机制如图6-15所示。臭氧与有机化合物的反应机制主要包括：①臭氧分子直接和有机物反应；②臭氧在水中形成自由基后而产生的链式反应（von Sonntag et al.，2012）。

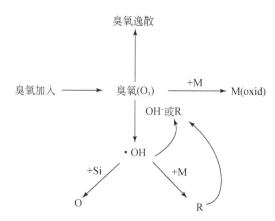

图 6-15 臭氧与水中有机物的反应机制（von Sonntag et al.，2012）
M 为溶质；M（oxid）为氧化后的溶质；Si 为自由基清除剂；R 为催化臭氧
降解的自由基；O 为不催化臭氧氧化的物质

1）直接臭氧化反应

即为臭氧分子直接与有机物反应，又可分为

（1）电偶极环加成机制：臭氧本身因为电偶极结构，其分子会与有机物内的不饱和键发生环加成反应形成臭氧化物，进而在水溶液中分解成羰基（醛或酮）化合物及两性离子，进一步反应会生成氢基–过氧基化合物，之后又分解成羰基及过氧化氢。

（2）亲电性反应机制：臭氧会先攻击分子中高电子密度的位置，如具有 OH、NH_2 等电子供体（electron donors）的芳香族化合物中的邻位（ortho-）与对位（para-）碳分子。

（3）亲核性反应机制：如有机物中含有—COOH、—NO_2 等亲电子基团（electron-withdrawing groups），则臭氧会局部攻击分子中缺乏电子的位置。

上述三种机制说明直接臭氧化反应具有高度选择性，针对芳香族、不饱和脂肪族及某些特定的官能团（如双键）等有极高的反应性，对于其他的有机物相对而言反应能力较弱。

2）自由基链式反应

臭氧分子在水中易受氢氧根离子的催化而形成氧化能力极强的羟基自由基（OH·），其氧化还原电位比臭氧分子还高（2.80V），从而具有更强的氧化能力。自由基与有机物的反应主要有三种机制，包括羟基加成、氢离子抽出（hydrogen abstraction）和电子转移（electron transfer）。一般而言，自由基与有机物的反应较不具选择性，除了能氧化含未饱和键的化合物以外，还能与具饱和键的脂肪族化合物反应。然而自由基链式反应易与水中自由基捕捉剂，如碳酸根、碳酸氢根等产生反应而消耗掉。

3. 臭氧对不同嗅味物质的氧化效果

在各种氧化剂中，臭氧具有最佳的嗅味去除效果，可氧化大部分的嗅味物质（Glaze et al.，1990；Atasi et al.，1999；李璐玮，2019）。但是，对 MIB、geosmin 等典型的土霉味类物质，臭氧的氧化去除效果受到水源水质的影响较大。这主要是因为在不同的水源水中，臭氧的主导反应机制不同。在一些 pH 较低、腐殖质含量也较低的水中，臭氧主要以分子机制参与反应，这时 MIB 和 geosmin 的去除效果不佳。当水源水的 pH 较高或腐殖质含量较高时，羟基自由基机制发挥重要作用，对于土霉味物质的去除效果就比较好（Peter et al.，2007；Lim et al.，2015）。

在水厂实际应用过程中，臭氧工艺的应用可以分为预臭氧和主臭氧。预臭氧一般在混凝工艺之前，而主臭氧通常在砂滤之后，并常与生物活性炭工艺联用（徐琛宇，2015）。预臭氧和主臭氧在剂量相同时对于嗅味物质的去除效果相似（杨凯，2017）。臭氧应用过程中会产生臭氧味、金属味及果味或芳香味的气味，这主要是由臭氧氧化后的一些副产物如醛类或酮类引起的。因而，在臭氧处理后通常需要增加颗粒活性炭单元，以去除氧化过程中生成的副产物。

6.2.4　高铁酸盐氧化

高铁酸盐的氧化还原电位达到 2.2V，仅比羟基自由基和硫酸根自由基低，而比所有的常规氧化剂均高，因此可以氧化去除多种有机、无机污染物。高铁酸盐的还原终产物是具有良好吸附、絮凝能力的三价铁，可以进一步通过吸附、絮凝过程去除水体中的污染物。有研究表明高铁酸盐对含硫致嗅化合物具有较高的去除效率，可以高效氧化去除多种含硫的嗅味物质，包括硫化氢、氨基硫脲、二氧化硫脲、多种硫醇等。但是，高铁酸盐氧化去除 MIB 和 geosmin 的效果较差。Park 等采用高铁酸盐氧化去除 MIB 和 geosmin，结果发现，MIB 和 geosmin 的去除率在任何 pH 下均低于 25%（Antonopoulou et al.，2014）。

6.2.5　高级氧化

高级氧化技术（advanced oxidation processes，AOP）由一系列均相/非均相技术组成，可广泛定义为基于采用活性氧化物种（羟基自由基等）来降解目标化合物的方法。AOP 的优点包括反应速率快、氧化能力强等，且 AOP 中的羟基自由基和其他自由基的产生可有不同方式，可以满足不同的处理目标。

表 6-14 列出了可用于去除嗅味物质的高级氧化方法，以及在每个过程中形成的活性物种。具体在使用过程中，可以通过组合多种高级氧化方法来进一步提升特征嗅味物质的处理效率。

表 6-14　嗅味控制中常用的高级氧化方法及活性物种

高级氧化方法	活性基团
臭氧：O_3	$\cdot OH$，$HO_2\cdot$，$HO_3\cdot$，$O_2^-\cdot$，$O_3^-\cdot$
O_3/H_2O_2	$\cdot OH$，$O_2^-\cdot$，O_3^-
UV/O_3，UV/H_2O_2 和 $UV/O_3/H_2O_2$	$\cdot OH$，$HO_2\cdot/O_2^-\cdot$，$O_3^-\cdot$

高级氧化方法	活性基团
V-UV（$\lambda < 190\,\text{nm}$）	$\cdot\,OH$, H^+, e^-_{aq}
光催化：紫外/可见光，结合 TiO_2, ZnO 等催化剂	$\cdot\,OH$, h^+, $O^-_2\cdot$, e^-, $^1O_2$, $HO_2\cdot$, $HOO\cdot$
超声	$\cdot\,OH$, $\cdot\,H$

对 MIB 和 geosmin 来说，由于 MIB 的化学结构中存在较大的空间位阻，因此氧化速率比 geosmin 慢。对天然水体来说，多数研究证实与嗅味物质共存的天然有机物是一类羟基自由基清除剂，可降低高级氧化过程中目标污染物的降解效率；也有一些研究揭示天然有机物对自由基的产生具有促进作用，可强化对于嗅味物质等目标污染物的氧化去除。

当臭氧氧化效果不是很好时，可以通过基于臭氧的 AOP 来进行处理（Glaze et al.，1990）。常用的 AOP 包括 H_2O_2/臭氧、臭氧/UV 以及 H_2O_2/UV。实际应用中，H_2O_2/臭氧是最有可能在现有水厂中通过简单的工艺改造实现的工艺，且其费用相对较低。Atasi 等（1999）以臭氧 $2\,\text{mg/L}$ 配合 $1\sim2\,\text{mg/L}$ 的 H_2O_2，可去除 80% 以上的 MIB 及 geosmin。

基于硫酸根自由基（$SO^-_4\cdot$）的高级氧化技术近年得到了较多的关注和发展。硫酸根自由基的氧化还原电位高达 $2.53\,\text{V}$，且与羟基自由基的氧化过程相比具有选择性。硫酸根自由基通常由过硫酸盐和单过硫酸盐活化后产生，常用的活化方法包括 UV、热、碱过渡金属离子及过渡金属氧化物等。基于 UV 活化的方式具有硫酸根自由基产率高、不需要额外投加催化剂等特点。UV/过硫酸盐（PS）高级氧化体系中，硫酸根自由基和水反应可以生成羟基自由基，由此 UV/PS 体系降解 MIB 和 geosmin 时，硫酸根自由基和羟基自由基均发挥着重要作用。水体中的重碳酸根和天然有机物是 MIB 和 geosmin 在 UV/PS 体系中降解的重要抑制因素（Antonopoulou et al.，2014）。

非均相臭氧催化氧化去除嗅味物质的研究近年来也有较多开展。通常采用过渡金属氧化物来活化臭氧产生羟基自由基，进而氧化去除水体中的致嗅物质。在该过程中，金属氧化物的比表面积以及表面的羟基官能团往往发挥着重要的作用。齐飞等制备了氧化铝及羟基氧化铝，并将这两种材料用来催化臭氧氧化去除 MIB 和 2,4,6-三氯苯甲醚（TCA）这两种致嗅物质。催化臭氧化过程中嗅味物质的降解效率一般随着 pH 的升高而提高。

6.3　生物处理技术

活性炭吸附与臭氧氧化是实际工程上最常用的两项嗅味去除技术。实际上，微生物对于一些嗅味物质也具有一定的降解效果。已有报道多种微生物可降解去除水中的 MIB 和 geosmin（表6-15）。李宗来等（Li et al.，2012）对产 MIB 和 geosmin 藻的培养液的生物降解效果进行评价，发现产 geosmin 藻的培养液中 geosmin 的生物降解速率（半衰期：$0.38\sim15.0\,\text{h}$）非常快，而产 MIB 藻的培养液对 MIB 的生物降解速率相对来说要慢很多（半衰期：$122\sim2166\,\text{h}$）。另外，澳大利亚 Hoefel 等（2006）利用三株分离自砂滤池的革兰氏阴性菌组成复合菌群，对 geosmin 的降解具有协同作用。

表 6-15　文献中报道的 MIB 和 geosmin 降解菌

降解微生物		参考文献
MIB	*Bacillus* spp.	（Ishida et al., 1992；Lauderdale et al., 2004）
	Bacillus subtilis	（Yagi et al., 1988）
	Candida spp.	（Sumitomo, 1992）
	Enterobacter spp.	（Tanaka et al., 1996）
	Flavobacterium spp.	（Egashira et al., 1992）
	Flavobacterium multivorum	（Egashira et al., 1992）
	Pseudomonas spp.	（Izaguirre et al., 1988；Egashira et al., 1992；Tanaka et al., 1996）
	Pseudomonas aeruginosa	（Egashira et al., 1992）
	Pseudomonas putida G1	（Oikawa et al., 1995；Eaton, 2012）
	Rhodococcus ruber T1	（Eaton et al., 2009）
geosmin	*Arthrobacter atrocyaneus*	（Saadoun et al., 1998）
	Arthrobacter globiformis	（Saadoun et al., 1998）
	Bacillus cereus	（Silvey et al., 1970；Narayan et al., 1974）
	subtilis	（Narayan et al., 1974；Yagi et al., 1988）
	Chlorophenolicus strain N-1053	（Saadoun et al., 1998）
	Chryseobacterium sp.	（Zhou et al., 2011）
	Pseudomonas sp. SBR3-tpnb	（Eaton et al., 2010）
	Rhodococcus moris	（Saadoun et al., 1998）
	Rhodococcus wratislaviensis DLC-cam	（Eaton et al., 2010）
	Sinorhizobium sp.	（Zhou et al., 2011）
	Sphingopyxis sp. Geo48	Hoefel et al. （2009）
	Stenotrophomonas sp.	（Zhou et al., 2011）

　　MIB 和 geosmin 生物降解主要与其结构和脂环族醇及酮类化合物相似有关（Trudgill，1984）。然而迄今为止，尽管 Tanaka 等（Suffet et al., 1995；Tanaka et al., 1996）确定了两种可能的脱水产物 2-甲基樟脑和 2-亚甲基-降冰片烷，但仍没有给出明确的 MIB 降解途径。Trudgill（1984）指出 MIB 的生物降解途径可能与樟脑类似，樟脑可通过生物的 Baeyere-Villiger 反应进行分解，其环状结构可经由一系列的单加氧酶催化反应断开。Oikawa 等（1995）将可降解樟脑的恶臭假单胞菌 G1 的樟脑降解基因剪切、转化入大肠杆菌后，大肠杆菌获得了 MIB 降解的能力，从而证明了这一点。Eaton 等（2009）研究证明用樟脑进行富集培养后，三株已知樟脑降解菌（包括恶臭假单胞菌 G1）可以使 MIB 六元环上的三个二级碳发生羟基化反应。Trudgill（1984）指出 geosmin 可能通过类似于环己醇的途径被生物降解，但其生物降解途径同样也不明确。另外，关于 MIB 和 geosmin 生物降解速率的报道并不一致，Westerhoff 等（2005）利用伪零级反应对湖水中 MIB 和 geosmin 的生物降解进行了模拟。Suffet 等（1995）认为，由于水中天然有机物浓度远高于嗅味物

质，MIB 和 geosmin 主要作为二级底物利用，故天然水体中 MIB 和 geosmin 的生物降解是二级反应。然而最近的一些研究表明其生物降解符合伪一级反应，降解速率常数为 0.10 ~ 0.58/d，主要取决于降解菌的初始浓度（Ho et al.，2007a；Zhou et al.，2011）。

嗅味物质的生物降解速率受温度、降解菌浓度以及嗅味物质浓度等的影响，其中温度是主要的影响因素。研究表明 MIB 和 geosmin 等进行生物降解的最佳温度为 11 ~ 30℃（Christoffersen et al.，2002；Elhadi et al.，2006；Ho et al.，2007a，2007b，2007c；Hoefel et al.，2009），MIB 和 geosmin 的降解速率与微生物丰度呈直接相关（Ho et al.，2007a；Smith et al.，2008；Hoefel et al.，2009）。另外，水中有机物与嗅味物质共存下，其矿化作用可能得到增强（Li et al.，2007）。同时，一些有机物因其特异性可能会影响生物降解过程，如初始条件下若没有樟脑和松油烯等物质的存在加以诱导，一些微生物对于 MIB 和 gesomin 的降解就不会发生（Eaton et al.，2009，2010）。但有关水源水中有机物对嗅味物质等藻类代谢物生物降解的影响仍有待于进一步深入研究。

水处理工艺中嗅味物质的生物降解多发生于砂滤或活性炭单元，相应的降解菌在此可得到富集生长，另外河岸过滤也是一种有利的方式（Bourne et al.，2006；Ho et al.，2006；McDowall et al.，2007；McDowall et al.，2009；Hsieh et al.，2010）。过滤介质的特性，如粒径、化学成分和表面粗糙度或形貌等，对于生物膜的生长和嗅味物质的降解具有重要影响。有研究表明较小颗粒的介质有利于嗅味物质的生物降解（McDowall et al.，2007），颗粒活性炭由于具有裂隙和隆起等较粗糙的结构，可减弱剪切力对于新附着细菌的影响，从而比砂滤更适合细菌的附着生长（Hattori，1988；Wang et al.，2007）。接触时间和水力负荷可能对生物过滤过程具有较大影响。McDowall 等对南澳大利亚某水厂的调查表明，MIB 和 geoosmin 在砂滤池段得到有效去除，但滤池反冲时应避免采用含氯水，否则会导致生物膜以及降解菌的失活，使得 MIB 和 geosmin 去除率显著下降（McDowall et al.，2007）。但是，生物滤池对嗅味物质的降解往往需要特定的条件，尤其是与是否存在相应的降解菌有关，且需要较长的适应期才能发挥降解作用。通过将降解菌"接种"可减少反应器的启动时间、增加去除效率，如 McDowall 等（2009）在滤柱接种加入 geosmin 降解菌，与未接种的滤柱相比，对 geosmin 的去除率可由 25% 提升到 75% 以上。Zamyadi 等（2015）的研究表明颗粒活性炭形成生物膜后可增强对于 geosmin 和 MIB 的去除，但对于如何保持降解菌的持续性并在工程中加以应用，仍有待于进一步的研究优化。

6.4 饮用水嗅味控制工程案例

6.4.1 南澳大利亚水厂 MIB 和 geosmin 的去除

南澳大利亚地表水源长期存在藻源 MIB 和 geosmin 嗅味问题，南澳水质中心 2010 ~ 2012 年对其中 6 个饮用水厂工艺的嗅味去除性能进行了系统调查（Zamyadi et al.，2015）。水厂以常规工艺为主，部分水厂采用气浮工艺，主要采用 PAC 或 GAC 处理嗅味。通过总结，此类藻源嗅味物质的去除主要受以下几个因素的影响：①处理工艺流程；②胞内胞外嗅味物质的比例）；③处理工艺参数，如 GAC 滤床的空床接触时间（EBCT）等；④污泥上清液及反冲水的回流。

表 6-16 列出了各工艺段对于 geosmin 和 MIB 的平均去除率（Zamyadi et al., 2015）。可以看出，溶解性嗅味物质主要是依靠 PAC 或 GAC，但对于 geosmin 来说，砂滤也有一定的去除效果，这可能主要是因为砂滤池中积累了一定数量的 geosmin 降解菌。对于胞内嗅味来说，沉淀和过滤都有一定的去除效果。砂滤过程对于嗅味的去除主要与藻细胞的截留有关。调研过程中也观测到过滤介质表面藻细胞及胞内嗅味物质的积累。GAC 对嗅味物质的处理方面，geosmin 的去除率整体高于 MIB，且炭床运行两年后，水中 geosmin 和 MIB 的去除率仍可分别达 80% 和 60% 左右，GAC 表面形成的生物膜应该增强了 geosmin 和 MIB 的去除。

表 6-16　实际水厂中各工艺对藻类致嗅物质的去除情况

处理工艺	geosmin 去除率/%		MIB 去除率/%	
	总	胞外	总	胞外
粉末活性炭	21±4	57±3	负值或 0	38±5
混凝沉淀	33±7	18±2	负值或 80±5	0
砂滤	45±5	57±5	38±3	0
颗粒活性炭	—	100	—	70±5
氯化	—	0	—	13±3

注：含有高浓度胞内 MIB 的污泥上清液在回流过程中会导致 MIB 去除率的负值。

资料来源：Zamyadi et al., 2015。

另外，嗅味高发期间反冲洗水中 MIB 浓度高达 721ng/L（总）和 168ng/L（胞外溶解），而 geosmin 的浓度为 148ng/L（总）和 64ng/L（胞外溶解）。因此嗅味高发期应加强对于反冲洗的管理，如反冲洗周期的设定不仅需要保持滤床功能和流速，同时也应防止藻细胞的过度蓄积及其裂解，应适当缩短反冲洗周期以降低藻细胞破裂带来的嗅味释放风险。

嗅味高发期的给水污泥管理也需要额外注意。水厂各工艺中外排污泥的含水率通常在80% 以上，部分水厂将污泥处理池上清液回流到进水进行混合，处理过程中产嗅藻的胞内嗅味物质可能大量释放。调研中测得的污泥上清液中总 MIB 最高浓度高达 9415ng/L，胞外溶解 MIB 为 541ng/L。上清液回流泵输送期间，压力变动会导致藻细胞破裂释放出大量嗅味物质，进而影响 PAC 的处理效率及投量。高藻期采取停止上清液回流、加快排泥等措施有利于防止污泥中嗅味释放进入饮用水中。

6.4.2　秦皇岛水源 geosmin 的水厂应急处理

2007 年秦皇岛洋河水库螺旋鱼腥藻（*Anabaena spiroides*）（现用名 *Dolichospermum* spiroides，螺旋长孢藻）暴发导致发生严重的 geosmin 嗅味事件，总 geosmin 浓度最高达到 7000ng/L 以上，但 85%~90% 以上存在于胞内。图 6-16 给出了著者当时利用次氯酸钠、二氧化氯以及高锰酸钾进行预氧化批量实验的结果，预氧化处理均会导致藻细胞的破裂引起 geosmin 的大量释放。0.5mg/L 的二氧化氯即可使 geosmin 快速释放；次氯酸钠 1mg/L（Cl_2 计）以上至约 1.5mg/L 时，几乎所有的胞内 geosmin 都被释放出来；高锰酸钾投量低于 1mg/L 时 geosmin 几乎没有释放，1mg/L 以上时随着投量的增加，geosmin 也会逐步释放出来。为此，水厂采取了停止高锰酸钾预氧化，以投加 PAC 的方式进行处理。

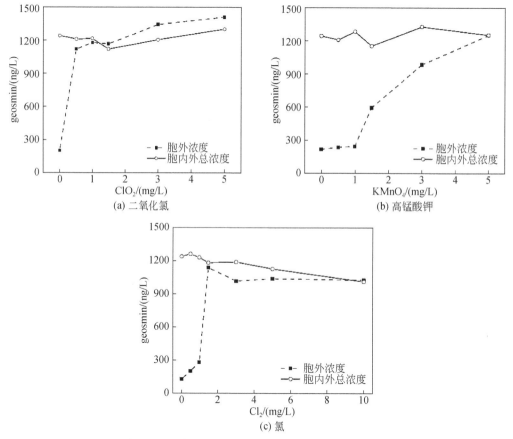

图 6-16　不同氧化剂处理原水后 geosmin 的释放结果

　　水厂采用常规工艺，主要包括混凝、气浮、沉淀、过滤四个处理单元，原水取水口至水厂的输送时间约 10h，在取水口投加 PAC，根据 geosmin 浓度适当调整 PAC 投量，高峰期 PAC 的投量达到 40~60mg/L。图 6-17 列出了 PAC 投加条件下水厂工艺段监测结果。可以看出取水口投加 PAC 后，即使对原水中高达 5600ng/L 的 geosmin（总浓度，溶解性 geosmin 为 490ng/L），进厂水中 geosmin 的浓度已处于较低的水平，可见 PAC 对于 geosmin 具有很好的去除作用，同时由于水厂采用了气浮工艺，可有效去除藻细胞，虽然出厂加氯后 geosmin 浓度略有上升，但采用应急处理措施后基本未再收到有关嗅味的投诉。

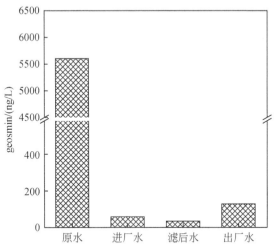

图 6-17　藻类暴发期水厂各工艺段 geosmin 监测结果

6.4.3　黄浦江水源复杂嗅味问题控制

黄浦江水源一直以来是上海市的主要供水水源之一，水源嗅味问题来源复杂，以季节性土霉味和长期性的腐败/沼泽/腥臭味为主，著者通过长期的跟踪调查，确定黄浦江水源中存在 20 种左右的嗅味物质，其中土霉味以 MIB 为主，有时伴有 geosmin 的产生，但浓度总体不高；腐败/沼泽/腥臭味的主要贡献物质包括双（2-氯-1-甲基乙基）醚以及二乙基二硫醚、二甲基二硫醚和二甲基三硫醚等硫醚类物质（郭庆园，2016）。上海自 2010 年开始对黄浦江水源的水厂进行升级改造，形成了以臭氧−生物活性炭（BAC）为主的深度处理工艺。从总体上来说对于嗅味的控制较为有效，显著提升了供水水质。具体工艺形式主要涵盖：预 O_3—混凝/沉淀—砂滤—O_3—BAC，预 O_3—混凝/沉淀—O_3—BAC—砂滤/超滤，以及混凝/沉淀—O_3—BAC—砂滤。预臭氧投量在 0.5 ~ 1.2mg/L、主臭氧投量在 0.5 ~ 2.0mg/L 变动。

图 6-18 列出了其中一个水厂的处理工艺 FPA 嗅味强度变化调查结果。可以看出，混凝沉淀后 FPA 嗅味强度出现了升高的现象，主要与沉淀池污泥中嗅味物质释放有关（Guo et al.，2016）；经过臭氧处理后，两种嗅味类型普遍降低了一个强度等级，此时腥臭味强度为 5 左右，土霉味强度在 4 左右；经过生物活性炭处理后，腥臭味强度降为 3 左右，土霉味未检出；砂滤工艺段出厂水后，嗅味得到完全去除。

从具体嗅味物质来看（图 6-19），原水中共检出 18 种嗅味物质，包括对腥臭味有主要贡献的二乙基二硫醚、二甲基二硫醚、双（2-氯-1 甲基乙基）醚以及土霉味物质 MIB 和 geosmin 等（Guo et al.，2016；王春苗，2020）。经过沉淀工艺段后，嗅味物质含

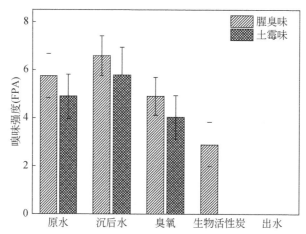

图 6-18　实际水厂深度处理工艺对嗅味的控制结果

处理工艺为预臭氧—混凝/沉淀—主臭氧—生物活性炭—砂滤—消毒；采样时间 2014 年 4 月至 2015 年 4 月

量有所上升，醛类物质经过臭氧工艺段后含量有所上升，其他嗅味物质经过臭氧和生物活性炭工艺段后含量明显降低，经过砂滤工艺段后，出水中检出嗅味物质只有 9 种，且浓度大幅度降低，浓度超过嗅阈值的嗅味物质包括双（2-氯-1-甲基乙基）醚、二乙基二硫醚、二甲基二硫醚、MIB 和 geosmin 等均得到有效的去除。嗅味物质的定量分析结果也验证了嗅味感官评价结果，证明了臭氧-生物活性炭工艺对原水嗅味的去除效果。沉淀工艺段嗅味强度和嗅味物质浓度升高可能由两方面原因引起，一方面沉淀池积累了大量藻细胞及微生物等，曾有报道发现沉淀池藻细胞破裂、内源嗅味物质释放是该工艺段嗅味（物质）升高的主要原因（Lomans et al.，1997；Guo et al.，2016），另一方面与沉淀池排泥频率和程度有关，排泥频率过低或排泥不净造成沉淀池形成一定的厌氧环境，一些还原性嗅味物质（硫醚类等）极容易在这样的条件下产生（Lomans et al.，1997；Guo et al.，2016）。

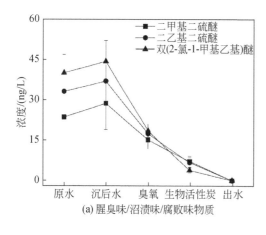

(a) 腥臭味/沼渍味/腐败味物质

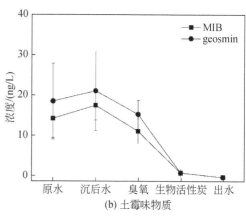

(b) 土霉味物质

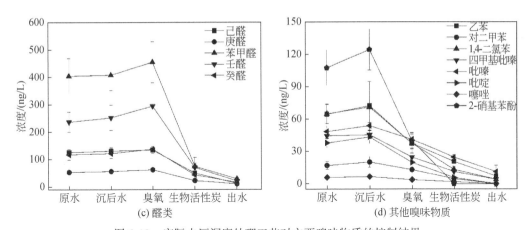

(c) 醛类　　　　　　　　　　　　　　　　　　(d) 其他嗅味物质

图 6-19　实际水厂深度处理工艺对主要嗅味物质的控制结果

处理工艺为预臭氧—混凝/沉淀—主臭氧—生物活性炭—砂滤—消毒；采样时间 2014 年 4 月至 2015 年 4 月

图 6-20 进一步给出了 3 个不同水厂深度处理工艺的长期调查结果（王春苗，2020），并对有无预臭氧条件下的处理效果进行了比较。此期间金泽水库成为主要供水水源，但总体来看水源嗅味特征并无显著变化。此期间 geosmin 检出浓度不高（低于 5ng/L），就 MIB 来说，所调查三个水厂的 O_3-BAC 深度处理工艺整体去除率大于 85%，但与同时采用预臭氧和臭氧-生物活性炭工艺的水厂相比，无预臭氧的水厂沉淀后出水检出的 MIB 浓度略有增加，且去除率略低。

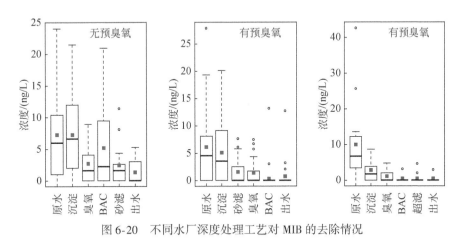

图 6-20　不同水厂深度处理工艺对 MIB 的去除情况

采样时间 2018 年 5 月至 2019 年 4 月

就硫醚类物质来说，此期间检出的主要包括二甲基二硫醚（DMDS）和二甲基三硫醚（DMTS），均可得到有效去除（>95%），出水浓度远低于其嗅阈值浓度 10~30ng/L。监测期内 DMDS 原水浓度为 n. d. ~176ng/L，DMTS 原水浓度为 n. d. ~15.2ng/L。采用臭氧-生物活性炭深度处理工艺的水厂，两种硫醚经过沉淀工艺段去除 72.2%~74.0%，至臭氧工艺去除率达到 90.6%，然而生物活性炭出水中两种硫醚浓度均稍有增加，经后续的消毒工艺可进一步去除。采用预臭氧-臭氧-生物活性炭工艺的水厂，其经过预臭氧-沉淀（67.4%~

75.7%）、砂滤（-7.2%~11.3%）、臭氧（7.0%~17.5%）、生物活性炭（5.4%~7.9%）及消毒（-1%~12.6%）等工艺段对硫醚达到有效去除（图6-21）。总体来看，采用有预臭氧的臭氧-生物活性炭深度处理工艺的水厂对硫醚类物质的控制效果更好（王春苗，2020）。

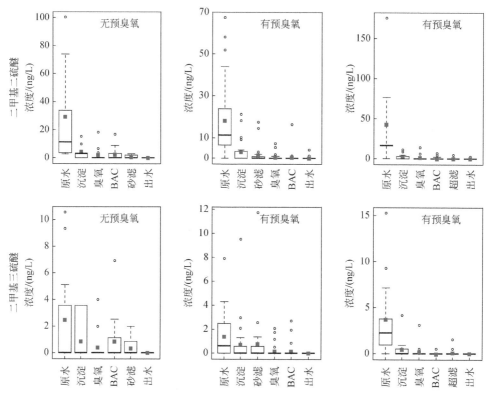

图6-21　不同水厂深度处理工艺对硫醚的去除情况
采样时间2018年5月至2019年4月

图6-22给出了一年监测时间内双（2-氯-1-甲基乙基）醚的去除情况。结果表明采用有预臭氧的深度处理工艺可以有效去除双（2-氯-1-甲基乙基）醚，去除率达到86.6%，高于无预臭氧的深度处理工艺（56%~60%）。类似的，双（2-氯-1-甲基乙基）醚去除主要通过臭氧氧化（7.9%~38.5%），生物活性炭具有一定的去除但相对有限（-13.9%~24.0%）。

此期间同时检出了一些环状缩醛类嗅味物质，图6-23给出了相应的去除情况。可以看出，有预臭氧的臭氧-生物活性炭深度处理工艺对2-乙基-4-甲基-1,3-二氧戊环（63.6%）、1,4-二氧六环（53.7%）及2-甲基-1,3-二氧戊环（61.2%）的去除率较高，而无预臭氧的臭氧-生物活性炭深度处理工艺对2,5,5-三甲基-1,3-二氧六环的去除率为80%左右，但对其他三种环状缩醛的去除均十分有限（<50%）。总体来看，臭氧（13.4%~28.8%）及预臭氧-沉淀（9.0%~70.0%）是对四种环状缩醛较为有效的去除方法，生物活性炭的去除能力有限。但值得注意的是，1,4-二氧六环及2-甲基-1,3-二氧戊环均无法有效去除，对于饮用水中此类物质的去除应进一步加以关注，尤其应当考虑从水源方面加以控制。

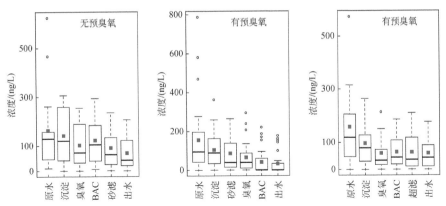

图 6-22 不同水厂深度处理工艺对双（2-氯-1-甲基乙基）醚去除情况

采样时间 2018 年 5 月至 2019 年 4 月

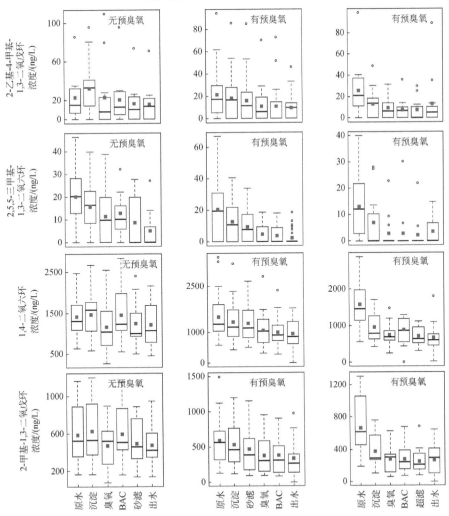

图 6-23 不同水厂深度处理工艺对四种环状缩醛物质的去除情况

采样时间 2018 年 5 月至 2019 年 4 月

总体来说，对黄浦江这类嗅味问题复杂的水源来说，建议优先采用增加预臭氧的臭氧-生物活性炭深度处理工艺，可去除 MIB 和 geosmin 等多数嗅味物质，取得较好的嗅味控制效果，而增加预臭氧有利于提升对于硫醚以及双（2-氯-1-甲基乙基）醚等类物质的去除效果。但由于此类水源嗅味问题的复杂性，对一些潜在的嗅味物质如 1,4-二氧六环及 2-甲基-1,3-二氧戊环等环状缩醛以及双（2-氯-1-甲基乙基）醚等，其去除工艺仍有待于进一步的优化。

6.4.4 （4-甲基环己基）甲醇泄露导致嗅味问题的水厂应急处理

2014 年 1 月 9 日清晨，西弗吉尼亚州（WV）自由工业（Freedom Industries）油库附近的居民投诉空气中有甘草气味、特殊的甜味，WV 环境保护部调查发现约 37.8 吨的（4-甲基环己基）甲醇粗品［(4-methylcyclohexyl) methanol, MCHM］泄漏并排入附近的麋鹿河（Elk River）（Gallagher et al., 2015）。WV 美国水饮用水处理厂（West Virginia American Water drinking water treatment plant, AW 水厂）服务人口 30 万，其取水口位于麋鹿河（4-甲基环己基）甲醇粗品泄漏点下游约 2.4km。到 2014 年 1 月 9 日中午，AW 水厂和用户察觉到水中的异味问题，用户大范围投诉。由于缺少该类物质的理化性质及毒性数据，2014 年 1 月 9 日下午 6 点左右该地区宣布进入紧急状态，用户被告知"请勿使用"自来水，这个命令持续了 4~10 天。

在泄漏事故发生时，缺少 MCHM 粗品组成成分的相关数据。后续研究表明 MCHM 至少包含十个组分，包括不同的顺/反异构体（Gallagher et al., 2015）。MCHM 粗品中的主要异味物质是反式-4-MCHM 和反式-4-甲基环己烷甲酸甲酯（trans-methyl-4-methylcyclo-hexanecarboxylate, MMCHC）；反式 4-MCHM 占 MCHM 粗品中有机化学物质的 60.3%（Phetxumphou et al., 2016），空气中嗅阈值浓度为 0.06mg/m³，具有甘草气味（Gallagher et al., 2015）。反式 4-MMCHC 仅占 MCHM 粗品的 0.3%（Phetxumphou et al., 2016），空气中嗅阈值浓度为 0.021mg/m³，具有香甜、水果气味等（Gallagher et al., 2015）。

AW 水厂工艺包括高锰酸盐氧化（常规剂量 0.6mg/L）、混凝沉淀、GAC、过滤和氯消毒等单元（Weidhaas et al., 2017）。污染发生后，AW 水厂采取了一些应急措施，包括投加高锰酸盐（投量约 1.2mg/L）和 PAC（投量 19mg/L）。然而用户端仍然能够闻到 MCHM 粗品的气味。2014 年 1 月 10 日开始对污染物进行监测后，发现河水及水厂进出水中 4-MCHM（顺/反-4-MCHM 异构体）的浓度为 3.4mg/L。后续的研究证实了常规处理无法有效去除顺/反-4-MCHM（Ahart et al., 2016），高锰酸盐或氯氧化也无显著去除效果。初始浓度为 12.1mg/L 顺/反-4-MCHM，采用 220mg/L 高锰酸盐仅可以去除 15%，而投加 2.6mg/L 氯氧化剂无明显去除。活性炭被证明可以优先去除较难溶解的反-4-MCHM，同时也会吸附一些顺-4-MCHM。对于 GAC，反-4-MCHM 1mg/L 投量下的吸附容量为（26.5±1.2）mg/g，而顺-4-MCHM 的吸附容量为（12.8±1.1）mg/g（Ahart et al., 2016）。在异味暴发时，AW 水厂投加 19mg/L PAC 仍不足以完全去除异味，并且先前吸附了 4-MCHM 的 GAC 还会脱附到水中，致使泄露后的数月里用户仍然可以闻到 4-MCHM 产生的甘草味。

直到 GAC 床于 2014 年 4 月更换后，相关的异味投诉才逐渐减少。

综上，对于 4-MCHM 粗品导致的污染问题，采用增加 PAC 应急处理具有一定的效果。但是，对于 GAC 要注意及时更换，防止吸附上的污染物缓慢释放导致异味的持续发生。

6.5 嗅味处理技术的选择原则与策略

6.5.1 嗅味处理技术的选择原则

总体来看，臭氧氧化、活性炭吸附是比较有效的嗅味控制技术，然而对实际的水处理工艺来说，应该综合考虑多种因素，如原水水质、原有水处理设施的构成、水厂的处理能力以及费用等，综合确定处理工艺，具体总结于表 6-17。

表 6-17 不同嗅味物质的水处理技术比较

嗅味特征	嗅味物质	有效处理技术	无效处理技术
土霉味	MIB 和 geosmin	臭氧；臭氧/过氧化氢；PAC；GAC；生物降解	曝气法；氯；二氧化氯；高锰酸钾；氯胺
	IBMP 和 IPMP	臭氧；氯；二氧化氯；PAC；GAC	曝气法；高锰酸钾
	TCA	二氧化氯；PAC；GAC；臭氧	氯；曝气法；高锰酸钾
鱼腥味	醛酮等化合物	PAC；GAC；生物降解	氯胺
腐败味/烂菜味	DMTS 等，以及一些未知的嗅味化合物	多数氧化剂；PAC；GAC；生物降解	氯胺
氯味/消毒水味	氯、二氯胺、三氯胺及一些有机化合物	PAC；GAC	生物降解
石油味	低分子量的脂肪族和芳香族化合物	PAC；曝气法；GAC；生物降解	氧化剂
药味	酚、氯酚等	二氧化氯；臭氧；PAC；GAC；生物降解	氯；氯胺；高锰酸钾
臭鸡蛋气味	硫化氢	曝气法；氧化法	—

在构建嗅味控制工艺时，应遵循以下几项原则：明确嗅味的感官特征和化学特征，不同的嗅味物质需要选择不同的处理技术，因此嗅味表征与嗅味物质识别至关重要。

（1）明确水源水质特征。任何处理技术都有两面性，应根据原水水质特征确定方案的可行性。如水中出现硫化物导致的嗅味问题时，氯化处理比较有效；然而当水中存在碘离子时，会同时导致嗅阈值极低的碘仿的生成，从而产生强烈的药味。

（2）多目标协同。饮用水水质问题往往不是一个孤立的嗅味问题，还可能同时存在痕量有害污染物、消毒副产物、藻类等问题，因此在设计工艺时需要综合考虑各种目标的可达性。

（3）多级屏障。对于嗅味问题比较突出的水源，单靠一项技术往往难以彻底解决问题，需要考虑构建嗅味控制的多级屏障。

因此，解决嗅味问题最有效的策略必须以具体情况为基础，综合考虑导致异味的原因、原水类型、原有工艺特点等，同时应关注工艺技术方案所导致的新的问题。对嗅味问题的解决来说，工艺的选择应注意以下几点。

（1）粉末活性炭是解决季节性嗅味及突发性嗅味问题的最经济有效手段，而臭氧-活性炭组合工艺是解决长期性嗅味问题、综合性地提升饮用水各项水质指标的最优选方案。

（2）对于粉末活性炭来说，大的微孔体积、小的粒径和充分的接触时间是三大关键要素；高浓度天然有机物的存在导致活性炭投加量的增加；粉末活性炭的投加会增加滤池的负担，应加强滤池反冲洗。

（3）氧化剂不宜与粉末活性炭同时应用。氧化剂会氧化粉末活性炭的表面，从而降低粉末活性炭的吸附容量；而活性炭也会快速消耗氧化剂，导致氧化剂无法发挥作用。

（4）对高含藻原水，慎用预氧化剂进行处理，以防止藻细胞的破裂；投加高锰酸钾时应注意不能过量，否则可能导致出厂水残留颜色。

6.5.2 水厂应对不同类型嗅味问题的策略

1）土霉味问题应对策略

（1）针对 MIB 和 geosmin 导致的季节性土霉味问题，常规工艺条件下，MIB 和 geosmin 浓度低于 200ng/L 时，通过投加粉末活性炭可以有效控制嗅味问题。应选择微孔体积高于 $0.2cm^3/g$、粒径小于 200 目的活性炭，投量控制在 40mg/L 以下，活性炭吸附时间最好在 1h 以上。

（2）当原水土霉味物质浓度高于 200ng/L 时，可采取强化藻细胞的去除、提高粉末活性炭投量等措施予以解决；对于有臭氧-生物活性炭工艺的水厂，还可通过适当提高臭氧投加量以及投加过氧化氢形成高级氧化工艺的方式予以解决。

（3）预氧化对于典型土霉味物质的去除效果有限，在高嗅味期间应慎重使用氯、二氧化氯等氧化剂进行预氧化，避免造成藻细胞的破裂释放嗅味物质，尤其是当嗅味以 geosmin 为主时应特别注意保持藻细胞的完整性（geosmin 在胞内的比例可以高达 80% 以上）。对于高藻水，可采用氧化性较弱的高锰酸钾进行适度预氧化强化藻的去除，高锰酸钾的投量应低于 1mg/L。

2）鱼腥味问题应对策略

（1）常规工艺条件下可采用高锰酸钾、臭氧等预氧化技术或粉末活性炭吸附技术，使用高锰酸钾时应控制在 1mg/L 以下，避免因高锰酸钾过量导致出现红水。

（2）深度处理中的臭氧-生物活性炭工艺可应对鱼腥味问题，在低臭氧（1mg/L）投量下即可有效应对鱼腥味问题。

3）土霉味与腥臭味/化学品味共存的复杂嗅味问题应对策略

（1）优先采用臭氧-生物活性炭工艺进行控制，有条件下同时增加预臭氧工艺。

（2）常规处理工艺条件下，单独依靠活性炭吸附或预氧化处理都不足以应对复杂嗅味问题的控制，可采用适度预氧化与吸附处理的结合，优先采用 0.5~1.5mg/L 的预臭氧，结合粉末活性炭进行处理，通过预臭氧去除二甲基三硫醚等类物质，部分去除 MIB 等土霉味物质；若无投加预臭氧的条件，可采用高锰酸钾或氯作为氧化剂进行处理，但实际应用前应针对性优化确定相关工艺参数。

参 考 文 献

郭庆园 . 2016. 南方某河流型水源腥臭味物质识别与控制研究 . 北京：中国科学院大学博士学位论文 .

黄毓如 . 2003. 粉状活性炭吸附原水中 Geosmin 与 2-MIB 之研究 . 台湾：台湾成功大学环境工程学系硕士论文 .

柯水洲，章彩霞，袁辉洲 . 2017. 高锰酸钾去除水中甲硫醚的效能及动力学研究 . 安全与环境学报，17（3）：1099-1105.

李圭白，张杰 . 2005. 水质工程学 . 北京：中国建筑工业出版社 .

李璐玮 . 2019. 饮用水中醛类特征嗅味物质的氧化去除技术研究 . 北京：北京建筑大学硕士学位论文 .

廖宇，张慧鑫，李璐玮，等 . 2020. 饮用水中两种硫醚类嗅味物质的氧化去除 . 环境化学，(5)：1254-1261.

刘家玲 . 2002. 预氯程序对粉状活性炭吸附 2-MIB 之影响 . 台湾：台湾成功大学环境工程学系硕士学位论文 .

马军，李学艳，陈忠林，等 . 2006. 臭氧氧化分解饮用水中嗅味物质 2-甲基异莰醇 . 环境科学，(2)：2483-2487.

王春苗 . 2020. 我国重点流域水源及饮用水中嗅味解析 . 北京：中国科学院大学博士学位论文 .

徐琛宇 . 2015. 臭氧预氧化去除饮用水中嗅味物质效果与机理的研究 . 苏州：苏州科技学院硕士学位论文 .

杨丰诚 . 2001. 应用粉状活性炭去除原水中 2-MIB 之研究 . 台湾：台湾成功大学环境工程系硕士学位论文 .

杨凯 . 2017. 微污染地表水源水深度处理工艺研究 . 北京：中国科学院大学博士学位论文 .

于建伟 . 2007. 饮用水中嗅味物质的识别和活性炭吸附研究 . 北京：中国科学院研究生院博士学位论文 .

Ahart M, Gallagher D L, Scardina P, et al. 2016. Industrial spills and water distribution：Crude MCHM sorption and desorption in polymer pipes and linings. Journal of Environmental Engineering, 142 (10)：04016045.

Anselme C, Suffet I, Mallevialle J. 1988. Effects of ozonation on tastes and odors. Journal-American Water Works Association, 80 (10)：45-51.

Antonopoulou M, Evgenidou E, Lambropoulou D, et al. 2014. A review on advanced oxidation processes for the removal of taste and odor compounds from aqueous media. Water Research, 53：215-234.

Atasi K Z, Chen T, Huddleston J I, et al. 1999. Factor screening for ozonating the taste- and odor- causing compounds in source water at detroit, usa. Water Science and Technology, 40 (6)：115-122.

Bartels J H, Brady B M, Suffet I. 1989. Taste and Odor in Drinking Water Supplies：Combined Final Report. Washington：AWWA Research Foundation.

Biniak S, Szymanski G, Siedlewski J, et al. 1997. The characterization of activated carbons with oxygen and nitrogen surface groups. Carbon, 35 (12)：1799-1810.

Boonamnuayvitaya V, Sae-ung S, Tanthapanichakoon W. 2005. Preparation of activated carbons from coffee residue for the adsorption of formaldehyde. Separation and Purification Technology, 42 (2)：159-168.

Bourne D G, Blakeley R L, Riddles P, et al. 2006. Biodegradation of the cyanobacterial toxin microcystin LR in natural water and biologically active slow sand filters. Water Research, 40 (6): 1294-1302.

Bruchet A, N'Guyen D, Mallevialle J, et al. 1989. Identification and behaviour of iodinated haloform medicinal odour. SemProc: Identification and Treatment of Taste and Odour Compounds, AWWA Ann Conf Los Angeles, CA.

Burlingame G A, Dann R M, Brock G L. 1986. Case study of geosmin in Philadelphia's water. Journal of American WaterWorks Association, 78: 56-61.

Burlingame G A, Muldowney J J, Maddrey R E. 1992. Cucumber flavor in Philadelphia's drinking water. Journal-American Water Works Association, 84 (8): 92-97.

Carter M C, Weber W J J, Olmstead K P. 1992. Effects of background dissolved organic matter on TCE adsorption by GAC. Journal of the American Water Works Association, 84 (8): 81-91.

Chen G, Dussert B W, Suffet I H. 1997. Evaluation of granular activated carbons for removal of methylisoborneol to below odor threshold concentration in drinking water. Water Research, 31 (5): 1155-1163.

Christoffersen K, Lyck S, Winding A. 2002. Microbial activity and bacterial community structure during degradation of microcystins. Aquatic Microbial Ecology, 27 (2): 125-136.

Colthurst J M, Singer P C. 1982. Removing trihalomethane precursors by permanganate oxidation and manganese dioxide adsorption. Journal-American Water Works Association, 74 (2): 78-83.

Considine R, Denoyel R, Pendleton P, et al. 2001. The influence of surface chemistry on activated carbon adsorption of 2-methylisoborneol from aqueous solution. Colloids and Surfaces A: Physicochemical and Engineering Aspects, 179: 271-280.

Cook D, Newcombe G. 2002. Influences on the removal of tastes and odours by PAC. Aqua, 51 (8): 463-474.

Derylo-Marczewska A, Swiatkowski A, Buczek B, et al. 2006. Adsorption equilibria in the systems: Aqueous solutions of organics-oxidized activated carbon samples obtained from different parts of granules. Fuel, 85 (3): 410-417.

Eaton R W, Sandusky P. 2009. Biotransformations of 2-methylisoborneol by camphor-degrading bacteria. Applied and Environmental Microbiology, 75 (3): 583-588.

Eaton R W, Sandusky P. 2010. Biotransformations of (+/-) -geosmin by terpene-degrading bacteria. Biodegradation, 21 (1): 71-79.

Eaton R W. 2012. Dehydration of the off-flavor chemical 2-methylisoborneol by the R-limonene-degrading bacteria *Pseudomonas* sp. strain 19-rlim and *Sphingomonas* sp. strain BIR2-rlima. Biodegradation, 23 (2): 253-261.

Egashira K, Ito K, Yoshiy Y. 1992. Removal of musty odor compound in drinking water by biological filter. Water Science and Technology, 25 (2): 307-314.

Elhadi S L, Huck P M, Slawson R M. 2006. Factors affecting the removal of geosmin and MIB in drinking water biofilters. Journal-American Water Works Association, 98 (8): 108-119.

Gallagher D L, Phetxumphou K, Smiley E, et al. 2015. Tale of two isomers: Complexities of human odor perception for *cis*- and *trans*- 4- methylcyclohexane methanol from the chemical spill in West Virginia. Environmental Science & Technology, 49 (3): 1319-1327.

Ghernaout D, Moulay S, Ait Messaoudene N, et al. 2014. Coagulation and chlorination of NOM and algae in water treatment: A review. International Journal of Environmental Monitoring and Analysis, 2: 23-34.

Gillogly T E T, Snoeyink V L, Elarde J R, et al. 1998a. C-14-MIB adsorption on PAC in natural water. Journal-American Water Works Association, 90 (1): 98-108.

Gillogly T E T, Snoeyink V L, Holthouse A, et al. 1998b. Effect of chlorine on PAC's ability to adsorb

MIB. Journal-American Water Works Association, 90（2）：107-114.

Gillogly T E, Snoeyink V L, Vogel J C, et al. 1999a. Determining GAC bed life. Journal-American Water Works Association, 91（8）：98-110.

Gillogly T E, Snoeyink V L, Newcombe G, et al. 1999b. A simplified method to determine the powdered activated carbon dose required to remove methylisoborneol. Water Science and Technology, 40（6）：59-64.

Glaze W H, Schep R, Chauncey W, et al. 1990. Evaluating oxidants for the removal of model taste and odor compounds from a municipal water supply. Journal of the American Water Works Association, 82（5）：79-84.

Graham M R, Summers R S, Simpson M R, et al. 2000. Modeling equilibrium adsorption of 2-methylisoborneol and geosmin in natural waters. Water Research, 34（8）：2291-2300.

Guo Q, Yang K, Yu J, et al. 2016. Simultaneous removal of multiple odorants from source water suffering from septic and musty odors: Verification in a full-scale water treatment plant with ozonation. Water Research, 100：1-6.

Hansson R C, Henderson M J, Jack P, et al. 1987. Iodoform taste complaints in chloramination. Water Research, 21（10）：1265-1271.

Hattori K. 1988. Water treatment systems and technology for the removal of odor compounds. Water Science and Technology, 20（8-9）：237-244.

Herzing D R, Snoeyink V L, Wood N F. 1977. Activated carbon adsorption of the odorous compounds 2-methylisoborneol and geosmin. Journal-American Water Works Association, 69（4）：223-228.

Heschel W, Klose E. 1995. On the suitability of agricultural by-products for the manufacture of granular activated carbon. Fuel, 74（12）：1786-1791.

Ho L S. 2004. The removal of cyanobacterial metabolites from drinking water using ozone and granular activated carbon. Adelaide: University of South Australia.

Ho L, Meyn T, Keegan A, et al. 2006. Bacterial degradation of microcystin toxins within a biologically active sand filter. Water Research, 40（4）：768-774.

Ho L, Hoefel D, Bock F, et al. 2007a. Biodegradation rates of 2-methylisoborneol（MIB）and geosmin through sand filters and in bioreactors. Chemosphere, 66（11）：2210-2218.

Ho L, Hoefel D, Saint C P, et al. 2007b. Degradation of microcystin-LR through biological sand filters. Practice Periodical of Hazardous, Toxic, and Radioactive Waste Management, 11（3）：191-196.

Ho L, Hoefel D, Saint C P, et al. 2007c. Isolation and identification of a novel microcystin-degrading bacterium from a biological sand filter. Water Research, 41（20）：4685-4695.

Hoefel D, Ho L, Aunkofer W, et al. 2006. Cooperative biodegradation of geosmin by a consortium comprising three gram-negative bacteria isolated from the biofilm of a sand filter column. Letters in Applied Microbiology, 43（4）：417-423.

Hoefel D, Ho L, Monis P T, et al. 2009. Biodegradation of geosmin by a novel gram-negative bacterium: isolation, phylogenetic characterisation and degradation rate determination. Water Research, 43（11）：2927-2935.

Hsieh S T, Lin T F, Wang G S. 2010. Biodegradation of MIB and geosmin with slow sand filters. Journal of Environmental Science and Health, Part A, 45（8）：951-957.

Huang C, van Benschoten J E, Jensen J N. 1996. Adsorption kinetics of MIB and geosmin. Journal-American Water Works Association, 88（4）：116-128.

Huber L, Zimmer G, Sontheimer H. 1989. Powdered or granular activated carbon for micropollutant removal.

Aqua, 38: 118-130.

Huck P M, Fedorak P M, Anderson W B. 1990. Methods for determining assimilable organic carbon and some factors affecting the van der Kooij method. Ozone: Science and Engineering, 12 (4): 377-392.

Ishida H, Miyaji Y. 1992. Biodegradation of 2- methylisoborneol by oligotrophic bacterium isolated from a eutrophied lake. Water Science and Technology, 25 (2): 269-276.

Izaguirre G, Wolfe R L, Means E G. 1988. Degradation of 2- methylisoborneol by aquatic bacteria. Applied and Environmental Microbiology, 54 (10): 2424-2431.

Knappe D. 1996. Predicting the removal of atrazine by powdered activated carbon and granular activated carbon. Doctoral Thesis. Champaign-Urbana: University of Illinois at Urbana-Champaign.

Knappe D R U, Matsui Y, Snoeyink V L, et al. 1998. Predicting the capacity of powered activated carbon for trace organic compounds in nature waters. Environmental Science and Technology, 32: 1694-1698.

Lalezary S, Pirbazari M, McGuire M. 1986a. Oxidation of five earth-musty taste and odor compounds. Journal-American Water Works Association, 78 (3): 62-69.

Lalezary S, Pirbazari M, McGuire M J. 1986b. Evaluating activated carbons for removing low concentrations of taste and odour producing organics. Journal-American Water Works Association, 78 (11): 76-82.

Lalezary-Craig S, Pirbazari M, Dale M S, et al. 1988. Optimising the removal of geosmin and- methylisoborneol by powdered activated carbon. J AWWA, 80 (3): 73-80.

Langlais B, Reckhow D A, Brink D R. 1991. Ozone in Water Treatment: Application and Engineering. Routledge. Boca Raton, FL: Routledge, CRC Press.

Laszlo K, Tombacz E, Josepovits K. 2001. Effect of activation on the surface chemistry of carbons from polymer precursors. Carbon, 39 (8): 1217-1228.

Lauderdale C V, Aldrich H C, Lindner A S. 2004. Isolation and characterization of a bacterium capable of removing taste- and odor-causing 2- methylisoborneol from water. Water Research, 38 (19): 4135-4142.

Li C, Ji R, Vinken R, et al. 2007. Role of dissolved humic acids in the biodegradation of a single isomer of nonylphenol by *Sphingomonas* sp. Chemosphere, 68 (11): 2172-2180.

Li Z, Hobson P, An W, et al. 2012. Earthy odor compounds production and loss in three cyanobacterial cultures. Water Research, 46 (16): 5165-5173.

Lim B R, Do S H, Hong S H. 2015. The impact of humic acid on the removal of bisphenol A by adsorption and ozonation. Desalination and Water Treatment, 54 (4-5): 1226-1232.

Lin T F, Watson S, Suffet I M. 2018. Taste and Odour in Source and Drinking Water: Causes, Controls, and Consequences. London: IWA Publishing.

Lomans B P, Smolders A, Intven L M, et al. 1997. Formation of dimethyl sulfide and methanethiol in anoxic freshwater sediments. Applied and Environmental Microbiology, 63 (12): 4741-4747.

Matsui Y, Yoshida T, Nakao S, et al. 2012. Characteristics of competitive adsorption between 2- methylisoborneol and natural organic matter on superfine and conventionally sized powdered activated carbons. Water Research, 46 (15): 4741-4749.

Matsui Y, Nakao S, Yoshida T, et al. 2013. Natural organic matter that penetrates or does not penetrate activated carbon and competes or does not compete with geosmin. Separation and Purification Technology, 113: 75-82.

McDowall B, Ho L, Saint C, et al. 2007. Removal of geosmin and 2- methylisoborneol through biologically active sand filters. International Journal of Environment and Waste Management, 1 (4): 311-320.

McDowall B, Hoefel D, Newcombe G, et al. 2009. Enhancing the biofiltration of geosmin by seeding sand filter columns with a consortium of geosmin-degrading bacteria. Water Research, 43 (2): 433-440.

McGuire M J. 1999. Advances in treatment processes to solve off-flavor problems in drinking water. Water Science and Technology, 40 (6): 153-163.

Middlemas R E, Ficek K J. 1986. Controlling the potassium permanganate feed for taste and odor treatment. Denver, Colo, USA: American Water Works Association Annual Conference.

Murin C J, Snoeyink V L. 1979. Competitive adsorption of 2,4-dichlorophenol and 2,4,6-trichlorophenol in the nanomolar to micromolar concentration range. Environmental Science & Technology, 13 (3): 305-311.

Najm I N, Snoeyink V L, Richard Y. 1991b. Effect of initial concentration of a soc in natural-water on its adsorption by activated carbon. Journal-American Water Works Association, 83 (8): 57-63.

Najm I N, Snoeyink V L, Lykins B W, et al. 1991a. Using powdered activated carbon -a critical-review. Journal-American Water Works Association, 83 (1): 65-76.

Najm I N. 1996. Mathematical modeling of PAC adsorption processes. Journal-American Water Works Association, 88 (10): 79-89.

Nakazawa Y, Matsui Y, Hanamura Y, et al. 2018. Minimizing residual black particles in sand filtrate when applying super-fine powdered activated carbon: Coagulants and coagulation conditions. Water Research, 147: 311-320.

Narayan L V, William J Nunez. 1974. Biological control: isolation and bacterial oxidation of the taste-and-odor compound geosmin. Journal-American Water Works Association, 66 (9): 532-536.

Newcombe G, Drikas M, Hayes R. 1997. Influence of characterised natural organic material on activated carbon adsorption. 2. Effect on pore volume distribution and adsorption of 2-methylisoborneol. Water Research, 31 (5): 1065-1073.

Newcombe G, Morrisona J, Hepplewhitea C, et al. 2002. Simultaneous adsorption of MIB and NOM onto activated carbon Ⅱ. Competitive effects. Carbon, 40: 2147-2156.

Ng C, Losso J N, Marshall W E, et al. 2002a. Freundlich adsorption isotherms of agricultural by-product-based powdered activated carbons in a geosmin-water system. Bioresource Technology, 85: 131-135.

Ng C, Losso J N, Marshall W E, et al. 2002b. Physical and chemical properties of selected agricultural byproduct-based activated carbons and their ability to adsorb geosmin. Bioresource Technology, 84: 177-185.

Oikawa E, Shimizu A, Ishibashi Y. 1995. 2-Methylisoborneol degradation by the CAM operon from *Pseudomonas putida* PpG1. Water Science and Technology, 31 (11): 79-86.

Pakula A, Swiatkowski A, Walczyk M, et al. 2005. Voltammetric and FT-IR studies of modified activated carbon systems with phenol, 4-chlorophenol or 1,4-benzoquinone adsorbed from aqueous electrolyte solutions. Colloid and Surfaces A: Physicochem Eng Aspects, 260 (1-3): 145-155.

Peel R G, Benedek A. 1980. Attainment of equilibrium in activated carbon isotherm studies. Environmental Science & Technology, 14 (1): 66-71.

Peter A, von Gunten U. 2007. Oxidation kinetics of selected taste and odor compounds during ozonation of drinking water. Environmental Science & Technology, 41 (2): 626-631.

Phetxumphou K, Dietrich A M, Shanaiah N, et al. 2016. Subtleties of human exposure and response to chemical mixtures from spills. Environmental Pollution, 214: 618-626.

Pradhan B K, Sandle N K. 1999. Effect of different oxidizing agent treatments on the surface properties of activated carbons. Carbon, 37 (8): 1323-1332.

Saadoun I, El-Migdadi F. 1998. Degradation of geosmin-like compounds by selected species of gram-positive bacteria. Letters in Applied Microbiology, 26 (2): 98-100.

Silvey J, Henley A, Nunez W, et al. 1970. Biological control: Control of naturally occurring taste and odors by microorganisms. Detroit, USA: Proceedings of the National Biological Congress.

Simpson M R, MacLeod B W. 1991. Comparison of various powder activated carbons for the removal of geosmin and 2-methylisoborneol in selected water conditions. Philadelphia, PA, USA: American Water Works Association Annual Conference.

Singer P C, Borchardt J H, Colthurst J M. 1980. The effects of permanganate pretreatment on trihalomethane formation in drinking water. Journal-American Water Works Association, 72 (10): 573-578.

Smith M J, Shaw G R, Eaglesham G K, et al. 2008. Elucidating the factors influencing the biodegradation of cylindrospermopsin in drinking water sources. Environmental Toxicology: An International Journal, 23 (3): 413-421.

Sontheimer H, Crittenden J C, Summers R S. 1988. Activated Carbon for Water Treatment. 2nd ed. Karlsruhe, Germany: DVGW-Forschungsstelle.

Suffet I H, Mallevialle J, Kawczynski E. 1995. Advances in taste- and- odor treatment and control. Denver: American Water Work Association.

Sumitomo H. 1992. Biodegradation of 2- methylisoborneol by gravel sand filtration. Water Science and Technology, 25 (2): 191-198.

Tanaka A, Oritani T, Uehara F, et al. 1996. Biodegradation of a musty odour component, 2-methylisoborneol. Water Research, 30 (3): 759-761.

Terashima K. 1988. Reduction of musty odor substances in drinking water—a pilot plant study. Water Science and Technology, 20 (8-9): 275-281.

Terzyk A P. 2001. The influence of activated carbon surface chemical composition on the adsorption of acetaminophen (paracetamol) in vitro Part Ⅱ. TG, FTIR, and XPS analysis of carbons and the temperature dependence of adsorption kinetics at the neutral pH. Colloids and Surfaces A: Physicochemical and Engineering Aspects, 177 (1): 23-45.

Trudgill P. 1984. Microbial degradation of the alicyclic ring. Microbial Degradation of Organic Compounds (microbiology series volume 13). New York: Marcell Dekker, Inc.

von Sonntag C, von Gunten U. 2012. Chemistry of ozone in water and wastewater treatment. London: IWA publishing.

Wang H, Ho L, Lewis D M, et al. 2007. Discriminating and assessing adsorption and biodegradation removal mechanisms during granular activated carbon filtration of microcystin toxins. Water Research, 41 (18): 4262-4270.

Weidhaas J, Lin L S, Buzby K. 2017. A case study for orphaned chemicals: 4-methylcyclohexanemethanol (MCHM) and propylene glycol phenyl ether (PPH) in riverine sediment and water treatment processes. Science of the Total Environment, 574: 1396-1404.

Westerhoff P, Rodriguez-Hernandez M, Baker L, et al. 2005. Seasonal occurrence and degradation of 2- methylisoborneol in water supply reservoirs. Water Research, 39 (20): 4899-4912.

Yagi M, Nakashima S, Muramoto S. 1988. Biological degradation of musty odor compounds, 2-methylisoborneol and geosmin, in a bio-activated carbon filter. Water Science and Technology, 20 (8-9): 255-260.

Yu J, Yang F C, Hung W N, et al. 2016. Prediction of powdered activated carbon doses for 2-MIB removal in drinking water treatment using a simplified HSDM approach. Chemosphere, 156: 374-382.

Yu J, Yang M, Lin T F, et al. 2007. Effects of surface characteristics of activated carbon on the adsorption of 2-methylisobornel (MIB) and geosmin from natural water. Separation and Purification Technology, 56 (3): 363-370.

Zamyadi A, Henderson R, Stuetz R, et al. 2015. Fate of geosmin and 2-methylisoborneol in full-scale water treatment plants. Water Research, 83: 171-183.

Zhang K J, Gao N Y, Deng Y, et al. 2012. Aqueous chlorination of algal odorants: Reaction kinetics and formation of disinfection by-products. Separation and Purification Technology, 92: 93-99.

Zhou B, Yuan R, Shi C, et al. 2011. Biodegradation of geosmin in drinking water by novel bacteria isolated from biologically active carbon. Journal of Environmental Sciences, 23 (5): 816-823.